信息时代的指挥与控制丛书

陆军部队一体化
指挥信息系统

Integrated Command Information Systems of Army

黄 强 蔡 骏 朱 峰 黄 亮 编著

国防工业出版社

·北京·

内 容 简 介

本书从原理到实装，系统地介绍了陆军一体化指挥信息系统，包括基本概念、发展历程、总体架构、核心能力、核心技术、典型系统和发展趋势，重点分析了陆军一体化指挥信息系统的能力要求、体系结构、建设思想、设计方法、关键技术等，并通过近年来欧美军事强国发展的典型系统进行了剖析和介绍，同时对新军事需求和技术的发展及其影响进行了简要分析。

本书可作为从事陆军指挥信息系统总体设计、工程研制和装备建设工作的科技人员的参考书，也可作为从事陆军信息系统管理和使用人员的参考书。

图书在版编目（CIP）数据

陆军部队一体化指挥信息系统/黄强等编著 .—北京：国防工业出版社，2021.10
ISBN 978-7-118-12414-9

Ⅰ.①陆… Ⅱ.①黄… Ⅲ.①陆军—作战指挥—信息系统 Ⅳ.①E271.011

中国版本图书馆 CIP 数据核字（2021）第 196460 号

※

国防工业出版社出版发行
（北京市海淀区紫竹院南路 23 号　邮政编码 100048）
三河市德鑫印刷有限公司印刷
新华书店经售

*

开本 710×1000　1/16　印张 23¼　字数 410 千字
2021 年 10 月第 1 版第 1 次印刷　印数 1—2000 册　定价 119.00 元

（本书如有印装错误，我社负责调换）

国防书店：（010）88540777　　书店传真：（010）88540776
发行业务：（010）88540717　　发行传真：（010）88540762

"信息时代的指挥与控制丛书"
编审委员会

名誉主编　费爱国

丛书主编　戴　浩

执行主编　秦继荣

顾　　问　（以姓氏笔画为序）

于　全　　王　越　　王小谟　　王沙飞　　方滨兴　　尹　浩
包为民　　苏君红　　苏哲子　　李伯虎　　李德毅　　杨小牛
何　友　　汪成为　　沈昌祥　　陆　军　　陆建华　　陆建勋
陈　杰　　陈志杰　　范维澄　　郑静晨　　赵晓哲　　费爱国
黄先祥　　曾广商　　臧克茂　　谭铁牛　　樊邦奎　　戴琼海
戴　浩

丛书编委　（以姓氏笔画为序）

王飞跃　　王国良　　王树良　　王积鹏　　付　琨　　吕金虎
朱　承　　朱荣刚　　刘　忠　　刘玉晓　　刘玉超　　刘东红
刘晓明　　李定主　　杨　林　　汪连栋　　宋　荣　　张红文
张宏军　　张英朝　　张维明　　陈洪辉　　邵宗有　　周献中
周德云　　胡晓峰　　战晓苏　　秦永刚　　袁宏勇　　贾利民
夏元清　　顾　浩　　高会军　　郭齐胜　　黄　强　　游光荣
蓝羽石　　熊　伟　　潘　泉　　潘成胜　　潘建群

总 序

众所周知，没有物质，世界上什么都将不存在；没有能量，世界上什么都不会发生；没有信息，世界上什么都将没有意义。可以说，世界是由物质、能量和信息三个基本要素组成的。当今社会，没有哪一门科技比信息科学技术发展更快，更能对人类全方位活动产生深刻影响。因此，全球把21世纪称为信息时代。

信息技术的发展、社会的进步和信息资源的协同利用，对信息时代的指挥与控制提出了新的要求。全面、系统、深入研究信息时代的指挥与控制，具有重要的现实意义和历史意义。习近平总书记在2018年7月13日下午主持召开中央财经委员会第二次会议并发表重要讲话时强调："关键核心技术是国之重器，对推动我国经济高质量发展、保障国家安全都具有十分重要的意义，必须切实提高我国关键核心技术创新能力，把科技发展主动权牢牢掌握在自己手里，为我国发展提供有力科技保障。"信息时代的指挥与控制，涉及国防建设、经济建设、科学研究等社会的方方面面，例如国防领域的军队调遣、训练和作战，经济建设领域的交通运输调度等，太空探索领域的飞船上天、探月飞行，社会生活领域的应急处置，等等，均离不开指挥与控制。指挥与控制已经成为信息时代关键核心技术之一。为贯彻落实习近平总书记重要讲话精神，总结、传承、创新、发展指挥与控制知识和技术，培养国防建设、经济建设、科学研究等方面急需的年轻科研人才，服务国家关键核心技术创新能力建设战略，中国指挥与控制学会联合国防工业出版社共同组织、策划了《信息时代的指挥与控制丛书》（下面简称《丛书》），《丛书》的部分分册获得国防科技图书出版基金资助。

《丛书》全面涉及指挥与控制的基础理论和应用领域，分"基础篇、系统篇、专题篇和应用篇"。"基础篇"主要介绍指挥与控制的基础理论、发展及应用，包括指挥与控制原理、指挥控制系统工程概论等；"系统篇"主要介绍空军、陆军等军种及联合作战指挥信息系统；"专题篇"主要介绍目前指挥控制的关键技术，包括预警与探测、态势预测与认知、指挥筹划与决策、系统效能评估与验证等；"应用篇"主要介绍指挥与控制在智能交通、反恐等方面的实际应用。

"丛书"是近年来国内第一套全面、系统介绍指挥与控制相关理论、技术及应用的学术研究丛书。"丛书"各分册力求包含我国信息时代指挥与控制领域最新成果,体现国际先进水平,作者均为奋战在科研一线的专家、学者。我们希望通过此套丛书的出版、发行,推动我国指挥与控制理论、方法和技术的创新、发展及应用,为推动我国经济建设、国防现代化建设、军队现代化和智慧化建设,促进国家军民融合战略发展做出贡献。需要说明的是,"丛书"组织、策划时只做大类、系统性规划,部分分册并未完全确定,便于及时补充、增添指挥与控制领域新理论、新方法和新技术的学术专著。

"信息时代的指挥与控制丛书"的出版,是指挥与控制领域一次重要的学术创新。由于时间所限,"丛书"难免有不足之处,欢迎专家、读者批评、指正。

中国工程院院士
中国指挥与控制学会理事长

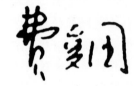

前言

指挥信息系统，俄军称为指挥自动化系统，美军称为 C^4ISR 系统（Command, Control, Communication, Computing, Intelligence, Surveillance, Reconnaissance），是集指挥控制、预警探测、情报侦察、通信、武器控制和其他作战信息保障等功能为一体，用于军事信息的获取、处理、传递，并支持指挥员遂行作战决策和实施指挥控制的军事信息系统。

20 世纪 50 年代，美国建成了世界上首个半自动防空指挥控制系统——"赛其"，用于防空预警和作战指挥，从而出现了第一代指挥信息系统的雏形。经过半个多世纪的不断发展，指挥信息系统经历了从 C^2 逐步发展为 C^3、C^3I、C^4I 以及 C^4ISR 系统的过程，逐渐走向成熟和完善。指挥信息系统作为现代战争中作战指挥的"神经中枢"，已成为当前各国军队现代化建设的核心军事能力之一。

陆军长期以来一直作为各国军事力量的重心，陆军指挥信息系统在军事电子信息系统中占有重要地位。目前，陆军指挥信息系统在现代军事转型和新军事需求的牵引下，在计算机、通信等信息技术的推动下，已逐渐从第二代"烟囱式"指挥信息系统过渡到第三代"网络中心式"指挥信息系统，并正在向"网络中心、面向服务"的第四代系统和"智能化"的第五代系统发展，越来越呈现出灵活、高效、开放、自主等特征。为此，作者结合长期从事陆军指挥信息系统研究的成果，在经过对大量资料整理分析的基础上，重点针对陆军指挥信息系统的发展历程、总体架构、核心能力和技术，并结合美军、俄军等主要军事强国的陆军指挥信息系统的作战需求、组成要素和发展经验进行了分析研究，对典型系统如美国陆军作战指挥系统（ABCS）、美国陆军分布式通用地面系统（DCGS-A）、美军战术级作战人员信息网（WIN-T）、俄罗斯陆军防空兵指挥自动化系统、法军空地一体作战系统、英国陆军未来快速奏效系统（FRES）等进行了简要介绍分析，并对陆军指挥信息系统的未来发展趋势进行了探讨，为未来陆军指挥信息系统的发展提供了有益的思考和建议。

本书共分 7 章：第 1 章为陆军指挥信息系统概述，简要叙述了陆军指挥信息系统的基本概念、分类、组成和功能，以及陆军指挥信息系统的地位和作用；第 2 章介绍了陆军指挥信息系统的发展历程，包括美国、俄罗斯及欧亚主要军事强国陆军指挥信息系统的发展历程和经验教训；第 3 章介绍陆军指挥信息系统体系架构总体设计、发展变化及典型技术架构；第 4 章根据陆军部队的作战特点和能力需求，结合典型作战应用案例，提出陆军指挥信息系统的核心能力，并给出典型应用案例；第 5 章结合陆军部队指挥信息系统的能力建设需求，提出核心技术并阐述当前技术发展现状和趋势；第 6 章结合美国、俄罗斯、法国、英国等军事强国典型陆军指挥信息系统的组成、特点、发展建设情况，阐述了其作战使用需求、系统要素和发展经验等；第 7 章介绍了陆军指挥信息系统的发展趋势，从军事需求和体系特征两个方面阐述了未来将进一步朝着网络化、服务化、扁平化、一体化和智能化、无人化、多域联合等方向发展。

本书可作为从事陆军指挥信息系统总体设计、工程研制和装备建设等工作的科研与工程技术人员的参考书，也可作为从事陆军信息系统管理和使用人员的参考书。

本书是作者在中国电子科技集团公司第二十八研究所长期从事陆军指挥信息系统总体设计、工程实践的基础上撰写而成的，参与本书编写的人员还有杜博、冯超、郭锐、韩东、姜清涛、钱诗君、孙镱诚、陶德进、唐伟、王刚、薛亚勇、徐俊瑜、杨丰源、张晓楠等，在此一并致谢。

陆军部队一体化指挥信息系统涉及指挥控制、通信组网、情报态势、信息融合、火控计算、电子对抗等多学科交叉融合，系统结构复杂，加上编著者学识有限，书中难免会存在遗漏及不足之处，敬请广大读者批评指正。

编著者

2021 年 3 月

目　录

第1章　陆军指挥信息系统概述 ... 001
1.1　陆军指挥信息系统的分类 ... 001
1.1.1　按指挥层次分类 ... 002
1.1.2　按部队编成和专业分类 ... 003
1.1.3　按系统层次分类 ... 004
1.1.4　按物理形态分类 ... 005
1.1.5　按系统结构分类 ... 006
1.2　陆军指挥信息系统的功能和组成 ... 007
1.2.1　指挥控制分系统 ... 007
1.2.2　侦察情报分系统 ... 008
1.2.3　综合通信分系统 ... 009
1.2.4　电子对抗分系统 ... 011
1.2.5　综合保障分系统 ... 011
1.2.6　安全保密分系统 ... 013
1.3　陆军指挥信息系统的地位和作用 ... 014
参考文献 ... 017

第2章　陆军指挥信息系统发展历程 ... 018
2.1　陆军指挥信息系统发展历程 ... 018
2.1.1　先期探索（海湾战争前） ... 018
2.1.2　系统集成（20世纪90年代） ... 019
2.1.3　积极拓展（21世纪初） ... 021
2.1.4　务实调整（21世纪至今） ... 023
2.2　美国陆军指挥信息系统发展历程 ... 026
2.2.1　海湾战争之前 ... 027
2.2.2　数字化师建设时期 ... 029

2.2.3　FCS 建设时期 ……………………………………………… 035
　　2.2.4　后 FCS 时代发展概况 …………………………………… 039
2.3　俄罗斯陆军指挥信息系统发展历程 ……………………………… 049
　　2.3.1　苏联时期 …………………………………………………… 049
　　2.3.2　发展壮大阶段 ……………………………………………… 051
　　2.3.3　当前发展现状 ……………………………………………… 053
2.4　欧洲陆军指挥信息系统发展历程 ………………………………… 057
　　2.4.1　冷战时期 …………………………………………………… 057
　　2.4.2　海湾战争之后 ……………………………………………… 058
　　2.4.3　新世纪发展情况 …………………………………………… 060
2.5　亚洲陆军指挥信息系统发展历程 ………………………………… 065
　　2.5.1　起步阶段（20 世纪 60 年代至 20 世纪末）……………… 065
　　2.5.2　展开阶段（21 世纪至今）………………………………… 066
2.6　陆军指挥信息系统建设经验和教训 ……………………………… 068
参考文献 …………………………………………………………………… 072

第 3 章　总体架构 …………………………………………………… 074

3.1　体系架构 …………………………………………………………… 074
　　3.1.1　概念内涵 …………………………………………………… 074
　　3.1.2　体系架构框架 ……………………………………………… 075
　　3.1.3　DoDAF 发展变化 ………………………………………… 082
3.2　典型案例 …………………………………………………………… 084
　　3.2.1　综合词典（AV-2）………………………………………… 086
　　3.2.2　作战概念图（OV-1）……………………………………… 087
　　3.2.3　作战节点连接描述（OV-2）……………………………… 092
　　3.2.4　CACACOA 信息交换矩阵（OV-3）……………………… 093
　　3.2.5　CACACOA 组织关系（OV-4）…………………………… 094
　　3.2.6　CACACOA 作战活动模型（OV-5）……………………… 094
　　3.2.7　CACACOA 数据模型（OV-7）…………………………… 098
　　3.2.8　CACACOA 作战元素清单（OV-8）……………………… 099
　　3.2.9　CACACOA 任务清单（OV-9）…………………………… 100
　　3.2.10　CACACOA 任务威胁（OV-10）………………………… 101
3.3　技术架构 …………………………………………………………… 102
　　3.3.1　技术参考模型 ……………………………………………… 102
　　3.3.2　典型技术架构 ……………………………………………… 108

参考文献 ········· 121

第4章 核心能力 ········· 123

4.1 作战特点与能力需求 ········· 123
4.1.1 陆上作战特点 ········· 123
4.1.2 作战能力需求 ········· 127
4.1.3 系统能力需求 ········· 131

4.2 核心能力 ········· 132
4.2.1 战场感知能力 ········· 133
4.2.2 指挥决策能力 ········· 133
4.2.3 作战指挥能力 ········· 134
4.2.4 支援保障能力 ········· 135
4.2.5 信息支撑能力 ········· 136
4.2.6 网络传输能力 ········· 137
4.2.7 火力打击能力 ········· 137

4.3 典型应用案例 ········· 138
4.3.1 FBCB^2 在伊拉克的作战应用 ········· 138
4.3.2 FATDS 增强打击效能 ········· 139
4.3.3 GCCS-A 开启支援保障转型 ········· 141
4.3.4 联合作战中的火力规划决策 ········· 143
4.3.5 "仙女座"D 指挥有无人协同作战 ········· 145

参考文献 ········· 147

第5章 核心技术 ········· 148

5.1 通信网络 ········· 148
5.1.1 战术通信网络核心技术 ········· 149
5.1.2 天地一体化通信网络技术 ········· 154

5.2 战场感知 ········· 157
5.2.1 探测感知技术 ········· 157
5.2.2 信号情报技术 ········· 171
5.2.3 情报共享与推送技术 ········· 174
5.2.4 战场综合态势生成技术 ········· 177

5.3 指挥决策 ········· 183
5.3.1 协同筹划技术 ········· 184
5.3.2 仿真推演技术 ········· 186
5.3.3 辅助决策技术 ········· 188

5.4 行动控制 ································· 191
5.4.1 多维战场智能监视技术 ············· 193
5.4.2 突发事件临机处置技术 ············· 196
5.4.3 分布式协同控制技术 ··············· 200

5.5 综合保障 ································· 203
5.5.1 支援保障技术 ······················ 203
5.5.2 军事物联网技术 ··················· 206
5.5.3 资源管理技术 ······················ 214

5.6 赛博对抗 ································· 217
5.6.1 赛博空间 ··························· 217
5.6.2 赛博态势理解 ······················ 219
5.6.3 赛博欺骗 ··························· 220
5.6.4 赛博武器和电子战 ················· 221
5.6.5 赛博子弹 ··························· 224

参考文献 ·· 226

第 6 章 外军典型系统分析 ······················· 227

6.1 美国陆军作战指挥系统 ···················· 227
6.1.1 ABCS 组成及发展应用 ············· 227
6.1.2 陆军全球指挥控制系统 ············· 235
6.1.3 美国陆军战术指挥控制系统 ········ 235
6.1.4 美军 21 世纪部队旅及旅以下作战指挥系统 ··· 244

6.2 美军"阿法兹"高级野战炮兵战术数据系统 ··· 246
6.2.1 装备现状 ··························· 246
6.2.2 系统功能 ··························· 247
6.2.3 系统组成及发展趋势 ··············· 249

6.3 美国陆军分布式通用地面系统 ············· 257
6.3.1 装备现状 ··························· 257
6.3.2 发展过程 ··························· 264
6.3.3 特点及发展趋势 ···················· 264

6.4 美军战术级作战人员信息网 ··············· 268
6.4.1 装备现状 ··························· 268
6.4.2 发展过程 ··························· 268
6.4.3 特点及发展趋势 ···················· 271

6.5 俄罗斯陆军防空指挥信息系统 ············· 273

- 6.5.1 发展历程 …… 273
- 6.5.2 系统组成及特性 …… 273
- 6.6 法军空地一体作战系统（BOA 作战水泡与"蝎子"计划）…… 278
  - 6.6.1 发展历程 …… 278
  - 6.6.2 系统组成 …… 280
  - 6.6.3 功能特点 …… 284
- 6.7 英国陆军未来快速奏效系统 …… 285
  - 6.7.1 发展历程 …… 286
  - 6.7.2 系统组成 …… 287
  - 6.7.3 功能特点 …… 291
- 参考文献 …… 291

第7章 未来发展趋势 …… 292

- 7.1 军事需求发展趋势 …… 292
  - 7.1.1 作战使命和作战任务变化 …… 292
  - 7.1.2 作战空间变化 …… 295
  - 7.1.3 作战方式变化 …… 297
- 7.2 体系特征发展趋势 …… 329
  - 7.2.1 网络化 …… 329
  - 7.2.2 服务化 …… 335
  - 7.2.3 扁平化 …… 339
  - 7.2.4 一体化 …… 344
  - 7.2.5 智能化和无人化 …… 346
- 参考文献 …… 355

第1章

陆军指挥信息系统概述

陆军指挥信息系统是指陆军本级、战区陆军、陆军集团军及以下各级部队指挥信息系统的统称，主要由指挥控制、情报侦察、综合通信、预警探测、导航定位、敌我识别、安全保密、测绘和气象水文保障等功能要素组成。图1-1展示了现代信息化战场下参加联合作战的陆军集团军以下部队多兵种一体化协同作战概念图。通常，陆军指挥信息系统也称为陆军 C^4ISR 系统。

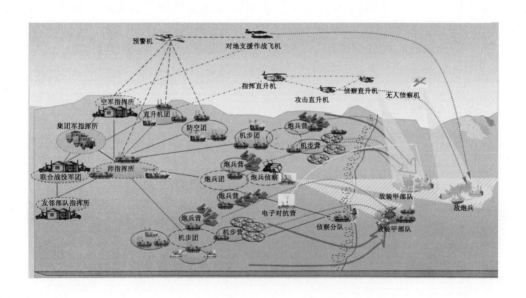

图1-1　信息化战场陆军多兵种一体化协同作战概念图

1.1　陆军指挥信息系统的分类

陆军指挥信息系统根据陆军作战任务、编制体制、作战编成编组和指挥关系等，构建一个上下衔接、纵横贯通的有机整体。从不同角度，陆军指挥信息系统一般可分为以下几种不同类型，如表1-1所列。

表 1-1 陆军指挥信息系统分类

分类方式	指挥层次	部队编成	系统层次	系统结构	物理形态	用途
类型	战略级,战役级,战术级,战斗级	合成,兵种,专业	总部级,战区级,集团军级,师、旅、团级,分队级,班组级,平台,单兵	集中式,分布式	固定式,机动式,开设式,携行式	态势感知,作战指挥,武器控制,后装保障

1.1.1 按指挥层次分类

按指挥层次分类,陆军指挥信息系统可分为战略级、战役级、战术级和战斗级 4 个层级。

战略级陆军指挥信息系统用于保障最高统帅部或陆军总部遂行战略指挥任务,主要指陆军总部指挥中心。陆军总部指挥中心是陆军战略 C^4ISR 系统的核心,下辖各战区或陆军集团军指挥部,如美国陆军全球指挥控制系统(GCCS-A)。图 1-2 展示了俄军总部级指挥中心内部形态。

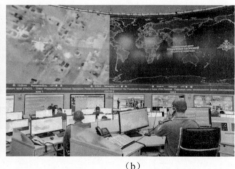

(a)　　　　　　　　　　　　(b)

图 1-2 俄军总部级指挥中心内部形态

战役级陆军指挥信息系统主要用于保障陆军部队遂行战役作战任务,主要包括战区陆军指挥信息系统、集团军指挥信息系统等。该系统主要是对战区范围内的各集团军及各兵种部队实施指挥。战役级陆军指挥信息系统既可以独立遂行战役作战任务,也可以与战略级指挥信息系统配套应用(表 1-2)。

表 1-2 陆军指挥信息系统分类

指挥层次	系统层次
战略级	陆军总部
战役级	战区陆军、陆军集团军

(续)

指挥层次	系统层次
战术级	陆军师、旅、团、营
战斗级	陆军连、排、班组、武器平台及作战单兵

战术级陆军指挥信息系统主要用于保障陆军部(分)队遂行战术指挥任务，它包括陆军师、旅(团)、营级指挥信息系统，如美军的陆军战术指挥控制系统(ATCCS)、21世纪旅及旅以下战斗指挥系统(FBCB^2)(图1-3)、俄军的星座M2指挥自动化系统等。

 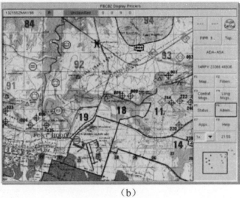

(a) (b)

图1-3 美军FBCB^{2}车载指控终端及软件界面

战斗级陆军指挥信息系统主要是指营以下到班组、单车及单兵战斗指挥信息系统，如法军的"未来士兵"(FELIN)信息系统。

1.1.2 按部队编成和专业分类

按适用部队编成分类，陆军指挥信息系统可分为陆军合成指挥信息系统和陆军兵种指挥信息系统。

其中，陆军合成指挥信息系统主要包括集团军指挥信息系统，以及摩步、山地、机步、装甲师(旅)等合成部队指挥信息系统，属于一体化C^{4}ISR系统，具有网络化特征，能够完成系统级的交互和控制，实现侦察、决策、指挥、打击一体化，满足多兵种合成作战或联合作战需求。

陆军兵种指挥信息系统包括炮兵、防空兵、工兵、特战、空突、防化、陆航、通信、电抗、勤务、边海防旅(团)等各兵种部队指挥信息系统。这些兵种专业指挥信息系统通常较为独立且自成体系，用于完成指定任务功能，近年来也在朝着一体化方向发展，逐渐具备与其他军兵种的互联互通和联合作战能力。图1-4

展示了美国陆军"阿法兹"炮兵指挥信息系统的作战使用。

图 1-4　美国陆军"阿法兹"炮兵指挥信息系统

1.1.3　按系统层次分类

按系统层次分类,陆军指挥信息系统可分为总部级、战区级、集团军级、师/旅级、分队级、班组级、单车/单兵级信息系统等,与按指挥层级划分相类似但又有区别,如图 1-5 所示。

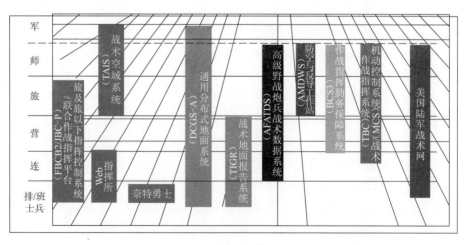

图 1-5　美国陆军战术级指挥系统各职能子系统的部署层级

1.1.4 按物理形态分类

按物理形态分类，陆军指挥信息系统可分为固定式、机动式、开设式、携行式等，如图1-6、图1-7所示。其中固定式形态的指挥信息系统主要包括固定指挥所、信息服务或数据中心等；机动式信息系统主要包括各类机动式指挥车、情报处理车、通信车、信息服务车等；开设式指挥信息系统一般是指开设式指挥所，通常采用机动运输方式将各类信息系统设备投送到预开设部署位置，并利用机动车辆、方舱和帐篷等按需灵活现场搭建；携行式指挥信息系统一般指陆军作战小队、班组、单兵等随身灵活携带的信息系统装备。

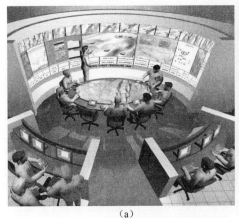

(a)   (b)

图1-6 固定式和机动式指挥所

图1-7 美国陆军机动开设式指挥所

1.1.5 按系统结构分类

按系统结构分类,陆军指挥信息系统可分为集中式指挥系统和分布式指挥系统两类。早期的指挥信息系统都是典型的集中式指挥系统,如图 1-8 所示。

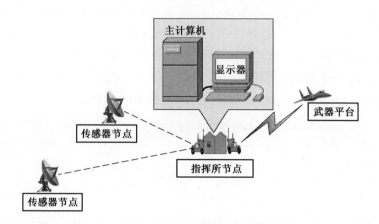

图 1-8　集中式指挥系统

实际应用表明,集中式指挥信息系统在遭受攻击时比较脆弱,一旦指挥中枢遭受攻击则难以发挥作用。分布式指挥信息系统通常具有较强的抗毁和重构能力,当部分指挥机构或设备出现故障或遭到破坏后,仍能迅速重建,不会造成全系统的瘫痪,因此近年来发展较为迅速,如图 1-9 所示。

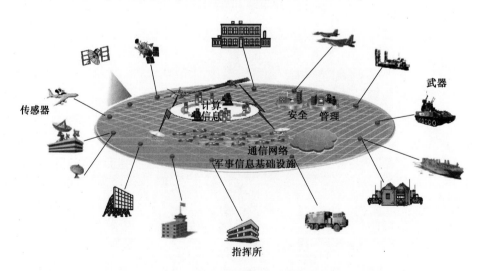

图 1-9　分布式指挥系统

1.2 陆军指挥信息系统的功能和组成

陆军指挥信息系统的主要功能是满足陆军作战使用需求,为陆军部队提供指挥控制、态势感知、综合保障、战场监视、综合通信、信息安全防护等功能。根据其担负的任务、兵种和层级的不同,陆军指挥信息系统的规模大小和设备配置不尽相同,功能也各有千秋,但其组成要素都大体一致。一般由指挥控制分系统、侦察情报分系统、综合通信分系统、电子对抗分系统、综合保障分系统和安全保密分系统 6 个部分组成,如图 1-10 所示。

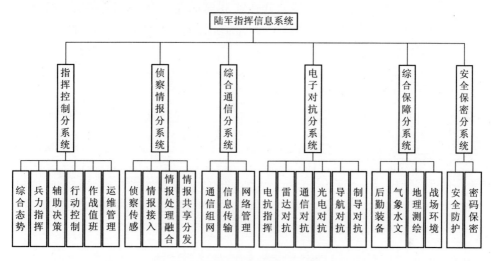

图 1-10 陆军指挥信息系统基本组成

1.2.1 指挥控制分系统

指挥控制分系统是陆军指挥信息系统的核心,由综合态势、兵力指挥、辅助决策、行动控制、作战值班和运维管理等功能部分构成,是整个陆军 C^4ISR 系统的"心脏"和"大脑"。其核心任务是基于输入的各种情报和态势信息快速地进行综合处理,为陆军指挥人员提供战场态势分析、作战计划制订、行动方案拟制并通过模拟推演、分析判断,为指挥人员定下决心、下达命令提供准确依据,并根据作战命令提供陆军各种兵力、武器的指挥控制和引导数据,通过通信分系统传递给下级指挥节点或作战单元,实施作战指挥控制。

其主要功能应覆盖对合成部(分)队以及炮兵、防空、装甲、空突、工兵、防化、陆航、电抗、特战、勤务等所属兵种部(分)队的参谋业务处理功能,具体而言包括:能够接收上级下达的作战决心、命令、指示、计划和情况通报,并上报作战方案、计划、战场情况;能够根据指挥员决心,辅助拟制相关建议、命令、指示、计划和方案等作战文书,并下达指挥所内部各要素和下级执行;能够接收指挥所内部各要素和下级上报的计划、方案、报告等文书,实现指挥所内部和指挥所之间的协同作业;能够根据作战计划,掌控各作战、侦察和保障单元在作战过程中执行命令、指示和计划的情况,并对所属作战力量实施逐级或越级指挥。

1.2.2 侦察情报分系统

侦察情报分系统是陆军 C^4ISR 系统的"感觉器官",包括情报收集、存储、处理、分发系统和各类情报采集、侦察装备,主要负责搜集陆战场敌方的各种情报信息,供指挥人员及时了解战场态势。为全面及时有效地获取陆战场情报信息,现代陆军情报侦察系统通常配置在陆战场地面、空中多个领域,综合运用声、光、电、磁等多种探测手段,构成一个全方位、多维度覆盖的一体化情报侦察监视体系,如图1-11所示。

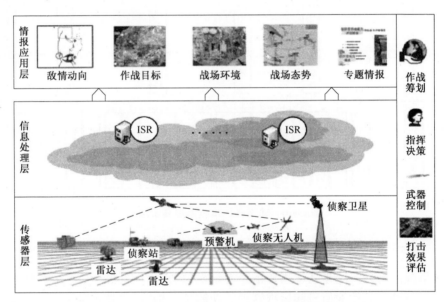

图1-11 ISR一体化情报侦察监视系统组成

其主要功能包括:①能够接收上级指挥所下发的综合情报、综合态势,向上级指挥所提供动向、态势、目标情报;②能够根据指挥员意图拟制侦察计划,并下达所属侦察单元执行;③能够实时、准确地获取战场多种类目标,形成全方位战场感知能力;④能够在有效时间内对侦察目标进行定位和跟踪;⑤能够实施敌后侦察监视、目标指示引导和打击效果评估;⑥能够接收汇集直属侦察力量获取的各类情报信息,接收汇集炮兵、防空、装甲、防化和电子对抗等兵种或多兵种情报信息,并进行综合处理,形成综合敌情判断;⑦具备定位信息接收、处理、上报及跟踪显示等功能,实时掌握己方部队动态信息;⑧能够有效汇集各作战、侦察单元上报的敌情、我情信息;⑨能够接收并分发空(海)情、核化生和气象水文信息。

1.2.3 综合通信分系统

综合通信分系统是陆军 C^4ISR 系统的"血管",主要负责各类话音、数据、情报信息的传输和共享。综合通信分系统主要由传输信息的各种信道、交换设备和通信终端设备等组成,包括战术互联网、卫星通信、数据链、军用 4G/5G 以及短波、超短波等。各类电台信道按传输介质,可分为有线通信和无线通信两大类。有线通信主要分为电缆通信和光纤通信等;无线通信又可分为长波通信、短波通信、超短波通信、微波通信、散射通信和卫星通信等;交换设备主要包括电话自动交换机、数据自动交换机等;通信终端设备主要包括传真机、电话机及各类电台等。为适应信息化战争的需要,陆军的综合通信系统目前正向数字化、自动化方向发展,多手段、大容量、高保密性、高可靠性和高抗毁性将成为陆军新型通信系统的基本特点。图 1-12 展示了美国陆军战术网络基本架构,图 1-13 展示了美国陆军士兵常用的 AN/PRC-163 单兵电台,图 1-14 展示了美军利用商业 WiFi 构建的通信系统。

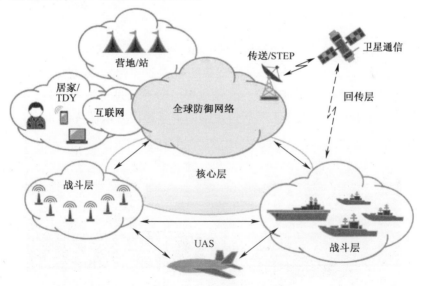

图 1-12 美国陆军战术网络架构

综合通信分系统的主要功能包括:通过有线、无线、卫星通信综合组网,多种通信手段并用,实现多网系之间的有机衔接,提供跨网系的语音和数据信息传输服务,机动指挥机构、作战部队具备"动中通"能力;能够提供及时、准确的

图 1-13　美国陆军士兵常用的 AN/PRC-163 单兵电台

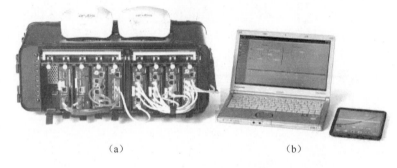

　　　　　（a）　　　　　　　　　　　（b）

图 1-14　美军利用商业 WiFi 构建的通信系统

通信网络状态信息和信息系统、通信装备的状态监控信息；对通信网络系统实施统一管理；能够监控战场频率变化，对战场电磁环境进行统一管理。图 1-15 展示了美国陆军士兵在战场上部署可运输的卫星通信终端设备。

图 1-15　美国陆军士兵在战场上部署可运输的卫星通信终端设备

1.2.4 电子对抗分系统

电子对抗是指作战双方利用电子设备和器材所进行的电磁频谱斗争。

电子对抗分系统已经成为陆军 C^4ISR 系统的重要组成部分,其基本任务是干扰和破坏敌方指挥信息系统,使之瘫痪或不能正常工作,有效保护己方 C^4ISR 系统不受敌方干扰、破坏。

电子对抗分系统主要由电子对抗指挥、雷达对抗、通信对抗、光电对抗、导航对抗、制导对抗等功能系统组成。图1-16展示了俄军现役的"汽车场"陆基电子战系统。

图1-16 俄军现役的"汽车场"陆基电子战系统

1.2.5 综合保障分系统

陆军综合保障分系统主要包括后勤装备、气象水文、地理测绘、战场环境(电磁频谱、空域管控)等保障功能,为陆军部队提供资源补给和环境信息保障。

(1) 后勤装备保障:主要任务是实时收集和管理各类后勤、装备业务数据,为拟制和优选后勤、装备保障计划和后方防卫作战计划提供决策支持,为实行联勤联供、装备和技术保障,做好物资、油料、卫生、医疗、运输、维修保养等保障工作提供高效手段。图1-17展示了美国陆军作战指挥勤务保障系统(BCS)的核心能力。后勤装备保障功能具体包括:能够综合统计所属人员伤亡、装备损失、物资器材消耗等信息,准确及时地掌握各作战单元、侦察单元、保障单元的基本战斗力现状;提供各类部(分)队人员、装备、物资器材等数据录入、存储、统计和查询工具。

(2) 气象水文保障:主要任务是收集、整理、分析、传输气象水文情报资料,及时准确地向陆军各级指挥中心和作战部队提供有关地区的气象水文实况、天

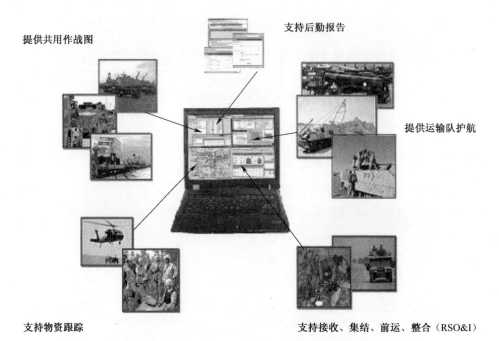

图1-17 美国陆军作战指挥勤务保障系统的核心能力

气预报和气候水文资料,对可能危及军事行动的灾害性天气及时发出警报,通过气象资料数据库,为各级指挥机构提供有关数据。气象水文保障功能主要包括:实现常规气象水文信息的收集处理、存储管理、分析显示和综合应用;实现专有气象水文信息的交换共享和综合应用,满足部队开展区域气象水文保障的实际业务需要。

(3) 地理测绘保障:主要任务是通过军事地理信息数据库,及时为各级指挥中心提供各种数据地图和军事地理数据。电子地图库可为陆军部队提供导航定位保障,为各种精确制导武器提供所需数据;地理和地形分析专家系统,可以就地理因素对作战的影响提供决策建议和参考数据等。地理测绘保障主要功能包括:提供制定测绘保障方案、拟制测绘保障计划和指示、下达测绘保障任务、掌握和处置测绘保障信息的辅助工具;制作各种面向作战任务的专题图,打印输出地图或复制地图;能够根据作战进程,标绘各种作战要图;定制信息系统所需的专用地理数据集或武器装备所需的基础地理数据集;综合利用基础地理数据、变化地形信息、兵要地志/军事地理信息,提供地理信息二维和三维可视化、地理信息查询统计、军事地理/地形分析、导航定位与部队位置监控、态势标绘等功能,为指挥员认知战场地理环境、实施科学指挥决策提供有效利用地理信息的技术手段。图1-18展示了基于地理测绘数据生成的三维地形。

(4) 战场环境保障包括电磁频谱保障和空域管控保障。其中电磁频谱保

图1-18 基于地理测绘数据生成的三维地形

障功能包括无线电电磁频率检测、管理与分配,提供陆战场电磁频谱监测、电抗侦察、技术侦察、装备用频、电波环境探测等各类电磁信息,提供陆战场电磁频谱态势;空域管控保障功能主要是提供战场有限空域监测与管理。

1.2.6 安全保密分系统

安全保密分系统包括安全防护子系统和密码保密子系统。

(1) 安全防护子系统主要负责陆军指挥信息系统网络安全、主机安全、应用安全、数据安全及支撑管理等,如安全防护软件、网络攻击分析监测系统、防火墙、安全网关等。

(2) 密码保密子系统主要负责陆军指挥信息系统密码管理及密码服务,包括各类密码设备如信道密码机、密码电报系统、用户身份认证设备等。图1-19展示了美国陆军的密钥管理系统。

图1-19 美国陆军的密钥管理系统

安全保密分系统提供信息安全防护功能，主要包括：①提供身份认证和数字签名服务；②具备网络安全隔离控制机制，具有攻击检测和网络访问控制能力，能够防范网络攻击、杜绝非法访问等；③具有主机系统安全防护和监控审计能力，对主机违规接入、非法外连、外设拷贝和网络访问等行为进行监控和审计，具备病毒实时查杀能力，防范病毒、蠕虫等安全事件扩散；④具有存储加密、传输加密等手段防范失泄密事件发生。

1.3 陆军指挥信息系统的地位和作用

随着现代科学技术的迅速发展和武器装备的快速更新换代，陆军作战方法和指挥方式也发生深刻的变化。陆军 C^4ISR 系统的出现及其在世界各国陆军的广泛使用，体现了陆军指挥信息系统的重要性。具体地讲，陆军指挥信息系统的地位和作用主要表现在以下几个方面。

1. 陆军指挥信息系统是陆军部队战斗力的"倍增器"

传统机械化战争中陆军战斗力主要体现在机械化水平和火力毁伤水平，机械化水平体现了作战效率，而火力毁伤水平体现了打击能力，这一特征在陆军大规模装甲和炮兵火力集群上表现最为突出。而在信息化战争中，陆军战斗力增加了"信息化"这个因素，并已经逐渐成为决定地面战争胜负的关键性因素。从这个意义讲，陆军 C^4ISR 系统不仅是陆战场上信息流的载体，而且驾驭和主导着战场胜负的方向。第一，陆军 C^4ISR 系统提高了陆军部队战场感知能力。现代战场空间广阔，随着新型高机动作战装备的普及，陆军作战空间范围也在不断扩展，动辄几百千米甚至上千千米，交战双方需要通过部署在陆、海、空、天各个战场空间的传感系统来有效获取战场信息。第二，陆军 C^4ISR 系统提高了部队火力打击能力。机械化战争中，能量流的释放还无法实现自主性和可控性，陆军的火力打击只有通过增加打击次数、杀伤威力、射击精度校准等方法来增加命中目标的概率。而信息化战争中，在 C^4ISR 系统的支撑下，信息与火力有机融合，武器具有了导引制导能力，火力打击效能明显提高。第三，陆军 C^4ISR 系统提高了作战部队协同行动能力。陆军各兵种参战部队在网络化 C^4ISR 系统的支援下，可以感知并共享实时的战场态势，并由此达成各自行动的自主配合和协同，如图1-20所示。第四，陆军 C^4ISR 系统改变了战斗力增长方式。美军中将赛布朗斯基提出的"梅特卡夫定律"认为：网络效能等于网络中节点数量的平方。这意味着通过 C^4ISR 系统将分散在单兵、战车、坦克、直升机、无人机等平台上的侦察装备和武器连接在一起，其战斗力由几何级增长转变为指数级增长。

图 1-20　陆军网络化 C^4ISR 系统

2. 陆军指挥信息系统是陆军一体化作战体系的"黏结剂"

信息化战争是体系的对抗，有效支撑了陆军一体化作战体系的形成。陆军 C^4ISR 系统打破了以往陆军各作战部队之间的封闭和隔离。一是诸兵种一体。以诸兵种 C^4ISR 系统的互联、互通、互操作为标志，实现了陆军诸兵种力量的有机融合，形成陆军合成作战体系。二是作战平台一体。陆军 C^4ISR 系统不仅把单一武器平台的侦察系统、通信系统、指控系统、武器系统纵向连接成一个无缝的整体，而且把诸兵种各作战单元横向连接起来，使得装甲、炮兵、防空、陆航等各种武器平台成为紧密连接、互为补充的一体化火力体系。三是作战行动一体。陆军 C^4ISR 系统实现了从传感器到射手、从总部到单兵的无缝连接，不仅侦、控、打、评实现了一体化，而且战略、战役、战术行动也融为一体。特别是战略决策——战役指挥——战术行动的作战样式更加突出。四是作战与保障一体。过去陆军部队的作战行动和保障之间有明显的界限和区别，各种保障勤务也相对独立，在陆军 C^4ISR 系统的作用下，作战与保障由分离走向了一体，保障不再仅仅是一般的保障行动，而是日益具有作战特征的一体化行动，在一定程度上甚至决定着作战的成败。五是空间战场一体化。信息化条件下不仅陆军各部队指挥员和单兵都可以通过陆军 C^4ISR 系统，感知陆地、空天、电磁等多维空间战场态势，而且任何单一战场空间的作战都受到其他空间的制约和影响，都离不开来自其他战场空间尤其是空天、网络和电磁空间的支援。图 1-21 展示了美国陆军士兵利用 C^4ISR 系统执行侦察行动作业。

3. 陆军指挥信息系统是陆军部队作战指挥的"中枢神经"

陆战场空间广阔、参战诸兵种多、情况变化急剧，陆军部队的作战指挥需要

图1-21 美国陆军士兵利用 C^4ISR 系统执行侦察行动作业

收集和处理的信息量剧增,对作战决策的质量和时效性要求越来越高;陆军各类武器系统及其支援保障系统非常复杂,专业分工相互交叉渗透,各部队和各战场之间的协调配合更加紧密,使得陆军部队作战指挥的组织计划工作更加复杂,协调更加困难,迫切需要通过技术手段减轻指挥员的繁重任务。经过几十年的发展,陆军 C^4ISR 系统已经覆盖了指挥员指挥过程中的所有信息活动,从信息获取与感知、传输与开发、分析与处理,一直到信息开发与利用的全过程。信息化陆战场上的侦察—分析—判断—决策这一认知流程,通过陆军 C^4ISR 系统,具备了较强的系统性、准确性、可靠性和时效性。人脑与计算机的有机结合,使得陆战场上的认知和决策过程更加客观和理性。第一,陆军指挥员通过陆军战场 C^4ISR 系统,可以在远离战场的情况下直观、形象、实时地掌握战场态势和有关情况。图1-22展示了美国陆军士兵借助指挥信息系统远程获取实时战场态势。第二,可以把指挥员的经验和创造性与计算机的辅助决策结合起来,提高决策的速度和质量。陆军指挥信息系统不仅可以帮助其指挥人员从广域分布的情报资料库中提取所需资料,还可以帮助分析敌对双方兵力对比、威胁和预案评估,选择最佳方案供指挥员参考。第三,可以把各种命令、指示和反馈信息,及时、准确地传输到陆军部队每个作战单元。美军在伊拉克、阿富汗等战争中使用一体化 C^4ISR 系统,将信息传输的时间从过去的数小时缩短到几十秒。第四,可以使指挥员对敌来袭各种目标实现预警探测、情报侦察、跟踪监视、敌我识别、导航定位、电子干扰、火力打击全过程的自动控制,并根据战场需要指挥协调各种作战行动。

4. 陆军指挥信息系统是未来陆战场战争双方对抗的"焦点"

正因为指挥信息系统在战场中的重要作用,它已成为敌对双方战时争夺和对抗的焦点。从海湾战争到伊拉克、阿富汗战争,美军始终把首先摧毁或瘫痪

图1-22 美国陆军士兵借助指挥信息系统远程获取实时战场态势

对方的 C^4ISR 系统作为己方夺取胜利的前提条件。如海湾战争中,伊军被美军摧毁的飞机、坦克、火炮等武器的数量未超过20%,而被摧毁的指挥、通信和雷达系统等则达80%以上。美军认为,摧毁对方指挥系统或压制其指挥效能的发挥,使其不能及时、准确地做出反应,是夺取作战胜利的重要保证。信息化条件下局部战争,敌对双方围绕 C^4ISR 系统的对抗之所以异常激烈,其原因主要在于 C^4ISR 系统已成为夺取战场信息优势的关键。美军认为,"信息优势"不仅是其核心能力,也是其相对于其他军队的"核心优势"。正是由于有了这种"核心优势",美军才在自身伤亡很小的情况下,打赢近年来的多场信息化局部战争。美国国防部称,高效的信息基础设施和一体化 C^4ISR 系统,能使美军具备近实时发现、跟踪、定位和攻击地球表面任何目标的能力,在正确的时间、地点精确地使用兵力,并提高国防管理的效益和效率。

参 考 文 献

[1] 全军军事术语管理委员会,军事科学院. 中国人民解放军军语[M]. 北京:军事科学出版社,2011.
[2] 蓝羽石,毛少杰,王珩. 指挥信息系统结构理论与优化方法[M]. 北京:国防工业出版社,2015.
[3] 王立强. 外军 C^4ISR 系统发展与实战运用[M]. 北京:军事科学出版社,2010.
[4] 刘文博,耿艳栋. 美国 C^4ISR 系统发展及启示[J]. 四川兵工学报,2009,30(9):140-142.

第 2 章
陆军指挥信息系统发展历程

2.1 陆军指挥信息系统发展历程

随着信息技术的发展,陆军指挥信息系统建设大体上经历了从单系统独立建设到多系统集成建设,再到实现体系功能整体融合的过程。世界陆军指挥信息系统的发展历程基本上可分为 4 个阶段,如图 2-1 所示。

图 2-1 陆军指挥信息系统的发展历程

2.1.1 先期探索(海湾战争前)

指挥信息系统建设和使用最初可以追溯到第二次世界大战期间的"不列颠空战",英国为了抵抗德军的大规模空袭,沿英吉利海峡,利用模拟电话网将防空雷达、空军基地和指挥中心连接起来,构建了现代防空指挥信息系统的雏形。集成式指挥、通信与情报搜集系统建设始于冷战期间,1958 年美国以英伦三岛防空系统为蓝本,将北美 7 个防区的地面警戒雷达、通信设备、计算机和显示设备连接起来,形成了"赛琪"(SAGE)防空系统,首次实现了目标航迹绘制与数据显示的自动化,成为指挥信息系统发展形成的一个重要标志。紧随其后,苏联也建成了"天空一号"半自动化防空指挥控制系统,北约装备了"奈基"防空导弹系统,结构都与之相似。

到 20 世纪 80 年代末,美国陆军基本建成了涵盖机动作战、火力支援、近程防空、勤务支援、情报与电子战等各兵种和功能的战术级 C^3I 系统,即"五角星"

陆军战术指挥控制系统(ATCCS),能够将体制内的传感器、指挥所和武器平台有机地连为一体,具有"烟囱"式的纵向综合能力,但是横向之间还不能实现互操作,不能实现与其他军兵种或盟军的指挥控制系统接口。

与此相同时期,苏联陆军也按作战功能建成了"烟囱"式的自动化指挥系统,并于20世纪80年代末率先开始数字化建设,其指导思想是在战术级实现陆军各兵种部队指挥的互联互通、一体化与机动化,但随着苏联的解体,这一进程也随之夭折。

海湾战争期间美军使用战区一体化C^3I系统,组织起28个国家的70多万陆军、海军、空军部队进行联合作战,首次展现出综合电子信息系统在高技术战争中的巨大作用。与此同时,在战场应用过程中暴露出其各类指挥信息系统互联互通性差、相互脱节的问题;尤其是在打击伊军导弹阵地时,出现情报、指挥反应不及时,与武器不协调等问题。

2.1.2　系统集成(20世纪90年代)

20世纪末,信息系统建设标准得到规范,一体化水平取得突破,发达国家陆军部队通过信息系统的集成建设基本实现了各兵种信息系统之间的互联互通。

技术的突破催生了方法论和思维方式的创新。1978年国际标准化组织(ISO)公布了开放系统互连/参考模型(OSI/RM)。随后,TCP/IP协议、IEEE系列网络标准推动网络技术快速发展,奠定了国际互联网的基础,同时也极大地促进了军用信息系统的发展。图2-2展示了基于TCP/IP协议栈的陆军战术互联网逻辑结构。

应用层	应用层协议
传输层	传输控制
	TCP/UDP
网络层	IP
	子网层
链路层	逻辑链路控制
	媒体接入控制
物理层	异步、同步等

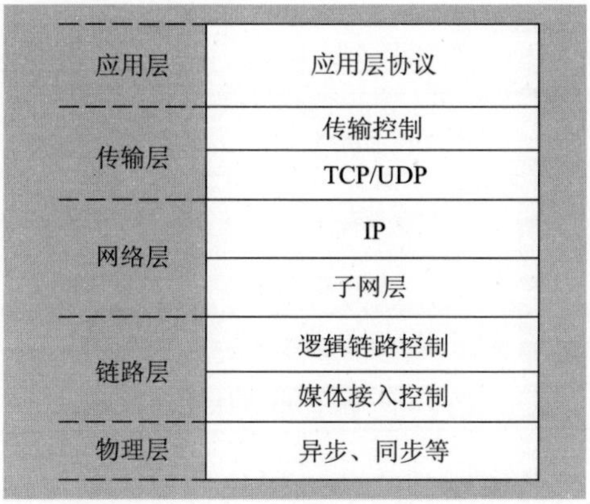

图2-2　基于TCP/IP协议栈的陆军战术互联网逻辑结构

1990年,我国著名科学家钱学森首次提出了解决有关复杂巨系统问题的方法论——从定性到定量的"综合集成"(meta-synthesis)。美国军事变革的主要倡导者之一、参联会副主席威廉·A·欧文斯于1996年2月提出了类似于"综合集成"的"系统集成"(system of systems)概念,指出"军事革命的本质就是系统集成"。在此基础上,美军提出了融合陆、海、空"三军"的"武士"C^4I计划(图2-3),信息系统建设开始由分立式、封闭式的独立系统,向集成为分布式、开放式的大系统转变。图2-4展示了现代指挥信息系统的综合集成体系结构。

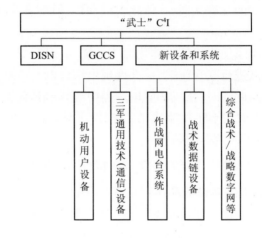

图2-3 "武士"C^4I计划

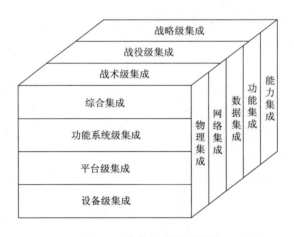

图2-4 综合集成体系结构

为了"用信息时代的方法创建信息时代的部队",美国陆军提出了著名的"21世纪部队"数字化建设计划。从1993年开始,美军采用开放式体系结构和模块化设计的方法,开始建设陆军作战指挥系统(ABCS),其核心内容就是利用互联网协议(IP)、路由器和网关技术,打造和运用战术互联网,将原有的火力支援(如高级野战炮兵战术数据系统,AFATDS)、机动作战(如机动控制系统,

MCS)、近程防空(如防空反导计划控制系统,AMDPCS)、情报电子(如全源情报分析系统,ASAS)、战斗勤务支援(如战斗勤务支援控制系统 CSSCS/战场指挥与勤务支援系统 BCS³)等各战场功能区内"烟囱"式的指挥控制与通信系统集成为一个整体。在信息系统集成建设的同时,美国陆军实现了指挥控制系统的升级。

从20世纪90年代初开始,海湾战争的示范效应和车臣战争的实际需求都使俄罗斯军方强烈地感受到了军队信息化建设的紧迫性,提出了信息化的概念和指挥系统建设构想,但由于经济危机和大规模裁军,大部分计划未能付诸实施。北高加索军区的"金合欢"指挥自动化系统试验是这一时期唯一的亮点。该系统是集指挥通信、数据传输、武器控制和作战保障于一体的陆军综合指挥信息系统,将最高统帅、军区司令、战场指挥员以及军官和士兵等整个军事组织连成一体,并联通了战场上的其他军队,在第二次车臣战争中发挥了重要作用。同时,俄罗斯陆军各兵种分系统的建设取得了一定进展,火箭兵、炮兵装备了"饲养园""卷心菜虫"-Б"车辆"-M 等射击指挥系统,陆军防空兵装备了"林中旷地"-4 和"排队"自动化指挥系统,但各兵种分系统之间没有实现互连互通。

2.1.3 积极拓展(21世纪初)

世纪之交,发达国家尝试开发多功能、网络化、轻型化和智能化的陆军武器系统家族,企图将地面、空中的各种有人、无人平台和弹药融入统一的信息网络。

美国陆军转型计划启动的同时开展了未来战斗系统(FCS)项目。作为陆军对"网络中心战"理念的首次实践,FCS 第一次开发由多种系统集成的多功能、网络化、轻型化和智能化的武器家族,依托由通用操作环境、战斗指挥软件、通信与计算机系统以及情报、侦察与监视系统构成的信息系统,尝试将8种有人驾驶车辆、8种空地无人操控系统、二类智能化弹药和作战人员集成为一体,产生体系作战的效果,如图2-5所示。例如,FCS 的传感器和平台层包括一系列分布式、网络化的多谱传感器,使 FCS 旅战斗队(FBCT)具备"先敌发现"能力。情报、监视和侦察(ISR)传感器将被集成到 FCS 所有有人操控系统和无人操控系统平台上,能够完成多种信息采集任务,向作战人员提供实时精确的信息。

尽管 FCS 项目在进入生产与部署阶段之前就整体夭折,但作为对"网络中心战"理念的首次实践,在很多方面为世界陆军发展带来革命性变化。即便在FCS 整体项目被中止之后,作为通信网络系统骨干的作战人员战术信息网(WIN-T)和联合战术无线电系统(JTRS)等项目仍然在加快发展之中,并已开

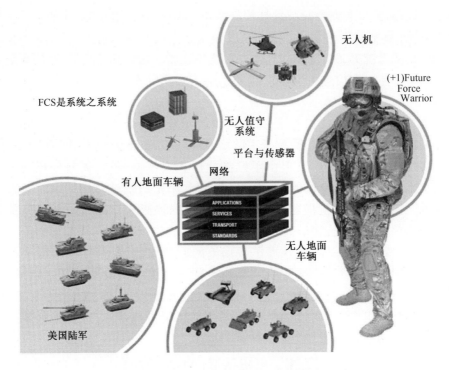

图 2-5　FCS 的体系结构示意图

始分阶段列装部队。

受 FCS 影响,欧洲发达国家也制定了相应计划,着力发展陆军一体化指挥控制信息系统,提高诸军兵种和多国联合作战能力。英国陆军开展了类似的"未来快速奏效系统(FRES)"建设,依托"弓箭手"通信网络,全新打造模块化装甲车辆系列,开发"火影"巡飞弹;法国陆军重点建设"蝎子"作战信息系统,主要解决陆军营级合成战斗群的各平台在"作战水泡"内的作战协同问题。德国建立与美军网络中心战相类似的"网络化作战指挥"系统,通过网络信息使各级作战部队的指挥与控制实现互联互通、传感器与武器平台的一体化,以提高德军的网络化作战指挥控制能力。

在普京总统上台后,俄军依托国家信息化开始进行深层次军事改革,军队信息化建设从 2001 年起开始全面启动,全面实现战略与战区指挥及战术指挥的一体化。2006 年俄军数字式无线电中继与对流层通信系统研制成功并投入使用,成为俄罗斯陆军最重要的通信手段之一,为各级指挥员提供各种通信服务,包括高端传输实时视频信息。2008 年,俄罗斯格鲁克亚冲突后,俄罗斯陆军着力推进野战通信系统数字化改造,加快了"星座"专项纲要的实施步伐,为重点野战通信兵团、战术级通信分队和作战部队配备了数字化的通信与指挥自动化设备,使野战通信系统向数字化信息处理方式转变,为建立统一的战役和战术一体化野战通信系统打下坚实的基础,大幅提高陆军部队的战术指挥能力和联合作战能力。2015年陆军"星座"M新一代指挥自动化系统开始陆续装备部队并初步形成战斗力。

2.1.4 务实调整(21世纪至今)

近年来,以美军为代表的发达国家在陆军指挥信息系统建设方面转趋务实,重点发展战术作战中心、移动中的指挥官和徒步士兵的无缝网络集成,同时以全球网络企业化架构的模式持续推进陆军作战网络的建设。

在吸取FCS项目失败的教训后,美国陆军在综合分析FCS和旅战斗队现代化项目的基础上,相继推出了《陆军现代化战略2010》《陆军现代化计划2012》等指导性政策文件。其中,《陆军现代化战略2010》阐述了美国陆军继续现代化和转型工作,为士兵提供更好的装备保障,以完成其使命,并维持在世界上的领先地位;通过采办升级系统和调整、重组原有系统继续装备现代化,以满足目前和将来的能力需求,以及通过陆军优势和兵力生成模型满足不断发展的部队需求。《陆军现代化计划2012》对与陆军的战略相关的研究发展与采购预算请求处理方式进行了归纳,反映出陆军采用了一个可持续的方法来推进自身的现代化。这些指导性政策文件突出经济可承受性和当前与未来全谱军事行动的需求,强调在现有装备的基础上,吸纳FCS等项目已取得的技术成果,快速提高部队的实战能力。为适应阿富汗山地作战需要,美国陆军充分利用商用成熟信息技术,快速列装了"大鸦"无人机(图2-6)、"背包"机器人、智能手机等大量微小型信息支援装备,以提高班排和单兵的信息化水平,还将部分较为成熟的FCS分系统加速列装部分步兵旅战斗队。利用高度集成的网络组件作为与传感器的接口,包括嵌入式和单兵便携式平台两类,实现全面的网络化,能够使用$FBCB^2$联合能力释放与蓝军跟踪(BFT)软件,实时上报更新部队态势感知情况,增强了步兵旅战斗队的情报获取和互连互通能力。

为了彻底解决信息"烟囱"问题,美国陆军从联合作战思想出发,综合运用天基、机载或地面通信手段,重点建设战术信息网络。同时,利用移动互联和智能终端技术,实施"单兵即系统"(soldier as a system)计划,推动从高层级司令部到连、排层级战术指挥所,乃至平台与单兵的C^4ISR系统组网。

2012年1月,美国高调出台了名为《维持美国的全球领导地位:21世纪国防优先任务》的国防战略指南,把可靠的信息与通信网络作为武装力量实施快节奏联合行动的重要前提。着眼全球战略需求,美军以商业创新领域的企业方式,自上而下地整体推动信息系统转型,持续谋求建立统一的通信体制。美国陆军"陆战网"的构想融合了网络的物理属性和社会属性,将以整体推动的方式

图 2-6　美军技术人员正在检视一架"大鸦"无人机

实现更高层次的信息共享。美军认为，由松散的独立网络构成的"陆战网"需要转化为单一的全球化网络，才能够满足作战人员对涵盖整个陆军范围的战略级需求，这就是所谓的全球网络企业化架构（GNEC），其功能是提供全球范围的通信架构，实现陆军信息系统的统一化。GNEC将利用"云计算"技术和网络服务中心，集中管理有限的网络资源，如频谱和带宽，分散性地发挥网络功能，能够在战场空间的特定位置按需增加网络密度，以满足任务或用户密度的需要。图 2-7、图 2-8 分别展示了美国陆军"战术云"架构和部署模式。

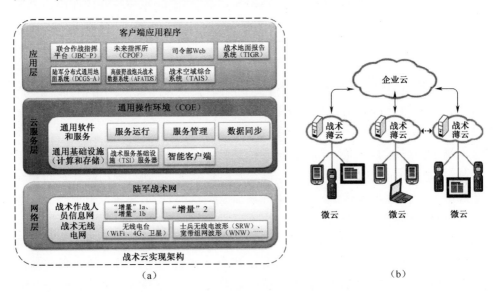

图 2-7　美国陆军"战术云"架构

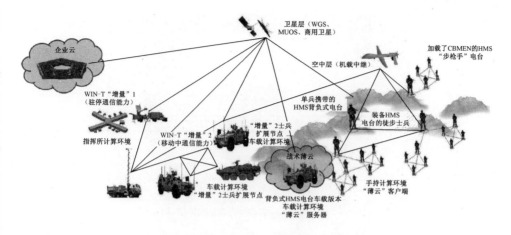

图 2-8　美国陆军"战术云"部署模式示意图

此外,近年来,美国陆军对部队使用的作战信息系统进行了全面升级。由于各个部队安装各不相同的系统,有些部队升级了硬件和软件,而有些部队未升级系统,从而导致了互操作性和安全性差以及保障低效等问题。美国陆军的主要策略是减少任务指挥网软件和硬件版本,使其符合统一的基准,即所有部队使用通用的硬件和软件集,从而实现更简单的指挥所作战环境,简化网络设置并提高保障效率。

美国陆军对各作战部队进行升级的系统包括战斗指挥公共服务(BCCS)服务器、未来指挥所(CPOF)软件和客户端电脑、陆军全球指挥控制系统(GCCS-A)、联合作战指挥平台(JBC-P)、高级野战炮兵战术数据系统(AFATDS)等。这些系统主要用于指挥所或作战中心环境,通过控制共用作战地图、火力任务、后勤跟踪和感知以及态势感知数据来管理任务和作战。如美国陆军司令部于2015年5月开始部署联合作战指挥平台(JBC-P),作为(FBCB^2/BFT)"和"联合能力发布(JCR)"的升级版。2017年JBC-P部署17支部队,2018年部署18支部队,2019年开始全面部署,每年完成50~70支部队的部署和培训。预计到2024年,约9.8万个车载计算环境平台将部署于部队。图2-9展示美国陆军士兵使用JBC-P作战指挥平台。

俄罗斯根据2008年爆发的俄格军事冲突获取的经验,俄罗斯陆军战术层级指挥信息系统存在指挥控制混乱和互联互通性能差的现象,因而进行了"新面貌"军事改革,目标是建成一支精干高效、装备精良、部署灵活、适应多种战场环境和信息化战争的现代化军队。此后,俄罗斯陆军则按照《2015—2020年国家武器纲要》的要求对其原有的战术级指挥控制系统进行了技术改造,用统一接口和协议将不同的系统连接起来,目标是建成一体化的陆军战术级指挥控制

图 2-9 美国陆军士兵使用 JBC-P 作战指挥平台

系统。俄军积极开展了陆军"数字化旅"建设,并研制了"星座"M2 新一代战术级指挥系统。该系统用统一接口和协议将各兵种系统连接起来,构建能互联互通的陆军指挥控制系统,使指挥官对作战分队能够进行实时指挥。

俄罗斯陆军 2012 年开始在部队试用"星座"M2 新一代统一战术级指挥自动化系统。作为提升新面貌旅战斗力的核心要素之一,"星座"M2 通用于陆军、空降兵和内卫军等旅级作战部队,使各种作战和保障单元可在动态战场上通过战术互联网实现互联互通,将作战指挥、战场侦察、火力打击、对空防御和综合保障等功能融为一体。"星座"M2 的列装使俄罗斯陆军部队信息化作战能力大幅提高,未来俄罗斯陆军指挥控制系统的建设将重点放在各指挥信息分系统的综合集成上。

2.2 美国陆军指挥信息系统发展历程

海湾战争之前,在长达几十年的时间内,美军的战略竞争对手是苏联。美苏为了争夺全球霸权,在各个作战维域展开了激烈竞争。这一时期,美军开始逐步建立各个军兵种的指挥信息系统,美国陆军此时的战术指挥系统高度集中化,数据处理功能集中于炮兵营和师炮兵射击指挥中心。

苏联解体后,美国作为唯一的超级大国,担当起"世界警察"的角色,其战略方向从"大国争霸"转向谋求建立单极世界秩序,追求超级霸权的绝对安全,并控制全球经济命脉。这一时期,美军的主要目标是对潜在竞争对手进行战略压制和遏制,而对于其认为影响地区安全和国际秩序的挑战者,如南联盟、伊拉克,则通过战争进行打压,同时也检验了其高科技武器装备。

海湾战争之后,美国陆军总结战争中的经验教训,开始大力推进指挥信息系统建设模式的转变。20世纪90年代末,在升级单项指挥信息系统功能的同时,美国陆军基本完成了各分系统的集成建设。

21世纪初,受"9·11"事件的影响,美军打响了"反恐战争",其战略重点放到了中东伊拉克、阿富汗等地区。这一时期,美国陆军结合FCS建设进行了基于信息系统的陆军指挥体系功能整体融合的尝试。美国陆军指挥信息系统建设现基本上实现了从单平台单系统为主向全系统全要素的体系建设转变。

2010年之后,美国的战略中心从中东重返亚太,逐渐从"反恐战争"的泥潭抽身出来。而美国陆军指挥信息系统则通过"网络中心战""空地一体战""多域战""马赛克战"等作战概念的探索和研究,结合在伊拉克、阿富汗战场的实践经验,基本上完成了陆军作战指挥体系的信息化集成和升级,并将原有分散建设的指挥信息系统进行深度一体化融合。

美国陆军作战指挥系统发展历程如图2-10所示。

2.2.1 海湾战争之前

在20世纪90年代初的第一次海湾战争之前,美国陆军各兵种基本上可以通过自己的战术C^3I系统,将所属的传感器、指挥所(车)、武器平台有机地连为一体,实现了纵向综合能力。战场前沿的信息传输网络由辛嘎斯战术分组网、增强定位报告系统(美军EPLRS,图2-11)数据网与营以上单位的移动用户设备(MSE)地域网等组成,由于结构标准不同,不能互通。

以野战炮兵为例,20世纪70年代末,美军炮兵营、炮兵旅、师炮兵和军炮兵各级开始装备"塔克法"(TACFIRE)战术射击指挥系统。"塔克法"系统作为世界上第一种具有辅助决策功能的战术射击指挥系统,能够为炮兵营和旅火力支援协调组进行自动化战术射击指挥及计划火力,它采取了高度集中化的星形网络结构形式,数据处理功能集中于炮兵营和师炮兵射击指挥中心。

在一体化发展的同时,美军也实现了对功能区指挥控制系统的升级。20世纪90年代是"阿法兹"高级野战炮兵战术数据系统的全面研制阶段,该系统由美国陆军与海军陆战队联合研制,是多军种(陆军、海军陆战队和海军)普遍装备的联合与合成部队火力支援指挥、控制与通信系统,于1997年开始装备部队,

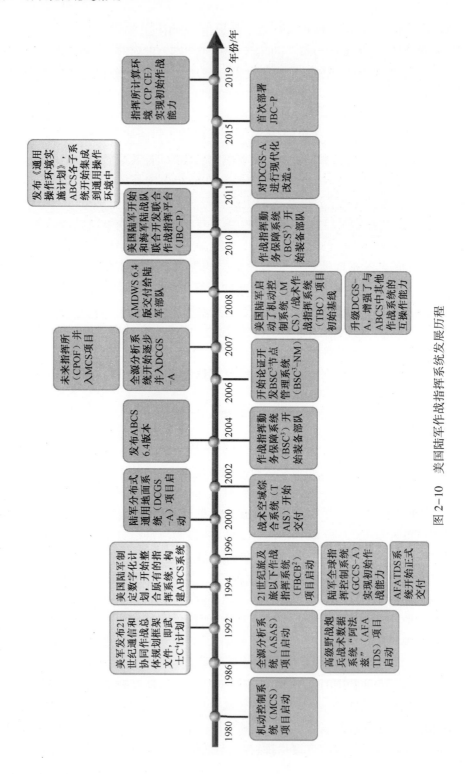

图 2-10 美国陆军作战指挥系统发展历程

主要配置到合成部队的火力支援协调组(FSE)和野战炮兵战术作战中心(TOC)等机构,使用级别从排一直到军以上级别的所有单位,以及海军舰艇,能够全自动化地计划、协调与控制迫击炮、身管火炮、火箭炮、导弹、空中支援、攻击直升机和海军舰炮的近距离支援火力、反火力、压制敌防空(SEAD)和纵深作战火力。该系统采用开放式系统结构,软/硬件可不断升级,系统开发具有鲜明的渐进特色,并且到目前为止仍在不断升级之中。

图2-11 美军EPLRS

2.2.2 数字化师建设时期

海湾战争之后,美国陆军在总结海湾战争的经验教训基础上,提出了名为"21世纪部队"的现代化计划,开始了数字化部队的建设,开始"用信息时代的方法创建信息时代的部队"。只有实现了陆军各兵种信息系统之间的互联互通,战场指挥官才能迅速获取和综合信息,确定最佳作战行动,在诸兵种合同作战时正确实施指挥控制。

美国陆军数字化师信息系统建设的核心就是在战术互联网的黏结下,将火力支援、机动作战、近程防空、情报电子、战斗勤务支援等各兵种和战场功能区内相互独立的指挥控制系统进行升级改造,整合为一体化的陆军战术指挥控制系统,即被称为"五角星"系统的陆军战术指挥控制系统,如图2-12所示。这五个战场功能领域分别对应一个指挥控制系统:"阿法兹"高级野战炮兵战术数据系统(AFATDS)、机动控制系统(MCS)、前方地域防空指挥与控制和情报系统(FAADC^{2}I)、全源情报分析系统(ASAS)、战斗勤务支援控制系统。这五个功能系统分别用于遂行火力支援、机动控制、近程防空、情报与电子(CSSCS)、战斗勤务支援五大指挥控制功能。

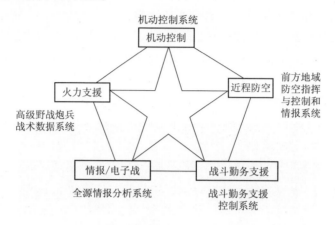

图 2-12　陆军战术指挥控制("五角星")系统组成

（1）机动控制系统的作用是给陆军战术指挥官及其参谋人员提供规划、协同与监控战术级战斗的自动化、联机和近实时的功能，使陆军作战指挥系统实现了建立和分发通用态势图的自动化。这套系统在装甲部队、步兵和联合兵种编队之中发挥着自动的指挥与控制功能，而且还能够与其他指挥与控制系统实现对接。图 2-13 展示了美国陆军士兵使用 MCS 机动控制系统。

图 2-13　美国陆军士兵使用 MCS 机动控制系统

（2）前方地域防空指挥与控制和情报系统是一个融武器、传感器和指挥与控制为一体的综合系统，包括通用硬件、软件和通信设备。它的核心是一个空战管理作战中心和多个陆军空中指挥与控制站。这套系统的作用是为军、师及以下部队的防空武器系统提供指挥与控制和目标信息。通过这套系统，能够防止机动部队、重要指挥所以及作战保障/作战勤务保障部门遭到敌军的低空打击。

（3）高级野战炮兵战术数据系统是彻底合成的火力支援指挥与控制系统，可用于替代战术射击指挥系统，旨在实现迫击炮、野战炮、加农炮、导弹、武装直升机、固定翼空中支援火力和舰炮火力使用的最优化。这套系统的主要硬件部分是火力支援控制终端（FSCT）和火力支援终端（FST），软件采用 Ada 语言编写，能够依靠排级到军级的火力协调中心来提供信息处理能力，使火力支援的计划制定和实施更加便利。

（4）全源情报分析系统是陆军作战指挥的情报电子战系统，是军和师长级战术作战中心的组成部分，由计算机、士兵作战中心支援设备和通信设备构成，通常配备到作战指挥车等平台。这套系统的主要作用是进行情报的处理和分发，为指挥官提供准确、实时和可靠的情报。

（5）战斗勤务支援控制系统是一种计算机软件系统，用于装备旅级至军级的指挥单位，由通用硬件系统、通用操作环境软件（COE）和 CSSCS 专用软件及计算机单元构成。战斗勤务支援控制系统按照 1 个帐篷配置来进行部署，此外还能够装在由项目管理（TOC）提供的一系列标准综合性指挥所系统（SICPS）之内。该系统能够迅速采集、存储、分析和分发至关重要的后勤保障、医疗、财务和参战人员的信息，为指挥官及其参谋人员及时地提供作战勤务保障、态势感知和部队调遣的信息，以及为战术指挥官提供及时、准确和可靠的重要情报信息。图 2-14 展示美国陆军士兵使用战斗勤务支援控制系统。

图 2-14　美国陆军士兵使用战斗勤务支援控制系统

从 1993 年开始，美军提出了基于开放式体系结构和模块化设计的 C^4ISR 系统，即陆军作战指挥系统（ABCS），指挥员可以根据特定的任务需要对系统加以改装。ABCS 在通信体制上基于 TCP/IP 协议实现了各类异构通信网络的互联互通,在软件结构上与国防信息基础设施(DII)通用操作环境一致,提供了从班/排级到国家指挥总部的指挥控制能力。

如图 2-15 所示,美国陆军作战指挥系统由 3 个层次组成:①取代陆军全球军事指挥控制系统(WWMCCS)的陆军全球指挥控制系统(GCCS-A 或 AGCCS),主要编配师以上指挥机构,作为陆军的战略与战役指控系统;②升级原有陆军战术指挥控制系统,提高从军级到营级的合成指挥控制能力;③新增加的 21 世纪部队旅及旅以下作战指挥系统,为分队和平台提供运动中实时、近实时的指挥控制和态势感知信息。

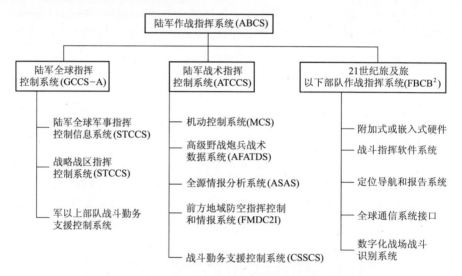

图 2-15　美国陆军作战指挥系统组成结构

ABCS 主要包括:GCCS-A、MCS、AMDPCS(由前方地域防空 C^3I 系统改进而来)、ASAS、BCS^3(由战斗勤务支援控制系统改进而来)、AFATDS、$FBCB^2$、数字地形支援系统(DTSS)、综合气象系统(IMETS)、一体化战术空域系统(TAIS)、综合系统控制(ISYSCON)系统等 11 个分系统。图 2-16 展示了美军 ABCS 指挥控制系统的层级结构。

美国陆军在 ABCS 的集成建设中克服了重重困难,逐渐完成了各个子系统的研制、装备和互联互通,如图 2-17 所示。ABCS 研制成功后首先装备数字化试点建设部队第 4 机步师试用,解决了第 4 机步师在数字化过程中存在的一些不足。

战术互联网是在原有单信道地面和机载无线电系统"辛嘎斯"(SINCGARS)、增强型定位报告系统和移动用户设备(MSE)三大战术通信系统

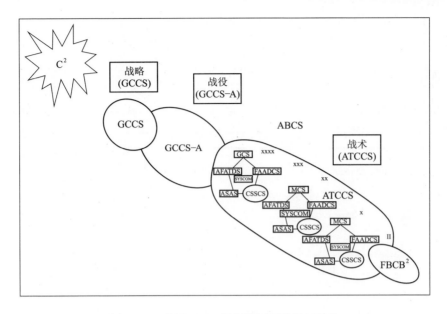

图 2-16　美军 ABCS 指挥控制系统层级结构

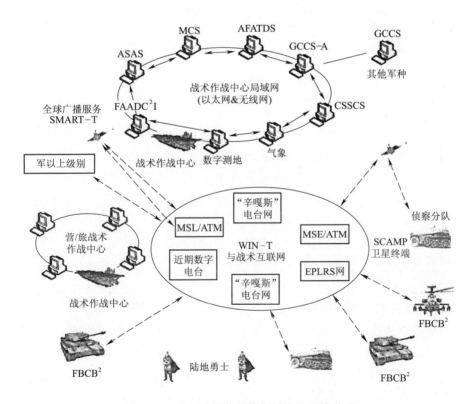

图 2-17　美国陆军作战指挥系统的连接关系

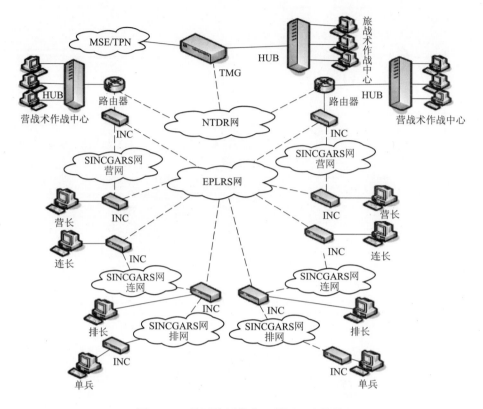

图 2-18　美国陆军战术互联网组成结构

基础上,采用互联网控制器(INC)和战术多网网关(TMG)等技术建成的网络化战术通信系统,为 ABCS 提供通信保障,如图 2-18 所示。战术互联网可用于传输话音、数据、图像和视频信息,并可通过 MSE 网接入战略网和其他民用网,以及通过卫星实现超视距通信,初步满足了师旅级部队对通信系统和信息共享的需求。

从提供使用层级来分,可将其分为三类:第一类是为 $FBCB^2$ 提供通信保障的系统,有增强型定位报告系统和"辛嘎斯"——高级系统增强项目(ASIP);第二类是连接营与旅指挥所的通信系统,有近期数字无线电台(NTDR)、"烈性者"无线电台;第三类是连接旅、师和军的通信系统,有移动用户设备/战术分组网络、旅用户节点、大容量视距无线电台、单信道抗干扰便携式终端、保密移动抗干扰可靠战术终端。综合系统控制则是战术互联网的网络管理系统。依托战术互联网,战术无线电台、计算机和通信保障设备集成为一个移动话音与数据网络,保障作战人员在任何位置利用作战指挥系统进入网络,在机动作战、战斗支援、战斗勤务支援与指挥控制平台之间提供无缝的态势感知与指挥控制数据交换,从而推动了从单兵/作战平台直到师一级的信息流动。

战术互联网利用国际通用 TCP/IP 协议、商用路由器和战术多网网关,将多种异构的通信网连接成一个无缝的数据网,完成了数字化师指挥控制与态势感知信息的流通。但由于技术水平的限制和标准的差异性,导致了带宽的不足,图 2-19 展示了美国陆军战术互联网的带宽分级使用限制。近期数字无线电台(NTDR)尽管可以与"辛嘎斯"、移动用户设备/战术分组网络(MSE/TPN)和 EPLRS 数据网络进行无缝连接,受 3kb/s 的终端用户的实际带宽的限制。针对这些不足,美军通过推进软件无线电台联合战术无线电系统(JTRS),采用统一技术标准和相同的硬件设备,旨在解决这一问题。

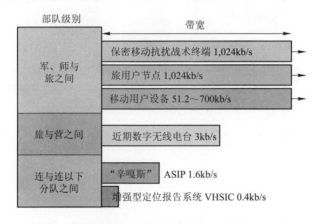

图 2-19　美国陆军战术互联网的带宽分级使用

2.2.3　FCS 建设时期

美国陆军在信息系统装备建设经历了"消除军兵种系统冲突""缝补军兵种系统缝隙"的集成建设阶段后,在"以网络为中心"这一核心思想的指导下,1999 年启动了 FCS 计划。FCS 是集成全球信息栅格(GIG)标准方面的先行者,但也可与现行部队互操作。美国陆军把 FCS 描述为一项军种联合的网络化"系统集成"。FCS 内的各系统由先进的网络架构手段联结起来,能够实现当时陆军战斗部队尚不具备的跨军种联通、态势感知与理解以及作战行动同步,并计划实现 FCS 与当前部队、正在研制中的系统以及未来将要研制的系统之间的联网,如图 2-20 所示。

FCS 第一次依托网络系统,将陆军的各种有人、无人作战与保障平台和弹药联结到一个单一网络中,开发由多种系统集成的多功能、网络化、轻型化和智能化的武器家族。尽管该项目后来从整体上夭折,但是作为"网络中心战"理念的首次实践,在很多方面为世界陆军发展带来革命性变化。

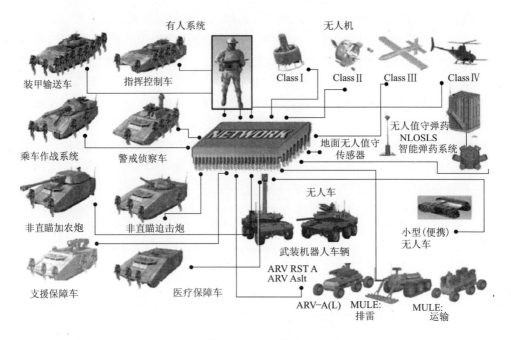

图 2-20　FCS 构成

FCS 中"网络中心战"概念的实现依托于 FCS 网络系统,它由 5 个部分组成:"系统集成"通用操作环境(SOSCOE)、战斗指挥(BC)软件、通信与计算机(CC)系统、FCS 网络管理系统和情报、侦察与监视系统。网络系统能使 FCS 的各分系统家族以"系统集成"的方式紧密地结合在一起,产生总体效能大于各部分效能之和的效果。

(1) SOSCOE 是实现 FCS 网络化的核心。第一版 SOSCOE 软件于 2004 年 9 月初交付,它可重新配置性,可以独立、同时地支持多种关键任务应用程序,并可根据需要随时插入针对任何特定任务的组件。SOSCOE 的体系结构与联合战术体系结构的陆军部分相兼容,这样就形成了非专有的可以实时、近实时和非实时应用的基于标准的通用组件结构。SOSCOE 还具备管理应用程序功能,包括登录服务、启动、注销、删除、存储归零、告警/紧急重启和监视/控制等功能。SOSCOE 的框架结构可以整合关键的互操作服务,即利用通用格式转换服务将陆军、联军和盟军的格式转换成本地的、内部的 FCS 信息格式。通过域应用程序接口,战斗指挥软件可以访问这些互操作服务软件,从而能对软件进行修改和升级。

(2) BC 软件包括:任务计划与准备软件、态势理解软件、战斗指挥与任务执行软件以及人机接口软件。BC 软件与 FCS 紧密结合,在系统内可以通用,从而实现美国陆军期望已久的目标:使 FCS 成为没有硬件、软件与信息"烟囱"的一体化互操作系统。

（3）CC 系统。FCS 的所有系统都通过一个多层 CC 网络与 C^4ISR 网络相连，CC 网络可以在远距离和复杂地形条件下进行保密、可靠的信息源访问。该网络将支持先进的功能，如一体化网络管理功能、信息安全功能和信息发布管理功能，以确保重要信息在装备 FCS 的部队建制内和建制外的传感器、处理器和作战人员之间的传播。CC 网络主要嵌入到机动平台里，与机动作战部队一起机动，从而使 C^4ISR 网络能够在运动中提供优势的战斗指挥，从而赢得以进攻为主的快节奏作战。

FCS 通信网由若干个同类通信系统组成，如联合战术无线电系统（图 2-21）聚簇 1 和聚簇 5（包括宽带网络波形（WNW）和士兵无线电波形（SRW））、网络数据链路、作战人员战术信息网。FCS 利用所有可利用的资源，形成了一个强有力的、抗毁的、可扩展及可靠的异构通信网络，它可以无缝地集成地面、近地、空中和空间资源，提供不间断的通信联络和分层冗余。宽带网络波形电台装备所有 FCS 车辆和士兵无线电波形电台装备士兵和其他质量与功率受限的平台，两者将作为通信骨干。除此之外，软件可编程 JTRS 将支持其他波形的通信，以确保当前部队和联合、跨机构及多国部队（JIM）间的互操作性。WIN-T 为 FCS 提供补充的通信能力，实现与更高级别和在更远距离上的通信。图 2-22 展示配备了战术作战人员信息网"增量"2 的装甲车辆。

图 2-21　联合战术无线电系统

图 2-22 配备了战术作战人员信息网"增量"2 的车辆

（4）FCS 网络管理系统管理 FCS 内的整个网络,包括不同波形的无线电台、平台路由器、局域网(LAN)、信息安全组件和主机。它提供所有任务阶段所需的全部管理能力,包括任务执行前的计划制定、在作战区域进行部署时的快速网络配置、任务执行过程中的网络监控以及针对网络性能和故障情况对网络策略的动态调整。FCS 使用一套一体化的计算机系统,作为 SOSCOE 的主机,在所有 FCS 平台和应用软件内确保通用处理、支持联网并协调地进行数据存储和检索。

（5）ISR 管理系统。一系列分布式、网络化的多频谱 ISR 传感器为 FCS 提供"先敌发现"的能力。为了给作战人员提供有价值的信息,来自各种分布式 ISR 和其他传感器设备的数据都要经过复杂的数据处理、过滤、比较、辅助目标识别和融合。传感器数据管理(SDM)软件接收、跟踪、处理和融合所有建制和非建制内信息源(包括陆军当前部队和联合、跨机构及多国部队)的探测数据,形成有关目标、态势、威胁和正在进行的 ISR 处理过程的综合信息。为了能以 FCS 的标准数据格式输出数据,传感器数据管理软件将对探测数据进行格式转换。

FCS 将处理实时的 ISR 数据、生存系统的输出数据、态势感知数据和目标识别信息,以更新通用作战图。通用作战图的内容包括友军、作战空间目标(BSO)、作战空间目标群的信息及与之相关的敌方意图、潜在威胁和易损性。信息和数据的实时分发和传播要依赖于强有力的、可靠的、高容量的网络数据链。

网络化后勤系统同样是 FCS 的重要组成部分,它融合在 FCS 的系统家族之中,以实现减轻后勤负担、增加可部署性与作战可用性、降低总所有权费用的后勤目标。FCS 项目主要通过平台-士兵任务准备系统(PSMRS)和后勤决策支持系统(LDSS)将网络化后勤系统有机地融合到 C^4ISR 网络系统中。PSMRS 和 LDSS 能够使分发系统将所需的后勤物资在恰当的时间运送到正确的地点,从而使指挥官和后勤人员拥有前所未有的后勤信息和决策工具。以增强可靠性、可用性和可维修性-试验(RAM-T)能力为目标,通过大力开展先期系统工程研究贯彻基于性能的后勤(PBL)支援理念,FCS 的网络化后勤系统在提高士兵战斗力的同时,提高系统的作战可用性,并减少对零备件和维修人员的需求。

在 FCS 建设的同时,美军也在进一步推进 ABCS 的迭代发展建设。到 2004年,美国陆军装备了 6.4 版本软件的陆军作战指挥系统(ABCS 6.4)后,各子系统终于完全实现了互联互通,使陆军的指挥、控制、通信和情报系统实现了横向一体化综合集成,对外也通过美军全球指挥控制系统(GCCS),实现了与美军其他各军种及战区司令部的互联互通,基本实现了陆军一体化作战指挥控制信息系统的综合集成目标。6.4 版与之前版本最大的不同就是在战术作战中心中加入了集成化的 ABCS 信息服务器(AIS),AIS 采用发布与订阅机制,实现了横向信息交换。AIS 能够帮助 11 个战场自动化系统集成,因此,ABCS 称为多系统之系统。

陆军作战指挥系统的建立、战术互联网的运用以及 $FBCB^2$ 装备陆军作战部队并形成战斗力,标志着美国陆军在信息系统 C^4ISR 系统领域综合集成完全进入了成熟阶段。美国陆军的指挥控制系统已由最初的 C^3 系统发展成为一个由多个战术级专业兵种子系统综合集成为一体的巨型 C^4ISR 系统,实现了指挥、控制、通信、情报系统和火力平台之间的横向一体化综合集成,对外也实现了与其他军种和战区联军司令部的互联互通,初步构成了一个较完整的一体化作战指挥控制体系。这一阶段的信息化综合集成的成果主要体现在破除兵种之间的壁垒、消除兵种系统间的缝隙,为适应信息化战争,作战单元向模块化转型和武器装备的信息化建设奠定了坚实的基础,其成效在 2003 年的伊拉克战争中得到了充分检验。

2.2.4 后 FCS 时代发展概况

美国面临的国际形势和威胁近 20 年来不断发生变化,在"9·11"事件后,美国的战略目标从压制中、俄转变为打击恐怖主义。2009 年之后面对中俄的发展壮大,美国又提出重返亚太,继续回到大国竞争的方向上,加之近年来新兴信息技术和人工智能的快速发展,美国国防部大力推动军事转型,促使美军装备建设从基于平台的密集火力效果和等级分明的部队结构,向多域联合一体化全谱作战、灵活重组模块化敏捷作战、自主智能体系化协同作战等方向转变。

FCS 项目取消后,美国陆军一直在思考其信息系统和网络的未来发展方向。为了贯彻执行国防部指示,2009 年 12 月 28 日,陆军副参谋长(VCSA)指示陆军首席信息官(G-6)制定当前和未来的网络体系结构,为陆军任务指挥网的未来发展提供指导。图2-23展示了美国陆军任务指挥网(MCN)组成概况。

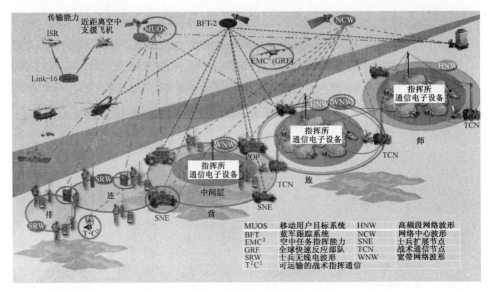

图2-23 美国陆军任务指挥网组成概况

按照陆军副参谋长的指示,陆军首席信息官于2010年10月1日发布了《陆军未来企业网络体系结构指南》,认为"陆军当前的信息技术实现和管理方法过于繁琐,无法适应发展的步伐",因而提出了全新的COE体系结构。随后,负责采办、后勤与技术的陆军部长助理(ASA(ALT))于2011年制订了《ASA(ALT)COE实施计划》,进一步提供了可供执行的技术特征,为陆军系统向COE迁移提供实施战略、实施周期和关键里程碑。《ASA(ALT)COE实施计划》要求建立软件生态系统和企业业务战略,利用业界的最佳实践并快速开发安全且具有互操作能力的应用程序,以满足作战需求。

为了避免FCS项目中所经历的"无限"延期和成本"无底洞",美军在综合分析FCS和旅战斗队现代化项目的基础上,相继推出了由负责规划的副参谋长签署发布的《2010陆军现代化战略》《2012陆军现代化计划》等装备发展的政策指导文件,重新界定了陆军装备体系建设的总体目标,立足满足部队完成全谱行动和保持决定性优势的需求,结合可用资源和可能风险,重新选择了陆军装备体系建设的目标、途径、重点与手段,并对陆军装备建设重点进行了安排。美国陆军装备发展战略的调整,突出了经济可承受性和当前与未来全谱军事行动的需求,强调在现有装备的基础上,吸收FCS项目已取得的技术成果,从而快速提高部队的实战能力。图2-24展示了近年来美国陆军陆续发布的一系列装备发展顶层设计文件。

(a)《2010陆军现代化战略》

(b)《2011陆军战略计划指南》

(c)《2012陆军现代化计划》

(d)《2016陆军数据战略》

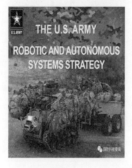
(e)《2017机器人与自主系统战略》

(f)《2018陆军多域作战》

图 2-24　美国陆军陆续发布的一系列装备发展顶层设计文件

从 2006 年开始，美国陆军指控系统各部分开始走向一体化融合，如图 2-25 所示。MCS 开始启动联合战术 COP 工作站（JTCW）系统的设计与开发。JTCW 是美国陆军与海军陆战队旅以上联合系统，它基于美国海军陆战队的 C^2 计算机平台。该系统更好地实现 MCS 与美国海军陆战队战术战场作战（TCO）网络的兼容；2007 年，未来指挥所作为一项技术插入合并入 MCS 项目。未来指挥所使用户能够共享他们的工作区地图和数据，包括通过交互式白板制定计划及军事演习模拟。美国陆军从军至营级部队已装备 2000 多套 CPOF 系统，其中至少有 1/2 应用于伊拉克。2009 年 1 月，美国陆军批准 CPOF 交付部队。2010 年年底，完成第三代 CPOF 第一阶段的软件研发工作，并开发作战指挥公共服务，为 ABCS 和战术指挥所提供加固型服务器和服务基础设施，满足网络中心企业服务环境和未来 C^2 系统的要求。图 2-26 展示了 BCCS 的组成结构。

另一方面，美国陆军基于 DODAF2.0 框架研制了多个相互支持的战场功能领域子系统来构建其作战指挥系统，如陆军全球指挥控制系统（JC^2-A，替换 GCCS-A）、21 世纪部队旅及旅以下作战指挥系统和单兵 C^4I 系统，对内实现了陆军内部诸兵种之间的互联互通、数据共享，使陆军的指挥、控制、通信和情报系统完成了横向的一体化，对外通过全球指挥控制系统实现了和其他军种及各

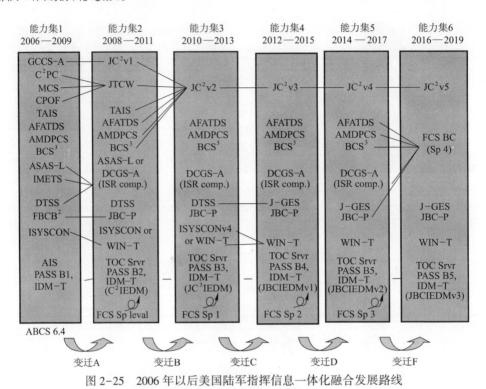

图 2-25 2006 年以后美国陆军指挥信息一体化融合发展路线

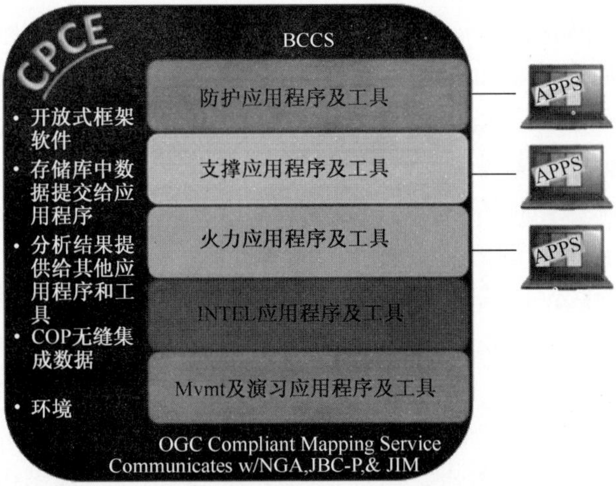

图 2-26 BCCS 的组成结构

战区司令部的互联互通,提高了联合作战能力。陆军全球指挥控制系统(JC^2-A)向基于 SOA 架构的网络赋能指挥能力系统(NECC)方向演进,现役战术旅部署战术指挥软件(FCS BC,取代 AFATDS、AMDPCS、BCS^3 等)和联合作战指挥平台(取代 $FBCB^2$)装备的"能力集"13,能够提供从静态战术作战中心到前进指挥官再到徒步士兵的一体化连接,为旅战斗队的所有层次提供移动任务指挥。美军指挥控制软件围绕信息与决策进行,紧紧围绕"任务",按照计划与准备、态势理解、指控与任务执行三个环节组织,在体系结构上实现了"一体化"。随着多平台通用数据链技术(MP-CDL)、战术目标瞄准网络技术(TTNT)、网络数据链技术(NDL)、先进战术瞄准技术(ATTT)、Quint网络技术(QNT)等武器协同技术的发展,武器协同数据链与战斗指控实现了结合,有效提升了作战部队的火力打击能力。

同时,美国陆军致力于调整网络发展的总体战略,从根本上改变网络技术集成与应用的方式。该战略最重要的内容是部署"网络能力一体化套餐",综合利用各种通用宽带波形(如士兵无线电波形和宽带网络波形)、移动卫星网络(如WIN-T)和各种战斗指挥应用软件发展地面战术网络,使之无缝运转成为"陆战网"的组成部分,从而将徒步士兵、指挥所和移动中的车辆都连接在一起,为部队提供一种从战术行动中心到移动中的指挥官再到徒步士兵的集成无缝网络能力,使连排级部队都能获得重要的态势感知和任务指挥能力。从2012财年开始,美国陆军计划联合各种资源,尽可能为更多的已部署部队和可部署部队装备这些能力包。同时,美国陆军还在探索如何在战术行动中有效地利用轻型和廉价的口袋式智能手机,从根本上改变士兵获取知识、信息、训练内容和作战数据的途径,从而改革陆军的作战和训练方式。

作为一体化阶段美国陆军的骨干信息系统装备,WIN-T"增量"2系统是美国陆军新一代战术互联网,依靠由微波视距通信、空中机载通信和卫星通信中继组成的三层网络基础结构,形成全域互联、动态运行、宽带传输、灵活升级、安全可靠的多媒体信息网络,是一个可动态配置、具有高速高容量特点的骨干战术网络。从2013财年开始,WIN-T"增量"2系统已开始融合并取代集成阶段使用的松散的战术互联网,主要用于取代旅以上部队装备的移动用户设备。图2-27展示了美军士兵测试WIN-T"增量"2系统。

图2-27 美军士兵测试WIN-T"增量"2系统

在"陆战网"的框架下,美国陆军以自上而下的整体论方法推动指挥信息系统的转型,从联合作战思想出发,装备、计划、指挥和部署陆军部队,正在把通过网关对分散通信设备的战术互联网连接,转变为统一的、安全的栅格,以实现从高层级司令部到较低层级战术指挥所,乃至连、排和平台与单兵级的 C^4ISR 系统组网,进而解决因军兵种和部队层级关系所产生的信息"烟囱"问题。

自 2013 年起,美国陆军对 COE 技术标准进行了小幅度升级,分别发布了 COEV2 和 COEV3 版。COEV2 版的改进主要是实现了统一协作,增强了指挥官与参谋之间的态势感知的共享,改进了司令部与参谋部的态势理解能力,允许指挥官和参谋从不同地理位置进行协作;COEV3 版的主要升级是实现了标准化的共享地理空间,允许各组织从通用的地图数据上进行操作,通用的地理空间标准和数据产品减少了产品和数据集的格式。图 2-28 展示了相比传统指挥所的提升和作用。

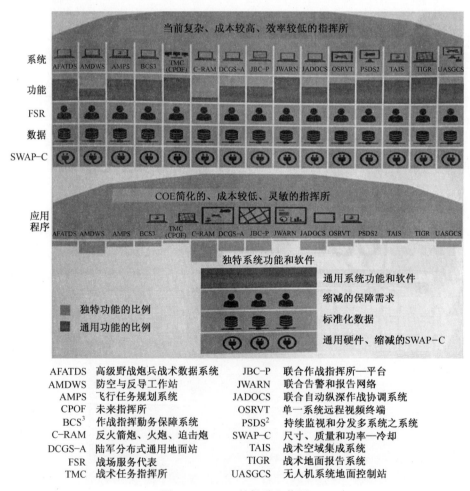

AFATDS	高级野战炮兵战术数据系统	JBC-P	联合作战指挥所—平台
AMDWS	防空与反导工作站	JWARN	联合告警和报告网络
AMPS	飞行任务规划系统	JADOCS	联合自动纵深作战协调系统
CPOF	未来指挥所	OSRVT	单一系统远程视频终端
BCS^3	作战指挥勤务保障系统	$PSDS^2$	持续监视和分发多系统之系统
C-RAM	反火箭炮、火炮、迫击炮	SWAP-C	尺寸、质量和功率—冷却
DCGS-A	陆军分布式通用地面站	TAIS	战术空域集成系统
FSR	战场服务代表	TIGR	战术地面报告系统
TMC	战术任务指挥所	UASGCS	无人机系统地面控制站

图 2-28 COE 的提升和作用

2016年2月,美国陆军颁布的最新《陆军数据战略》,以加速数据的采集和决策支持转化效率,来实现未来战场数据的可获取、可利用、可访问、可理解和互操作目标。《陆军数据战略》旨在推动美军军事作战理论转型,从以"网络为中心"的转变为以"数据为中心"的作战理念,其核心意图在于以数据优势实现指挥决策优势。这包括两个层面的涵义:一是数据优势,即实现作战人员在任何需要的时间、地点,通过任何访问设备都能够及时获取数据;二是指挥决策优势,即作战人员在获取高质量数据的基础上,能够将原始的、粗糙的数据转化为有用的信息,做出及时、正确、先发制人的指挥决策,如图2-29所示。

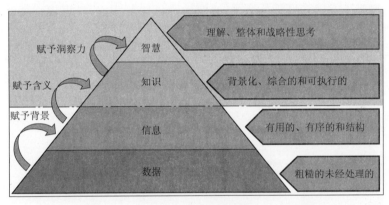

图2-29 数据到指挥员决策智慧的转化过程

美国陆军通过实施数据战略,将采集到的粗糙的、未经处理的数据通过背景化等处理转化为有用的、有序的和结构化的信息,而信息通过人类加工、赋予其含义、建立关联等方式形成知识,最终转化为指挥员的决策智慧,形成对战场环境的全局理解、整体性和战略性的思考。

美国陆军数据战略是在一系列基本原则的指导下制定的,包括战略资产原则、数据和信息相异原则、信息共享原则、数据可视化原则、信息授权访问原则、标准框架一致性原则、成本有效性评估原则和安全原则。具体内容包括:①战略资产原则。陆军视数据为战略资产,认为"数据必须作为战略资产管理。陆军的目标是创建和支持网络为中心的作战环境,赋予指挥员即时、安全利用数据资产的能力"。②数据和信息相异原则。数据战略中区分数据和信息的概念,即"数据是信息的物理表现形式,但不等同于信息",而信息"来源于数据,是当数据在一定背景下被解释形成的",因此,信息是背景化的,同一个指挥员收到同一份数据,可能会产生完全不同的理解信息,这是因为指挥员的知识背景不同。③信息共享原则。即有效的指挥决策和执行需要高效的信息共享。④数据可视化原则。指信息形成者和管理者负有责任和义务确保其数据为授权用户保持公开可见,并且能够通过标准化机制为用户提供访问利用。⑤信息授权访问原则。指陆军流程应当为授权用户提供支持决策信息,而无论其地点和时间如何。⑥标准框架一致性原则。指数据战略和陆军管理及政策框架保持一致,可以推动和提升陆军系统的信息共享效率,达到美军国防部信息共享目标;⑦成本有效性评估原则。指陆军数据战略实施的有效性可以根据政策实施后的成本节约效率来进行评估。⑧安全原则。指公开、敏感或涉密信息必须根据法律、法规和政策来处理,以确保数据和信息的安全性。

2017年年初,美国陆军和海军陆战队联合发布《多域战:21世纪合成兵种》白皮书,阐释了发展多域战的背景、必要性及具体落实方案,谋求将新的作战方式嵌入整个联合部队。陆军和海军陆战队联合组建特种部队,以发展和验证多域战概念。2017年12月,陆军和海军陆战队联合发布《多域战:21世纪的合成部队变革》1.0版正式稿,在白皮书基础上制定多域作战战场框架。同时,美国陆军还在太平洋战场开展演习验证多域战概念及其他作战思想,2018年与欧洲司令部联合开展军演验证多域战概念。图2-30展示了美国陆军多域作战概念。

图2-30 美国陆军多域战作战概念

与此同时,美国陆军发布新版野战手册《FM3-0:作战》和《FM3-12:赛博与电磁作战》,如图2-31所示,将多域战从宽泛的作战概念发展为可立即执行的具体条令,规范赛博与电磁作战以支撑统一陆地作战和联合作战。

《FM3-0:作战》阐述了多域战的关键要素,包括扩展的多域战场和实施统一地面作战的最新作战框架,弥补了2016年11月发布的《ADP3-0:作战》条令没有充分解决在大规模作战行动期间如何同步海、赛博和空间域能力的问题。

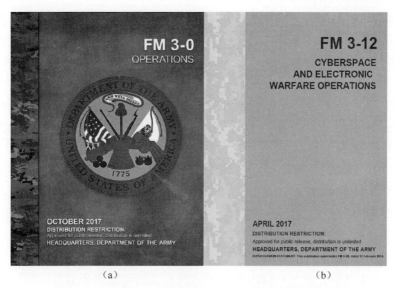

图 2-31 《FM3-0:作战》和《FM3-12:赛博与电磁作战》

《FM3-12:赛博与电磁作战》对赛博与电磁作战加以规范以支撑统一陆地作战和联合作战,解释了陆军赛博和电磁作战的基本原则、条款和定义,为陆军在赛博和电磁领域作战的合作和集成提供战术和作战流程指南。

此外,美国陆军进一步将多域战要求陆军具备的关键能力概括为六大现代化优先事项,包括远程精确火力、下一代战车、未来垂直起降平台、可用于电磁频谱拒止环境的陆军网络、先进防空反导能力、提高单兵作战能力等。

2017年3月,美国陆军训练与条令司令部正式发布《机器人与自主系统(RAS)战略》,详细阐述了美国陆军未来25年在RAS领域的研发重点、能力建设目标及实施途径、方式、步骤等,为美国陆军开展RAS相关研发工作提供顶层规划文件。

《机器人与自主系统战略》聚焦无人作战能力建设,加紧发展RAS能力,以确保其有效应对三大挑战:一是对手的行动更加迅速,防区外打击能力更强;二是对手增加对RAS的使用;三是密集城市环境下拥堵程度提高,通信将处于崩溃边缘。为此,美国陆军提出五大RAS能力目标,以指导无人地面系统及无人机技术的研发与应用,具体包括:①增强态势感知能力;②减轻作战士兵的负重与认知负担;③通过提高配送、吞吐能力及效率来为部队提供后勤保障;④提高行动与机动能力;⑤保护军力。

美军将发展RAS具体分为三个时期。

1. 短期(2017—2020年)

(1) 为提高徒步作战力量的态势感知能力,陆军将为低层级的部队采购更多便携式 RAS,利用无人地面系统及无人机的高续航力、避障感应能力、自主性及小型化,来确保战术部队能自主感知威胁。为提高机械化部队的态势感知能力,陆军将投资研发系留及非系留无人机,为自主导航系统提供数据,为指挥官提供影像数据流。

(2) 为减少徒步部队携带装备的数量,陆军将研发不同尺寸和任务配置的地面 RAS 平台。长时间徒步行动的士兵可将设备、武器、弹药、水、食品等负重物品转移至 RAS 平台。为进一步减轻士兵的负重,陆军还将投资研发外骨骼技术。

(3) 为减轻认知负担,陆军将继续发展计算机/人工智能、情报分析等技术。与此同时,为增加 RAS 的应用,陆军还将改变任务司令部系统,特别是在认知管理及任务司令部网络方面。

(4) 为维持快节奏作战行动,陆军将投资自主地面供应车队,车上的传感器、计算机及决策支援工具将控制车辆的速度、间隔、障碍躲避等。

(5) 为确保战场机动自由,陆军将投资发展道路清理、障碍清除、简易爆炸物排除等能力。

(6) 为保护部队,陆军将继续在 RAS 排爆方面投资,并通过穿戴式传感器等提升态势感知能力。

2. 中期(2021—2030 年)

(1) 为提供先进的态势感知能力,陆军将基于现有态势感知能力,利用 RAS 蜂群作战能力来提高各作战层级的情报、监视与侦察能力,从而减轻士兵遂行监视与侦察任务的负担,并根据有人/无人操作系统被大量使用的现状,改进认知管理战术、技术与程序,进一步修改任务司令部网络。

(2) 为继续推进将单兵负荷转移至 RAS 平台上,陆军将增强中型及大型无人地面系统的自主性,以增加补给的吞吐量。同时,陆军还将引入外骨骼技术,以减轻士兵的负重,增强肉搏战时的单兵防护能力,并使士兵携带更具创新性的强大火力。

(3) 为提高自主后勤保障能力,陆军将为新型车队增配高级机器人系统,以降低对有人驾驶旋翼飞机的依赖。在短期计划中,自动供应车辆跟随在有人驾驶车辆之后行驶,而在中期计划中,无人车辆能自主行驶,并协助开展医疗后送。

(4) 为提升机动能力,陆军将引进无人驾驶战车,可在战场不同地形条件下作战和机动。未来 10 年,陆军将利用技术创新与发展实现现有无人战车的实战化。

3. 长期(2030 年以后)

(1) 为提升态势感知能力,陆军将在近战机动力量抵达行动地域前投放小型蜂群机器人。这些蜂群机器人将自带动力装置、可自我拆装、可随时投入使用。

（2）为提升后勤支援能力，陆军将使用自主货物投送系统。在陆上将使用全自动轮式战术车辆（图2-32），在空中将使用自主空中系统来提升再补给能力，以便减少依赖有人旋翼飞机在配送节点间运送货物。

（3）为提升机动能力，陆军将使用装甲地面及空中机器人平台。该平台特征更小，续航力更强，可单独或协同工作，可在敌纵深地域摧毁高价值目标。其中，无人驾驶战车将具备自主机动能力。通过投资传感器、人工智能及人机对话等技术，实现有人与无人系统间的密切协同。

图2-32　寻求RAS可使陆军提升未来部队的作战效力

2.3　俄罗斯陆军指挥信息系统发展历程

早在20世纪50年代苏联时期，苏联陆军就开始了信息化建设，当时采用的是指挥自动化的概念，并逐步建立起较为完善的陆军初级指挥自动化系统；由于20世纪80年代末苏联解体，导致俄罗斯长期政治经济社会动荡，俄罗斯陆军指挥信息系统的建设经历了一段艰难的起步和探索。1994年俄罗斯国防部通过《武装力量信息化建设的基本方向》决议，正式提出"信息化建设"的概念。进入21世纪，俄军强力推进军事领域转型升级，通过一系列军事改革，有力推进了陆军指挥信息系统的建设。俄罗斯陆军作战指挥信息系统的发展历程如图2-33所示。

2.3.1　苏联时期

苏联时期，苏军按功能不同分别建立了各兵种的指挥自动化系统，并开始尝试数字化和互联互通。20世纪50年代中期，苏联从防空自动化起步，实现了

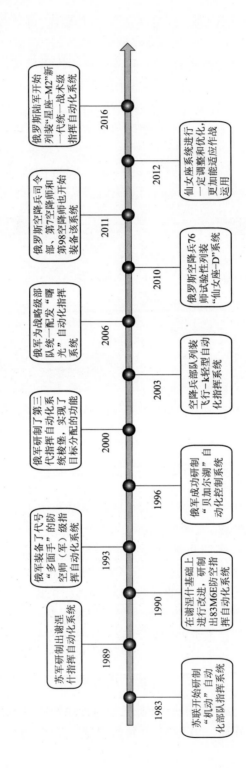

图 2-33 俄罗斯陆军指挥信息系统发展演进

防空军的分队指挥自动化,60年代实现了军团指挥自动化,并且开始试验指挥信息系统。图2-34展示了苏联的雷达侦察车。

图2-34 苏联雷达侦察车

发展到20世纪80年代中期,苏联陆军已经建立了一系列适应机动作战的战役、战术指挥自动化系统,主要由指挥系统、情报收集和通信系统组成,主要任务是确保在遂行战役战术任务过程中,不间断地对参战部队实施指挥。同一时期,苏联陆军提出了"侦察射击(突击)武器系统"的发展理念,并按照"综合集成"的思想设计和研制新型武器系统,如在为装甲兵、导弹兵炮兵和防空兵等陆军主要作战兵种研制新型主战装备时,每次都要开发相应指挥控制系统和侦察监视系统。

2.3.2 发展壮大阶段

苏联在1987年制定了第一个数字化纲要,并在2000年完成对指挥系统的数字化改造。苏联解体后,俄军制定了信息化建设规划,以数字化为标志的信息化建设进入起步阶段。俄罗斯陆军继承并发展了苏联时期武器系统综合设计思想,在强调主战平台、指挥控制和侦察装备均衡发展的同时,逐步重视陆军整体指挥控制体系的建设。然而,由于国内政治、经济等原因,俄军的信息化建设没有跟上时代的步伐,主要通信和指挥自动化系统整体仍停留在模拟信号的水平上,新型数字化指挥自动化系统和与之相配套的火力平台装备量极少,除了"金合欢"区域指挥自动化试验,大部分信息化建设计划未能付诸实践。

第一次车臣战争中(1994年12月至1996年8月),俄军由于信息和情报保障不力遭受了挫折,北高加索军区司令克瓦什宁着手解决作战信息保障问题,最初是为战场火力打击提供侦察、定位和目标指示问题,随后根据作战的需要进一步发展为集指挥、通信、武器控制和后勤保障为一体的"金合欢"自动化指挥系统。该系统集成了俄军当时最新的数字化指挥系统,并在第二次车臣战争中发挥了重要作用。

在进入新世纪之前,俄军尽可能完成了战略自动化指挥系统与战役战术指挥自动化系统的联网,从而避免了长期以来各自为战的被动局面。

2000年,普京当选为俄罗斯总统,俄罗斯国内局势逐步稳定,经济快速回升,军队裁减接近尾声,信息化建设提上日程。当年,俄罗斯联邦总统普京签署总统令,决定研制统一的战术指挥控制系统。次年,俄罗斯国防部制定了《2010军事建设构想》,核心目标就是建立武装力量统一的军事信息空间,将指挥系统、高精度武器等信息化武器装备列为发展重点。图2-35展示了俄军基于"统一信息空间"的网络中心指挥范式。

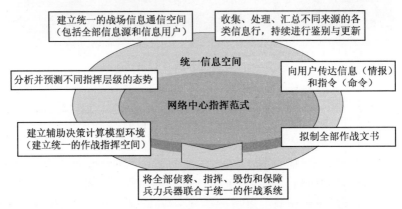

图2-35 俄军基于"统一信息空间"的网络中心指挥范式模型

2001年11月,俄罗斯联邦武装力量总参谋部总参谋长批准研制/统一的战术指挥控制系统基本系统("星座"M)试验设计工作的战术技术任务书。参与自动化指挥控制系统的企业大约有20~50家,包括主导企业和合作伙伴单位。

2000—2001年为第一阶段:编制主要系统规范性技术文件;制定信息技术框架和纲要资料;综合已装备和在研的系统、控制系统、通信设备、毁伤和信息保障设备;完成一系列研制战术指挥自动化系统产品所必须要进行的试验设计工作。

2002—2005年为第二阶段:编制战术指挥控制系统全套技术规范性文件、信息技术和纲要框架;研制可集成到统一技术总系统的子系统试验样机。

2005—2010年为第三阶段:保证研制出具有指挥控制、侦察情报、通信、电子战、导航和识别功能的战术级指挥控制系统,确保战术部队的指挥控制。

2006年,战术级指挥控制系统进行了基础系统第一阶段国家试验。试验结果表明:该系统没有达到与其技术任务相适应的(除导弹与炮兵部队分系统外)自动化指挥控制功能。因此决定对该系统进行改进完善,并在规定的时间内向莫斯科军区第 2 摩托化步兵师交付统一的战术指挥控制系统，以便在 2007—2009 年间进行部队试验。

2009 年 12 月，进行了统一的战术指挥控制系统营级（研究性）战术演习。统一的战术指挥控制系统进行第二阶段国家试验。试验结果表明：战术指挥控制系统仍然非常"原始"。2010 年 1 月至 10 月，该系统按现代化计划进行了改进，并称为"星座"M 战术指挥控制系统。

2010 年 10 月，装备统一战术指挥控制系统的第 5 独立摩步旅机关和几个分队进行了司令部演习。演习结果表明：系统软件和数据传输设备存在大量缺陷。遂决定后续将系统升级到"星座"M2 的水平。

2.3.3　当前发展现状

从 2009 年起俄军加快实施了"俄联邦武装力量一期通信网分阶段向数字化远程通信设施过渡专项计划""俄联邦武装力量二期通信网向采用数字化信息处理与服务设备过渡的配套专项计划""为俄联邦武装力量野战通信兵装备现代化通信系统、成套设备和部件专项计划"和"建立统一的战术级军队指挥系统专项计划"共 4 个专项计划，对现有通信网络和系统的设备和线路进行了大规模数字化和网络化技术改造，并为一批重点野战通信兵团和作战部队配备了数字化的通信与指挥自动化设备，显著提高了他们的野战通信能力。

建设战略与战区级指挥自动化系统是俄罗斯陆军一体化指挥信息系统发展的重要内容。在战略级指挥自动化系统方面，重点建设武装力量野战指挥自动化系统；而在战区级指挥自动化系统方面，则根据战区指挥体制的调整，重点发展跨军种的区域一体化指挥自动化系统。

武装力量野战指挥自动化系统将在武装力量野战自动化通信系统的基础上建立，它可以满足对部队实施自动化指挥的要求。该系统将在武装力量一期通信网和二期通信网的基础上构建，其构成部分包括配置在各级指挥所的通信枢纽部、通信指挥自动化系统、移动目标通信系统等功能性系统。在建设该系统过程中，贯彻信道自动切换、战况自动转发等原则，以满足信息在系统中快速发送的要求。该系统将率先使用通信指挥自动化系统、数据自动加密交换系统和移动目标通信系统。其中，通信指挥自动化系统和数据自动加密交换系统可确保在军区、集团军、师、团，以及在参加协同的兵团和部队指挥所等用户之间，安全交换战场信息。

在战区指挥自动化系统建设方面，重点发展武装力量区域通信系统。该系统以固定通信系统为主，可保障在配置于不同地点和互不隶属的各军兵种部队指挥机构之间交换各种信息。该系统的框架结构根据俄罗斯地缘战略区划分和地理特点设计，将按照辖区内务军兵种部队和其他强力部门部队的配置位置及责任范围为其集中配置各种通信与信息资源。为了建立武装力量区域通信系统，在开发先进网络技术的基础上，建立统一的远程通信网；采用现代数字式信道生成设备；实现通联、信道资源分配及宽带网络接入过程监控的自动化；组织数字化网络接入，以自身资源提供各种电信服务；采用统一的系统与技术解决方案，为各级指挥机构建立通信指挥自动化系统。为防止战时和紧急情况下区域内固定式通信系统被毁，在武装力量区域通信系统的框架内还将采用最新技术建立统一的数字移动通信系统，以保障野战条件下对战区内武装力量集团的作战指挥。

2010年，俄军采取多项措施加快新一代战略、战役和战术级指挥自动化系统的建设步伐。特别是"新面貌"军事改革开始后，俄军迅速制定了与新军事改革方案相配套的《2010—2015年国家武器发展纲要》，以"师改旅"为切入点推动陆军改革和转型，加快通信和指挥控制自动化系统的信息化改造和建设步伐，以尽快建成新一代战略和战役级指挥自动化系统，使之与新型三级作战指挥体制相适应，以发挥出最大的作战和指挥效能。

俄军为加快指挥自动化系统的研发部署，为战略级部队统一配发"曙光"自动化指挥系统，为战役战略级和战役级部队研制统一的"金合欢"M自动化指挥系统，为战役战术级部队设计"仙女座"D自动化指挥系统，为战术级部队统一装备"星座"M2一体化指挥系统。这些系统普遍采用通用化和模块化技术方案，彻底改变了原来军兵种指挥系统条块分割、信息共享能力不足等问题，能够实现从战略至战术级部队的统一指挥。

根据《2015—2020年国家武器纲要》，俄罗斯陆军2016年开始装备"星座"M2新一代统一战术级指挥自动化系统，如图2-36所示。"星座"M2系统由俄罗斯乌拉尔车辆制造厂和"星座"康采恩联合研制，可使指挥官对作战分队进行实时指挥。借助该系统可将分散在战场上的坦克联入统一的信息网络中。"星座"M2系统包括一组可显示各种战术信息的显示器，坦克乘员可通过"星座"M2系统的显示器清楚地看到战场上敌我双方所处位置。

"星座"M2系统是具有卓越能力的新型战术级指挥自动化和通信系统，它将部队指挥、武器控制、侦察与电子对抗装备管理等功能集成到一起，确保在危机局势下战术级军事组织与参与执行联合任务的俄罗斯内务部、联邦安全委员会、紧急情况部等强力部门的所有分队保持稳定而持续的信息协同。"星座"M2系统在通信技术装备、数据转发、作战指控软件、导航与识别装备的基础上建立起实时的信息交互网络。在基本结构上，"星座"M2系统包括首长与参谋部分系统、侦察指挥分系统、炮兵指挥分系统、航空兵支援分系统、防空指挥分系统、无线电电子对抗分系统、工程保障分系统、后勤保障分系统和技术保障指

图 2-36　俄罗斯陆军列装"星座"M2 战术级指挥自动化系统

挥分系统等,能够装备于陆军、空降兵和海军陆战队的旅级作战部队。"星座"M2 系统组成如图 2-37 所示。

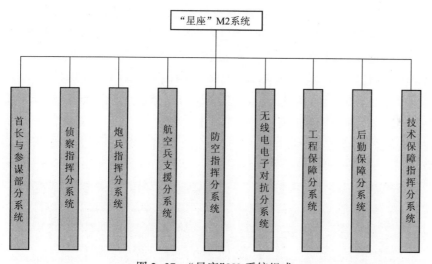

图 2-37　"星座"M2 系统组成

"星座"M2 系统的全部软/硬件均可装配在移动指挥所、指挥参谋车和其他机动车辆上,分队和士兵设备由人员随身携带,各种作战和保障单元可在动态的战场上通过战术互联网实现互联互通,最终实现作战指挥、战场侦察、火力打击、对空防御、综合保障等各种功能的集成与融合,为各兵种指挥员明确任务、评估战场态势、做出合理的决定,组织和指挥所属部队、分队进行战斗准备和实施合成作战提供高效的指控手段。各级指挥员将能够通过实时更新作战环境资料的电子地图显示器屏幕,确定己方和敌方目标的位置坐标,明确消灭敌方目标的任务,高效地下达作战命令,跟踪分队完成任务所需的全部物资器材的保障程度等。这样,随着统一战术级兵力兵器指挥系统的运用,将建立统一的信息空间,最终将大幅度提高兵团与部队在战场上的使用效能。

此外,为了打破大型通信车、指挥车、油机车等多种车辆组成自动化指挥系统的传统结构,俄罗斯陆军同时还采用了"仙女座"D轻型自动化指挥系统。这种指挥系统是一个由移动式笔记本电脑所组成的指挥网络,这些电脑可以保障各级使用者实时地进行信息交换,实现自动化指挥。

"仙女座"D分为车载指挥所和专用帐篷两种工作方式。采用车载指挥所方式时,指挥车以BMΠ-2轻型伞兵战车为基础,配备若干自动化工作站和通信设备,可使用不同的信道传输信息。每辆指挥车为指挥员配备了"格洛纳斯"(GLONASS)卫星定位导航设备和备用的惯性坐标定位设备,如图2-38所示。依靠上述设备可以在野战条件下对指挥车进行自动定位,测算指挥车运动的方向和速度,并将相关数据间歇性或一次性传递给上级指挥员。车辆的坐标、运行方向和速度等参数可以以模拟标识的形式在所有有权获得相关信息的工作人员的电子地图上显示。帐篷工作方式是指在每个师级和团级指挥所的构成中还包括必要数量的使用充气骨架帐篷的指挥模块。这种方式一方面便于组织集体工作,保障了工作的舒适度和安全性;同时还能抵御火灾和骗过敌方侦察卫星的侦照,具有一定的隐蔽功能。帐篷内设有人员工作台位,每个台位上都有两台EC-1866型计算机、自动化通信系统、空气加热系统和空调系统,如图2-39所示。每个帐篷内有20个自动化工作台位,还包含视频监控设备,可以观察帐篷内部或指挥所周边的情况。此外,每个帐篷内还设有局域网和断电保护

图2-38 "仙女座"D自动化指挥系统(车载指挥所式)

(a)   (b)

图 2-39 "仙女座"D 自动化指挥系统（帐篷工作方式）

装置、扩音设备、扫描仪、激光打印机等办公设备，还配有独立的发电机，以保障自主供电。各级指挥所中包含的帐篷数量不尽相同，主要取决于该指挥所对于工作台位的需要。

同时，俄军大力发展新一代卫星通信系统。根据俄罗斯通信总体规划的安排，新一代卫星通信系统包括：地球静止轨道通信卫星（"虹"-1、虹"-1M、"虹"-2），高椭圆轨道通信卫星（"子午线"），卫星通信地面站（民用、军用）。当前已投入使用的新一代军用通信卫星地面站有"簇射"-Л、"传奇"-МД、"梅花草"、"半人马座"、"库伦"等。这些地面站采用先进的工作模式，具有操作简便、可靠性强等优点。卫星通信系统的研发部署工作并没有因此结束，而是继续向前发展。目前，俄罗斯已完成通信卫星（"虹"-1M、子午线"）和卫星通信地面站"簇射"-BM 的研制，俄罗斯卫星通信系统以其安全的可靠性和高速的数据传输能力可以满足不同层次用户的需求。

2.4 欧洲陆军指挥信息系统发展历程

从 20 世纪 90 年代中期开始，欧洲主要军事国家的陆军信息化建设进入转型期，其基本策略均是把构建先进的通信网络系统、提升信息化作战能力摆在了首位，同时，着力发展一体化指挥控制信息系统，提高诸军兵种和多国联合作战能力。

以英国、法国、德国等主要军事国家为代表，自 20 世纪 70 年代后期以来，欧洲地区各国陆军指挥信息系统建设的发展历程，可以划分为三个阶段。

2.4.1 冷 战 时 期

在欧洲军事发达国家，导致其武器装备向信息化方向发展的"军事信息革命"发端于 20 世纪 70 年代，分为军事传感革命和军事通信革命两个阶段。

军事传感革命的主要表现是：出现了计算机控制的探测器材，以及单个作战平台和武器系统的计算机化。由于计算机具有图像采集、数据处理与显示等多种功能，探测器材的灵敏度得到了极大的增强。随着控制系统的计算机化，武器的命中精度也得到极大的提高，使战术导弹具备了超视距制导能力，单个作战平台不仅可探测和跟踪目标，还可用远程导弹或制导鱼雷等对目标实施超视距攻击。由于信息搜集能力的增强，配有远程制导武器的单个作战平台的性能成倍地提高。据测算，装有新型传感器的作战平台，其探测距离相当于过去的 5 倍，探测范围和探测到的信息量是过去的 25 倍。在欧洲发达国家的军队中，军事传感革命现已接近尾声。

始于 20 世纪 80 年代初的军事通信革命是军事信息革命的第二阶段。其主要成果是：由于数字技术广泛应用于军事领域，出现了可以处理大量数据信息的 C^3I 系统。目前，传感器材可搜集超视距信息，卫星可搜集全球信息。但是，如果这些信息只能供给单个作战平台使用，目标识别和快速攻击问题就无法解决。要解决这一问题，必须依赖于"数字化的实时通信"，确保各种兵力兵器和作战系统之间在目标探测、情报、跟踪、火控、指挥、攻击、毁伤评估等方面做到信息畅通，从而实现作战职能的"系统集成"。

在以军事技术革命为主导的军队信息化建设改革之初，欧洲国家领导人尚未认识到它的真正意义。在经历了一段较长时间的实践后，才开始有意识地对军事理论和体制进行变革。欧洲发达国家领导人当时并没有从美国的作战经验中认识到军队信息化时代即将来临，甚至也没认识到军事信息革命已悄然而至。直到 20 世纪 80 年代，信息技术在军事领域得到广泛应用，精确制导武器开始批量装备部队，欧洲发达国家才觉察到军事技术革命已经到来，并开始自觉地推进军事信息化建设，大力发展信息化武器装备，并逐渐开展陆军指挥信息系统建设。

2.4.2　海湾战争之后

海湾战争爆发后，以计算机为核心的先进信息技术在欧洲各国得到迅猛发展，军事理论创新逐渐占主导地位。20 世纪 90 年代中期以来，随着互联网技术的迅速进步，欧洲各国军队信息化建设的重点开始在实现平台数字化的基础上向网络化发展，作战平台开始配备车际信息系统和全球定位系统，构建战术互联网，研发作战指挥软件，逐步实现了战术态势信息在所有平台及各级指挥之间的传输和交换，部队的联合作战能力得到显著提高，跨军兵种的联合指挥能力逐渐形成。但是欧洲发达国家也清楚地认识到他们所追求的信息化作战能力不可能一蹴而就。

英国陆军在 1995 年装备陆军战术计算机系统，作为一种模块化结构信息系统,具有灵活便捷的特点,适合机动部署使用。在此基础上,英国陆军在1999年对其进一步改进发展出增强型陆军战术计算机系统,它具有在网络环境中的广泛适用性,可在前方指挥部构成单独的系统局域网,也可利用光纤和主干传输设备将指挥部、部队驻地和联络分队组成多个局域网。系统采用标准的ADatp-3军用电文格式,具有与其他系统和数据库的通用性,能在频繁变化的安全网络中进行高效的文电处理。其分支系统对应指挥部的组成构成小型的局域网,为各分支系统的参谋任意提供信息和软件支持,对作战、计划与情报、炮兵、后勤和通信等职能进行协调。远离指挥部的联络军官配备有便携式加固型计算机,可以直接向该系统发送文件。装有简易图形管理软件的文电处理系统使该系统具有快速的配置应变能力,对以往难以控制的作战局面,如分散指挥、替代指挥的任务盲区、指挥权移交和运动中发生的变化等,可以提供相应的支援保障。通过采用可互换的网络设备,该系统在设计上具有极大的灵活性,能够满足各种部署环境和用户的要求。

法国在陆军数字化建设方面,采取的是"先分散建设,后综合集成"的道路。法国陆军的指挥信息系统信息化建设起步早、进展快,系统功能较为完善,水平也比较高。法军以提高部队信息作战能力作为核心,重点发展以"三军"指挥自动化系统和团级自动化系统为骨干的系统。法国陆军信息系统主要由"军、旅级司令部指挥控制系统(SICF)""团级指挥信息系统(SIR)"和"终端信息系统(SIT)"三个层级组成。其中,团级指挥信息系统是法国陆军指挥与控制系统的核心战术级作战指挥系统。

作为20世纪90年代启动数字化部队建设的一个重点项目,团级指挥信息系统主要用于团及团以下部队的战术指挥与控制,装备在团、营和装甲连指挥所。系统主要由信息处理子系统、通信子系统和车辆信息子系统综合集成而成,能对各终端信息系统传来的信息和数据进行融合处理,并分发至各级指挥所,实现信息的共享和互联互通,是法国陆军作战部队指挥与控制系统的核心和枢纽。该系统广泛采用了民用硬件和软件技术,具备模块化的开放式结构。系统由通信系统、信息处理系统和平台集成系统三个子系统组成,通信设备采用PR4电台、"里达"-2000电台和便携式终端;软件系统(团、营、连级软件)采用Unix、xWindows/Motif和战斗序列数据库,也可以安装在Windows NT平台上,系统与陆军其他兵种系统的通用化率达到80%以上,能够满足包括装甲兵、炮兵、防空兵、工程兵、步兵、航空兵、后勤和情报保障等陆军各兵种的使用要求。团、营级指挥车均配有便携式工作站、全球定位系统,系统软硬件具有很高的通用化水平和指挥效能,能对各终端信息系统传来的信息进行处理、融合、分发、转呈上级指挥所并下达相关命令,如能够与"阿特拉斯"(ATLAS)自动化野战炮兵火力志愿系统和"玛撒"等专业系统进行互联、互通、互操作。

德国陆军这一阶段的主要信息系统装备包括："黑罗斯"（HEROS）指挥控制和信息系统、陆军战场管理系统2000。"黑罗斯"指挥控制和信息系统是德国陆军的核心指挥控制系统，旅级以上所有快速反应部队均使用HEORS-2/1系统，并通过现代信息技术对其软硬件进行改进，以满足不断增长的作战需求，并逐步具备区域外联合与合成作战能力。而陆军战场管理系统则主要作为旅以下部队指挥控制的核心。德国陆军快速反应部队按优先级逐步装备现代通信和指挥信息系统，以赢得时间和战场主动权。

2.4.3 新世纪发展情况

进入21世纪，欧洲各国军队进一步调整发展战略，指挥自动化建设速度普遍加快，呈现新的发展势头。先进传感器和卫星、光纤、移动网络通信技术的迅速发展为构建陆、海、空、天一体化的C^4ISR系统提供了有利条件，促进了欧洲各国军队的一体化网络建设，推动武器装备向进一步完善网络能力迈进。具备网络化的联合作战能力，已成为当前各国军队全面提高信息化作战能力的主要目标和途径，也成为衡量是否形成新的战斗力的最重要指标。

"9·11"事件以后，英国在对国际安全形势的分析和认识上与美国趋同，把保卫本土安全和全球反恐视为军队的主要使命和任务，积极参加全球反恐战争，总结实战经验，推动陆军新一代武器装备和一体化C^4ISR系统的建设，不断提高部队的信息化作战能力。法国在C^4ISR技术研究、发展、试验和使用领域一直处于领先地位，2004年，法国陆军开始组建高度战备部队司令部，并于2008年并入北约反应部队（NRF），同时加强C^4ISR能力建设，提高信息化作战能力。在欧洲地区国家中，德国是比较全面接受了美军转型和网络中心战思想的国家，认为"应以发展和前瞻的眼光适应变化中的安全环境，提高联邦国防军的作战能力"，其进入21世纪以来的军事战略和发展规划也集中反映出了对提高远征作战能力和网络中心战能力的基本需求。

2001年，为了适应新的国际安全环境，应对恐怖主义及大规模杀伤性武器的威胁，英国开始着手调整陆军部队。英国国防部首次提出"未来快速奏效系统"概念，从2007年开始采购1500辆质量不超过20t的装甲车辆，使陆军部队从冷战时期的轻/重结合型部队逐步转型为更加灵活、快速部署的网络化中型部队，其核心装备就是"未来快速奏效系统"。

"未来快速奏效系统"的基础是英国陆军发展的模块化中型装甲车族，该车族能够执行机动防御、指挥控制、侦察监视、直接交战、火力支援与控制、后勤、医疗、通信等多种作战任务。

2002年7月，英国国防部颁布了《战略防务评估新篇章》报告，对国际恐怖主义和非对称威胁增长的影响进行了分析,指出英国需要加强与盟国的合作关系,能够在必要时单独应对对国家安全和利益构成威胁的全球挑战,加强网络中心战能力建设,提高英国与美国的联合作战能力。2003年12月,英国国防部公布了《国防白皮书》,提出了军队改革的规划设想。2004年7月,英国国防大臣宣布将对英军进行改革。改革的要点是,在裁减人员和装备的同时,增加国防开支,以充分利用新技术成果和网络技术提高军队的作战能力。英军亦把国际反恐作为主要任务,在军队的未来能力建设上强调面向全球的远程投送能力和全谱作战能力。2009年4月,英国国防部公布了《预备役战略评估》报告和《2009年前后计划》,宣布将在英国陆军的"雷鸟"战术通信系统退出现役后裁减或重新配置领土陆军(TA)通信兵的大约2000个通信站点。同时,英国制定了"弓箭手"战术通信系统现代化计划,通过系统集成建设满足在战术层级网络作战的需要。英国陆军以"天网"卫星星座以及"弓箭手"(图2-40)、"鸬鹚"和"隼"战术通信系统网络为骨干,将战场上已部署的作战装备互相连接在一起,进而实现战场信息的近实时采集、融合和分析处理。

图2-40 英国"弓箭手"战术通信系统

英国国防部决定在2026年开始实施"弓箭手"战术通信系统更换计划,即"摩非斯计划"(Project Morpheus)。对于"弓箭手"更换计划的实施,英国国防部一直遵循着一种创新的方式,尤其注重发现和利用民用领域的创新技术。

在法国2003—2008年五年防务计划中,指挥控制系统、空间技术和互操作能力技术享有发展优先权。其中前两年,国防采购局重点采购装备就包含了陆军一体化指挥控制系统和先进导航系统。之后,国防采购局通过两项计划,来评估法军的C^4ISR能力需求。第一项是2015年列装装备的技术能力计划,包

括 C^4ISR 系统。第二项是未来 30 年展望计划（PP30），主要是对远程通信、情报、网络化、指挥控制、传感器和无人机技术的长远需求。

法国通过制定并实施自称欧洲最先进的战场数字化计划，投资建设跨军种的系统，以全面提升包括陆军在内的各军种的全面互操作能力，主要包括跨军种指挥控制系统、数字式通信基础结构以及能够连接本国司令部和远征部队的网络。2004—2005 年，法国建成了两个担负网络战思想论证任务的实验室，一个是"空地一体化作战系统"（BOA）实验室，用于论证无人机和陆基传感器为地面部队提供实时通用作战图（COP）的信息融合能力；另一个"技术与作战"（LTO）实验室则用于重点论证所有军种情报、监视和侦察系统所采集数据的链接能力，包括无人机、有人机载和舰载平台以及天基系统。

2008 年，法国陆军开展了数字化旅的数字化定型试验（演习），并于 2015 年年底完成陆军所有部队的数字化改造。2009 年，法国宣布重返北约一体化军事指挥机构，进一步推动一体化 C^4I 系统的发展，提高与盟国军队的协同作战能力。

法国陆军第一支数字化部队是第 6 轻型装甲旅，该旅大规模装备了当时法军最为先进的 SIT。SIT 组成的网络可使指挥员通过指挥车，对各排和班级以及乘员、士兵等提供的信息实施作战指挥，下属也可通过该系统了解自己和所乘的作战平台所在的地理位置，了解友邻和敌人所处的方位，了解战场态势和战场保障情况。SIT 提高了后勤和战术信息的传输速度，改善了分队的战术态势和用户位置感知能力，能够迅速发送基于光栅地图或更常用卫星地形图的图形和自由文本命令，自动报告用户位置，每 30s 或每行驶 500m 刷新一次位置信息。

近年来，法国陆军结合近几场战争的经验，制定了装备改革目标。在指挥信息系统方面，按照"蝎子"计划，加强一体化平台建设，提高装备间的火力协同打击能力；加强装备信息化水平，为分析战场态势和作战指挥提供保障，提高信息获取能力；提高装备的伴随保障和精确保障能力；发展模拟化装备，提高装备的实战利用率。

"蝎子"计划旨在改造法国陆军主要作战单元——GTIA（营级诸兵种战术群）的装备和联网性能。"蝎子"是"通过多能化和信息化加强接触式作战的协同能力"的法文缩写，该计划提出同时替换或改造陆军现役所有前线作战车辆，并为其配装统一的新式通信系统和战场管理系统（BMS）。"蝎子"计划是一项综合性计划，主要包括构建数字网络化战场空间，全面更新 GTIA 的主要装备，部分改进现有系统，在机动性、独立性、防护性、火力等方面优化作战行动。通过大规模更新陆军装备，使法国陆军达成更高的一体化作战水平，应对宽频谱和精细化作战任务,使包括旅在内的任何层级都能够实施空地联合作战。2014年年末,法国陆军通过授予一份采购两种新型6×6车辆的订单,最终正式启动了"蝎子"计划第一阶段工作。

法国陆军 GTIA 当前使用的 5 种不同的战场管理系统(SIR、SITEL、MAES-TRO、SIT V1 和 SITCOMDE)到"蝎子"GTIA 将统一被替换为 1 种;法国陆军 GTIA 当前所使用的 3 种共计 30 多个型别的车辆到"蝎子"GTIA 将统一被替换为两种 6 个型别。图 2-41 展示了法军"蝎子"计划中新研制的"狮鹫"多用途装甲车效果图。

图 2-41 "蝎子"计划"狮鹫"多用途装甲车效果图

法国计划通过"蝎子"计划在 2025 年前后将陆军建成适于实施"以网络为中心的空地一体联合作战"的网络化一体化地面部队,将"勒克莱尔"坦克集成到法国陆军的空地一体化作战系统内,构建网络化地面作战系统,使得无人地面车辆和无人机载传感器与"勒克莱尔"主战坦克、轮式装甲战车(WAFV)、"虎"式攻击直升机、一体化士兵系统等组成一个系统,提高作战反应速度,增强作战效能。同时,法国投资大量资金用于发展基于卫星通信中继和互联网协议技术的新一代"里达"N4 自动化集成通信网络,其结构与美国陆军战术信息网络类似,提供营级合成战斗群指挥所与上级司令部的远程、高速"快停通"能力,弥补营级"作战水泡"内的"蝎子"作战信息系统与旅级指挥机构之间的网络缺口。

德国国防部在 2005 年确立了网络中心战思想,并制定了与美军网络中心战战略相类似的战略,命名为"网络化作战指挥"(NetOpFü),要求通过采用通用信息网络实现陆军现役及新型传感器和武器平台的一体化。德军总参谋长沃尔夫冈·施奈德汉指出，德国陆军的工作重心是提高指挥控制能力、一体化情报采集和侦察能力以及精确远程监视能力。德国陆军指挥能力的发展目标是以网络为中心的作战指挥，发展符合多国联合作战要求的新型指挥信息装备，保证与全军和多国部队的联网。如"联邦国防军卫星通信"（SatComBw）网络、"联邦国防军移动通信系统""作战部队可部署信息技术网络"和"陆军指挥信息系统"（FüInfoSysSk）等，并研制网络化软件定义无线电台，以提高德国陆军的网络化作战指挥控制能力。

德国陆军的战场指挥控制系统大体可以分为三个层次：即旅及旅以上（军、师）HEROS高级指挥控制系统，如图2-42所示；营（团）级FAUST战术作战管理系统和营以下指挥与武器控制系统（PUWES）。德国陆军部署的"陆军指挥信息系统"可实现三个层次指挥控制系统互联互通。

图2-42　德国HEROS-2/1 C^4ISR系统

HEROS-2/1指挥控制系统是一种基于IP的C^3I系统，主要采用现成民用技术产品，采用开放式系统架构。FAUST战术作战管理系统是德国陆军营及营以下战术指挥控制系统，也是陆军指挥控制信息系统的核心组成部分，能够为所有指挥级别提供信息，并支持参谋作业。该系统可用于指挥所，也可安装在轮式和履带装甲车以及班排各型指挥车、侦察车和支援车辆上移动使用，能够提供通用地面作战态势图。综合指挥与信息系统（IFIS）用于为陆军指挥控制系统的核心软件补充兵种专用功能，是2005年后在FAUST战术作战管理系统项目实施过程中专门为"豹"2主战坦克和"黄鼠狼"步兵战车研制的。

德国陆军指挥信息系统用于在司令部，作战指挥所和作战人员（装备）之间传播信息和指挥作战。而战场数字化的首要战术目标是通过信息优势获取指挥优势。陆军指挥信息系统作为一个通用平台，可集成指挥和武器控制系统（FüWES）的功能，并且实现了陆军FAUST营级作战管理系统与HEROS-2/1指挥控制系统的一体化，弥补了其互操作能力方面的缺陷，具备与其他军种及协同单位的互通性，并借此实现指挥、侦察和作战效能提升的有效结合。自2007年8月以来，德国陆军指挥信息系统开始交付部队，并于2012年交付完毕，德国陆军共有1621辆车安装了陆军指挥信息系统。

2.5 亚洲陆军指挥信息系统发展历程

亚洲多数国家、地区长期以来一直依赖美军、俄军的武器装备供应，普遍在20世纪90年代海湾战争爆发后相继跟随美俄发展指挥信息系统，以印度、日本为例，从20世纪60年代初至今，亚洲指挥信息系统的发展历程主要可分为两个阶段。

2.5.1 起步阶段（20世纪60年代至20世纪末）

该阶段是亚洲军队指挥信息系统的起步发展阶段，亚洲各国（地区）军队信息指挥系统建设均是从无到有，从陆军逐步扩展到海军和空军，并且不断发展，基本建立起覆盖各军兵种的C^3I指挥信息系统。

印度军方很早就认识到自动化指挥系统对作战指挥的重要意义。1966年，印度陆军制订了"陆军无线电工程网络计划"，至20世纪80年代，基本建成了初级战术C^3I系统。在此基础上印军还启动了"自动转换通信网络"项目，该项目能够利用高速计算机将电报、电传、高低速数据传输进行自动转换，提高信息传输速度。20世纪90年代中期，印度陆军成功地将这两个系统发展成C^4I系统，并且对部分装备小型化、标准化、通用化和指挥通信的数字化。到20世纪90年代末，印军建立起了一个结构比较完善，门类比较齐全，具有较高科研水平的国防科研体系，基本完成了第二代武器装备的更新，部分武器实现信息化。

日本陆上自卫队在20世纪60年代初开始建设自动化指挥系统（C^3I系统），1979年开始建设中央指挥所，1984年正式启用，共计耗资84亿日元，是防卫厅C^3I系统的核心。中央指挥所是一座地面两层地下三层的建筑物，总面积5000多平方米，地下一层是防卫作战会议室兼指挥中心，配备有高速计算机和大屏幕设备，可实时显示陆海空自卫队的配置、作战态势、后方兵站、入侵兵力等信息。地下二层是情报处理中心。地下三层是机械室，装备电源及各种电子设备。地面一层为作战指挥中心，是日本内阁大臣和防卫大臣指挥全军的基本指挥所。地面二层装备各种通信和显示设备的通信中心。其编制为34人，全部由联合参谋部派出,实行24小时值班,能把来自自卫队的全部信息集中在一起,以便必要时立即查明情况,采取应对措施,指挥部队作战。

2.5.2 展开阶段(21世纪至今)

进入21世纪以来,印度陆军不断深化军队信息化建设,陆军指挥信息系统建设进入全面展开的阶段。印军在德里总部成立了自动转报中心和电子数据处理中心,利用国家的卫星、无线电中继站、光纤干线等通信手段,组成了全军性的 C^4I 指挥信息网络。为尽快形成"三军一体化"的信息网络系统,提高军队指挥、控制、通信、计算机、情报与监视侦察能力,2002年印军启动了一项新的为期5年、总耗资37.5亿美元的综合 C^4ISR 发展规划,以各军兵种现有的信息系统为基础,对有关信息平台进行统一的技术改造,实现全军各网络系统联网,最终形成国家战略、战役和战术层次上的 C^4ISR 联网。新的综合 C^4ISR 系统建成后将具有两个方面的功能:一是战时功能,在规定的时限内它能沟通与各军种司令部、最低指挥单位之间的联系,并能提供越级与迂回联络;在设施损毁、电子干扰和信息泄露的情况下,能采取一系列措施保持系统完整或通过结构重组使系统恢复功能。二是授权功能,在中介指挥机关缺损、高级指挥官缺席或协同作战的情况下,信息战系统能够保持运转的连续性和指挥权的自动交接。

2004年,印度陆军启动一个为期25年、价值数十亿美元的计划,以建立一套专门用于"网络中心战"(NCW)的基础设施。目标是通过在合适的地方、以适当的格式和适当水平的精度、在恰当的时间获取正确的信息,从而夺取战场信息优势,从"平台中心战"转向"网络中心战"。印度陆军出台一份专门的"网络中心战"条令来实施这一计划。印度陆军司令部认为,该网络能使情报搜集人员、决策者以及战场指挥官之间相互联系,从而确保士兵和装备的优化配置。这需要战略和战术网络的无缝集成。除此之外,印度军方认为必须依靠国外技术来建立并保护NCW基础设施的安全,印度陆军为促进"网络中心线"计划建立了相关的信息系统,并与国防研究与发展局合作,使用纳米技术制造各种传感器,从而把大量的监视数据分发给各级司令部。

印度已建成全军信息处理中心,能够实现联合防务参谋部与陆、海、空"三军"司令部之间的信息共享。印度陆军正在利用光纤通信网络,实现陆军旅以上合成部队的联网和与海军、空军 C^3I 系统的对接。印度陆军兵种战术级指挥信息系统能够覆盖到连一级。"沙克提"(Shakthi)炮兵作战与控制系统是印度陆军战术 C^3I 系统的重要组成部分,能够完成瞄准线分析、火炮密度计算、方位和距离计算、火力扇面可视化表现和三维空中走廊规划等功能,实现了从军级指挥中心到炮兵连指挥所指挥控制的自动化。"沙克提"炮兵作战指挥控制系统将通过局域网连接炮兵连指挥所、团预备指挥所、指挥所、射击指挥中心、火力控制中心和观察站,从而缔造一个强大的火力网,提高火炮的自动化程度。该系统有5个主要功能:①"技术性"火控,即弹道计算;②"战术性"火控,包括处理从连级到军级的火力呼唤以及弹药管理;③在防御和进攻作战中对火炮和指挥所的展开进行管理;④"战后后勤",即辅助操作人员进行及时的弹药供应和后勤支援;⑤"制定射击计划"。"沙克提"系统能使印度陆军在战役或战术作战中,通过快速获取、处理和分发战场信息,缩短反应时间,集中炮兵火力给予敌军突然的猛烈攻击。

印度陆军现已完成由模拟通信向数字通信的过渡。近年来,印军开通了"闪光信使"战略宽带卫星网,初步具备了建设信息化军队、实施网络中心战的基础。

2015年,印度国防部根据国防采购程序(Defence Procurement Procedure, DPP)中的"印度制造"原则,授予巴拉特电子有限公司(BEL)和罗塔印度有限公司(RIL)价值80亿美元的合同,两家公司将各自为印度陆军开发战场管理系统。表明印度正在从依靠西方公司转向更本土的解决方案。战场管理系统是一种态势感知和可视化系统,可优化战术部队的作战效能。该项目旨在为战术作战区域前沿的营级直至战斗群规模的印度陆军战斗梯队提供指挥和控制能力。

印度陆军还计划装备"态势感知与战术手持信息"(SATHI)系统。这种便携式战斗信息系统不仅能为士兵和地面小分队提供通用作战图,还能与外部远程电台相连,为高级指挥官提供战场图像。其组成部分还包括全球定位系统(GPS)、用户定制的地理信息系统(GIS)和动态无线LAN等。印度陆军研制的"未来步兵"士兵系统,配备便携式指控通信系统,从而将网络延伸至单兵层级,实现单兵信息化,如图2-43所示。

战场管理系统技术将为印度军方提供"尖端"指挥与控制能力,根据评估程序首批交付大约500套系统,第一套原型系统在2017年交付军方,然后在2018—2020年开始批量交付。印度陆军希望该系统能够整合战场上包括无人机在内的多种平台和能力,一直定位和追踪地面上的友军和敌军。

日本陆上自卫队地面部队指挥控制系统建设的基本思想和模式均效仿美军,甚至许多指挥与控制系统干脆就是从美国直接进口。日本同美国一样,利用组网技术使陆、海、空三军C^4I系统互联互通,建成包括陆上自卫队综合信息系统在内的综合一体化的C^4I系统,提高远程早期预警和反导能力。美军的"全球指挥控制系统"已覆盖日本,可供驻日美军使用,还拟将实现日本自卫队、美军、韩军通信一体化,以满足未来联合作战的要求。

为适应信息化条件下战场环境变化,日本自卫队近年来始终将指挥机构改

图 2-43　印度"未来步兵"士兵系统

革列为重点,积极优化自卫队指挥体制,打造"三位一体"的陆上自卫队指挥新体制,不断提高陆上自卫队军事决策水平和部队指挥效能。在战略层级上,由作为自卫队最高统帅的首相或其法定代理人——防卫大臣实施总体指挥,实施总体指挥的机构为"中央指挥所"。在战役层级上,明确5个方面队司令部与1个中央快反集团司令部为陆上自卫队战役指挥控制主体。在战术层级上,明确师旅级和团级为陆上自卫队战术指挥控制主体。为更好发挥兵种部队作用,便于指挥,日本陆上自卫队还明确了按兵种进行区分的基本战术单位。为保障指令能顺畅下达至各自卫队,日本自卫队中央指挥所的运营管理由一支专职部队负责,也就是三军指挥通信系统队。

2.6　陆军指挥信息系统建设经验和教训

综合外军陆军指挥信息系统建设经验和教训,有以下几点启示。

1. 改革固有观念,主动推进陆军军事理论创新

随着世界新军事变革步伐迅猛加快,各国进行新军事变革均以军队信息系统建设为主要内容。由于信息技术特别是微电子技术、计算机、通信技术的迅速发展,人们对军队信息系统建设的理解日益深入,军队信息系统建设已经成为国防建设的一个重要方面。

信息时代的陆军指挥信息系统建设,是指通过信息技术在陆军部队的广泛应用,实现信息搜集、处理、传输和使用的数字化、信息化、网络化和自动化,以及陆军部队各级各类信息系统间的互联、互通、互操作和信息共享,从而推进和带动作战部队信息系统作战能力的提高,有效建立陆军信息化理论体系。创新陆军军事信息理论就要改变工业时代以陆军大规模地面机械化战争为核心的军事理论,转向信息时代以信息化战争为核心的军事信息理论,并着眼于实现军事斗争准备的需要,强化信息战意识,大胆地进行理论创新,用先进的理论指导陆军信息化建设的实践。将先进的军事信息理论纳入军事教育与训练中,在实践中真正转化为陆军部队的实战能力。以打赢未来陆域高科技战争为目标,对提高陆军信息系统建设的难点和重点课题进行探索性研究,结合实际,突出重点。围绕世界新军事变革不断创新陆军军事信息理论,为陆军信息化建设提供强有力的现实指导作用。

以美国为例,海湾战争开始展露出未来战争的雏形后,美军对战争的总结、理论的开拓标志着新一轮的军事理论创新拉开了序幕。信息化技术与一体化系统的出现和应用进一步凸显了现行的军事编制、军事理论和军事战术的落后和缺点时,美军开始用全新的视点创新战争的核心要求、战争的基本形态等更为根本也更为重要的问题,信息化的变革从民用扩展到军事领域,进而发展为军事全方位的大变革。思维的变革着重于用全面创新的方式考虑如何运用新技术与新系统,这导致新军事理念的涌现、新作战概念的产生和新作战理论的出现。许多专家、学者和研究机构纷纷撰文发表见解,提出了诸如"21世纪战争""21世纪战场""数字化部队""21世纪陆军"等一系列新观点、新构想。这些为海湾战争后美国陆军新一轮的改革提供了参照。美军理论创新的成果已经不断反映在其新编修的作战条令与作战手册中,改变着美国陆军发展和运用新武器新技术的方式。

2. 开发人才资源,积极推动陆军信息化建设

在武器装备的信息化与智能化程度与日俱增的情况下,人的科学素养与知识水准已成为战斗力的增长点和主导因素,并直接影响着战争的胜负。为此,世界各国都把培养一支掌握现代信息技术、能打赢未来信息化战争的高素质军事人才队伍,作为军队建设的主要任务之一,并明确提出,驾驭信息化战争的新型人才应具备良好的科技素养、信息素养和实践素养等。长期以来,世界各国都普遍重视军队院校教育,将其作为陆军军官培养与进修的重要基地。更强调培训陆军军官必须瞄准军事科技发展前沿,注重培养军官的信息战和联合作战指挥能力。

为了创建一个新的军事信息时代,西方国家采取了4项措施:①招募社会

精英,同时打通部队精英晋升将军的渠道。②培养军事信息素养,提升信息意识、信息知识和获取信息的能力。③提供各种课程,大力发展信息战和信息技术人员。④转变思维,依托国民教育体系,以提高军事人员的培训力度。人才是强大的军队的基地。不同的时代,军事人员素质有不同的要求。农业时代,士兵的体质是必需的,工业时代的要求是熟练的战士,到了信息时代,合适的是一个以知识为基础的士兵。从某种意义上说,在信息化时代,用知识武装的军队才是真正的军队。正因为如此,在当今世界上的许多国家,都把以知识为基础的军事人员培训作为加快实现高质量强军目标的重要途径。要依托国民教育和自我培养相结合的方法,力争把许多知识型高素质人才吸收到军队的行列。据报道,在美国,直接或间接地为军队服务的科学家有780000人,占美国科学家总数的82%。正是因为这个强大的智力支持,美军能够继续发展;也正是因为他们,才有这样一支强大的高素质的军队,加上国家经济实力的强大后盾,美国可以站在世界新军事变革潮头称霸几十年,在10年的时间里不断战胜几次大规模的战争,使战争的信息化水平逐步提高。

3. 精简编制,扁平化指挥

当今世界,各式各样的军事战略必然有不同类型的军事组织体制与之相适应。为顺应世界新军事变革,外军采取了许多措施,其中几点均与体制编制相关:①精简人员、降低规模。把人员和编制压缩,但提升能力素质;把老旧装备裁撤,但去芜留精,部队战斗力不断增强。②调整兵种结构。美国三面环海,陆上邻国只有加拿大和墨西哥,但陆军比例较大,所以裁撤陆军便是结合美国国情决定的实际举措。③大力加强新式部队建设。各单位都把建设天军、网军、电磁对抗等部队作为当前的当务之急。实施精英政策,保持适当规模,成为各国军队建设的普遍趋势。世界各主要国家军队在瘦身的过程中,主要是为了大幅降低传统陆军的低技术含量的机械化部队。从目前情况看,各国陆军重型机械化部队、岸防部队、歼击航空兵和地面防空炮兵部队有较大数量的减少,陆军航空队、特种部队、电抗部队及其他高科技常规快速反应部队的作战力量,在陆军员额的比例正在上升。同时,为了抢占新的战略制高点,各国高度重视信息装备和新型武器装备建设,信息化部队规模、高技术武器的比重增大,新的高科技武器已经成为新的军事改革中的一大"景观"。例如,美军在伊拉克战争后酝酿对军队动"大手术",将10个作战师大部分或全部转化成更小的、容易和快速部署的作战部队,各部门从1.5万~2万人的规模缩减到5000人的"战斗队",能够迅速部署到临时坐标与其他服务业务的全球热点。据专家估计,不久的将来,美军将为所有的战斗队配备飞机、坦克、步兵和重型坦克、装甲车等,形成重型火力一体化的新军。还有,伊拉克战争结束后,俄罗斯多次召集军事专家举行专门会议,研究伊战对俄军建设以及军事改革的影响,并计划将编制员额减至83.5万人。在大量裁减陆军员额的同时,重点对其体制编制进行调整。俄罗斯在2015年之后在试验论证的基础上彻底改变陆军合成兵团和部队的结构,使其编成更为灵活。指挥体系趋向扁平化,是工业时代的机械化军队向信息时代的信息化军队转变的重要特征之一。当前,发达国家军队为适应未来信息化战争信息流动快、时效性高的特点,正努力克服传统指挥体系信息流程长、横向沟通差、抗毁能力弱的缺点,加快发展以网络为基础的指挥自动化系统,以求减少指挥层次,简化指挥环节,提高军兵种联合指挥水平,把树状纵长结构的传统指挥体系,转变为"更有利于信息流动和使用"的网状扁平结构。目前,美国陆军指挥自动化建设正致力于把火力打击系统纳入其中(C^4ISKR),并逐步发展融入"全球信息栅格"(GIG),以求完全实现情报获取实时化、信息传输网络化、作战单元一体化。这一目标实现后,美军的陆军装备信息化水平将达到一个新的高度,彻底完成由传统的"平台中心战"向高度一体化的"网络中心战"转变。而在这方面的建设上,其他发达国家军队也高度重视,投入力量不断加大。图2-44展示了全球信息栅格的作战概念视图。

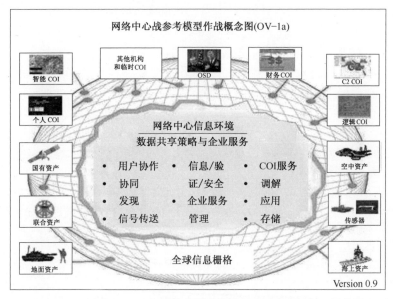

图2-44 全球信息栅格的作战概念视图

4. 军民协同,共同发展高新技术

军队的信息作战能力是建立在本国信息产业的发展水平上的。构建军民协同一体的发展模式,根本原因是为了提高军事信息化武器装备建设的效率和效益。近年来,先进技术的武器装备越来越成为赢得战争胜利的决定因素。因此,加速发展和利用民用高新技术、提升装备作战能力是构建军民协同发展模式的首要原因。

在信息时代,民用技术的发展速度在多方面比军事技术更快。在市场经济条件下,民用技术的应用广泛、竞争激烈、效益巨大,因此大量的资金和人力投入到民用技术研发中,使其发展明显快于军事技术。据统计,美国民用技术的发展速度是军用技术的 2.5 倍。其次,一些高新技术具有明显的军民两用性。例如,信息技术既可以用于构建各行各业以及个人之间的网络联通,又可以用于对武器装备进行信息化改造并构建 C^4ISR 系统。

为了更好地实现陆军信息系统装备的军民协同发展,陆军应该发布中长期发展规划,引导相关军工企业投资陆军信息系统装备技术重点领域;改革采办制度,在军民协同的背景下加强陆军装备部门的管控力度;重视全寿命周期管理,引入民营企业以提高效率。在顶层设计上,完善陆军信息系统装备建设军民协同发展的法律法规;在采办管理上,加强陆军信息系统装备建设军民协同发展的机制保障;在技术手段上,大力推动民技军用。

另外,陆军作为作战环境最贴近于日常生活的军种,必然有大量的军用技术可以转为民用,同时有大量的民用技术稍加改良可以适用于军队。随着人工智能、5G 时代的到来,在中国广阔市场的吸引下,相关民用技术必然在资本的支持下蓬勃发展。陆军可以在适当的时机引入对应的技术,对于投入大、研发周期长的技术研究,以国家为依托,可以集中力量办大事,实现技术上的突破,进而引领社会的发展。

参 考 文 献

[1] 李永芳. 陆军机械化步兵师信息化建设重点的研究[D]. 郑州:解放军信息工程大学,2005.
[2] 张新征,张晓玲. 国外陆军信息系统建设历程解析[J]. 国外坦克,2012(3):54-60.
[3] 张新征,熊伟. 浅谈美国陆军信息系统建设[J]. 现代军事,2013(8):89-94.
[4] 余晓东,王刚岳,韶华,等. 美军新一代指挥信息系统发展现状分析[J]. 飞航导弹,2011(11):45-49.
[5] 张云飞,李爱萍. 美军综合电子信息系统的现状和发展[J]. 通信与计算技术,2006(2):9-12.
[6] 岳松堂. 陆军信息化建设基本问题初探[J]. 现代军事,2009(10):76-79.
[7] 陈建民. 俄罗斯信息化建设综述[J]. 外国军事学术,2005(5):76-82.
[8] 刘万军. 俄罗斯武装力量建设发展趋势[J]. 外国军事学术,2004(5):96-99.
[9] 祁鉴. 俄罗斯陆军建设浅析[J]. 学理论,2013(6):25-26.
[10] 张卫东. 英国未来快速奏效系统综述[J]. 国外坦克,2008(1):21-25.
[11] 王三勇. 英军未来快速奏效系统[J]. 现代军事,2004(7):77-80.
[12] 王开启. 法国陆军通信装备与信息指挥系统[J]. 国外坦克,2009(9):48-53.

[13] 任晓刚,刘士童,李红,等.国外陆军战术级作战指挥系统[J].火力与指挥控制,2013(38):120-125.
[14] 吕伟康.德国陆军指挥信息系统[J].国外坦克,2013(7):61-65.
[15] 丁邺.印度军队信息化建设综述[J].外国军事学术,2005(5):10-15.
[16] 周义.日本自卫队自动化指挥系统揭秘[J].国防科技,2003(5):36-38.
[17] 王保存.发达国家信息化建设中的几个原则[J].现代军事论坛,2003(10):5-8.

第 3 章

总体架构

系统总体架构主要描述系统的结构组成以及它们之间的关系，便于设计人员从总体上分析、理解和构造系统，从而在需求和系统详细设计之间建立一座桥梁。

对军事信息系统体系架构技术的研究始于20世纪90年代。当时，美军刚刚经历过海湾战争，各军兵种信息系统之间互联互通和信息共享的问题暴露无遗。美军在经过了深入的反思和研究后发现，体系架构设计对于实现 C^4ISR 这样一个复杂巨系统的互操作性意义重大。因此，美军便开始在国防部和各军兵种大力推行体系架构技术，并发布了一系列顶层文件和指导规范，以促进跨部门/军种、跨业务的协作，解决"烟囱"式系统不能有效支撑联合作战的问题。20多年来，从美军对体系架构技术的常抓不懈和 C^4ISR 系统的一体化建设成效来看，体系架构技术不负众望。美军在军事信息系统体系架构技术研究方面也自然走在了世界前列，美国陆军指挥信息系统的架构设计则具有重要的参考作用，同时，其体系架构设计技术的发展及一体化建设思路对我军陆军指挥信息系统的发展建设同样产生了重大影响。

本章从体系架构的概念内涵和作用出发，详细介绍了体系架构框架及其典型代表——美国国防部体系架构框架(DoDAF)，在此基础上，以美军的"未来战斗系统"和"通用操作环境"为例介绍了典型陆军指挥信息系统的技术架构模型。

3.1 体 系 架 构

3.1.1 概 念 内 涵

体系架构(Architecture)一词原本源于建筑学，后来人们将其引入信息技术(IT)领域，提出了计算机体系架构、软件体系架构等概念。

美国航空航天系统体系架构权威人物 E. Rechtin 将系统体系架构定义为：通信网络、神经网络、宇宙飞船、计算机、软件或组织等系统的基本结构。

享有"企业体系架构之父"美誉的 J. Zachman 将系统体系架构定义为：与描述系统有关的一系列描述性表示，可用来开发满足需求的系统或作为系统维护的依据。

国际系统工程理事会（International Council on Systems Engineering，INCOSE）对系统体系架构的定义为：用系统元素、接口、过程、约束和行为定义的基本的和统一的系统结构。

IEEE 标准最初将系统体系架构定义为一个系统或构件的组织结构，之后对系统体系架构的定义进行了调整，定义为一个系统的基本组织形式，包括系统的构件、构件间的关系，以及指导系统设计和演进的环境和原则。

美国国防部在 IEEE 610.12—1990 的基础上提出了对体系架构的认识：系统各构件的结构、它们之间的关系，以及指导它们设计和随时间演化的原则和指南。

尽管上述定义在描述上各有侧重，但它们的核心思想都是将体系架构看作系统的基本结构，描述系统各组成部分及它们之间关系。

在 20 世纪 70 年代，为了解决软件固有的复杂性、易变性和不可见性等问题，软件体系架构应运而生。软件体系架构的定义是构成软件的所有构件、构件的外部可见属性以及它们之间相互关系的描述。软件体系架构关注的是一个软件内部的结构设计，是面向单一系统的、细致的、实施层面的。

在 20 世纪 80 年代，为了解决系统重复建设、系统之间"信息孤岛"等问题，人们提出了复杂系统体系架构的概念。复杂系统体系架构的定义是：构成系统的所有关键元素及其关系的综合描述。它是在企业战略的指引下，为企业具体 IT 解决方案构建提供高层次指导的蓝图和原则。复杂系统体系架构关注的是应用系统之间的边界和关系、总体数据模型的梳理和设计以及 IT 技术路线与标准的确定等，是跨业务的、粗线条的、方向性的。

软件体系架构和复杂系统体系架构在军事信息系统体系架构的研究中都具有重要的作用，但复杂系统体系架构与军事信息系统顶层设计更为密切。美军自 1995 年开始就开展了军事信息系统体系架构的研究和探索，并先后提出了《C^4ISR 系统体系架构框架》《国防部体系架构框架》等，为实现 C^4ISR 系统的互联互通互操作，提升多军兵种联合作战能力奠定了基础，并对世界各国陆军信息系统体系架构研究均产生重要影响。

3.1.2　体系架构框架

美国国防部于 1996 年总结提出了《C^4ISR 系统体系架构框架》1.0 版（C^4ISR AF 1.0），其产品组成如表 3-1 所列。而后，又于 1997 年颁布了 C^4ISR AF 2.0 版。通过对 C^4ISR AF 2.0 版的广泛使用，并不断吸纳美国《联邦体系架构框架》的最新成果，美国国防部于 2003 年颁布了《国防部体系架构框架》1.0 版草案（DoDAF 1.0），并于 2004 年发布正式版，以统一的体系架构框架规范国防部范围内的所有信息系统,提高系统的互操作性,后来又在 DoDAF 1.0 的基础上不断演进发布了 DoDAF 1.5(2007)和 DoDAF 2.0(2009)版本,如图 3-1、图 3-2 所示。

表 3-1 美军 C^{4}ISR AF 体系结构产品组成列表

视图	产品数量	产品名称	类型
全视图	2	概述和摘要信息(AV-1)、综合词典(AV-2)	表格类
作战视图	9	高级作战概念图(OV-1)、作战节点连接描述图(OV-2)、组织关系图(OV-4)、作战活动模型(OV-5)、作战活动顺序图(OV-6A)、作战状态描述图(OV-6B)、作战事件跟踪描述图(OV-6C)、逻辑数据模型图(OV-7)	模型图类
		作战信息交换矩阵(OV-3)	表格类
系统视图	13	系统接口描述(SV-1)、系统通信描述(SV-2)、系统功能描述(SV-4)、系统数据交换矩阵(SV-6)、系统发展描述(SV-8)、系统技术预测(SV-9)、系统规则模型(SV-10a)、系统状态转化图(SV-10b)、系统事件跟踪描述图(SV-10c)、物理模型(SV-11)	模型图类
		系统对系统矩阵(SV-3)、组织活动对系统功能跟踪能力矩阵(SV-5)、系统性能参数矩阵(SV-7)	表格类
技术视图	2	技术标准配置文件(TV-1)、技术标准预测(TV-2)	表格类

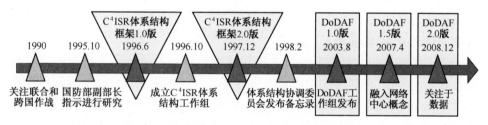

图 3-1 美国 C^{4}ISR 体系结构框架发展历程

除美国外,英国为了便于和美国交换体系结构信息,进行国际性的互操作分析,不断适应"网络使能能力"建设需求,英国结合自身特点,以美国 DoDAF 为基础,开发了英国国防部的体系结构框架(MoDAF),于 2005 年 8 月发布了 MoDAF 1.0 版,同时也参考《北约体系结构框架(NAF)》V1.0,于 2007 年 4 月、2008 年 9 月相继发布了 MoDAF 1.1 版和 MODAF 1.2 版。

为了构建适应 21 世纪战争需要的武器装备体系,确保对体系结构形成一致的理解并且对其进行比较和集成,北约积极仿效、借鉴美国和英国的做法,开

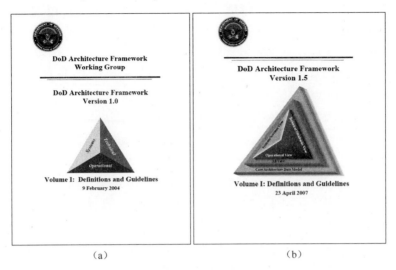

图 3-2　DoDAF 1.0,DoDAF 1.5

展体系结构技术研究,在借鉴他国体系结构设计方法的基础上,开发了《北约体系结构框架》。

图 3-3 展示了当前主流军用体系架构框架的相互借鉴和发展演变过程。

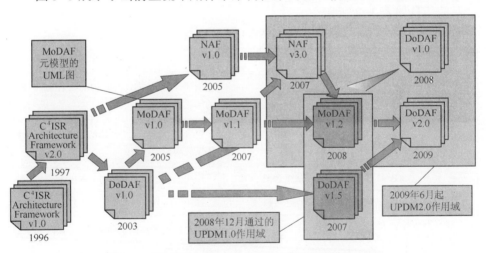

图 3-3　军用体系架构框架的相互借鉴发展演变过程

下面对 DoDAF 体系架构框架进行简要介绍和分析。

1. DoDAF 1.0

2004 年 2 月,美国国防部制定的 DoDAF 1.0 是为应对 21 世纪安全环境的挑战,实现部队转型,从"基于威胁"转向"基于能力"的防务规划,发展网络中心作战能力所采取的一项重大举措。DoDAF 1.0 是对 1997 年 12 月发布的《C^4ISR 体系架构框架》2.0 版的集成和发展,这一演变反映和支持了国防部门在开发和使用体系架构描述框架过程中所取得的经验。DoDAF 1.0 是指导国防部各任务领域开发体系架构的指南,有利于快速确定作战需求,提高采办效率,缩短采办周期,对美军武器装备的发展产生了重大影响。

DoDAF 1.0 为国防部体系架构的开发、描述和集成定义了一种通用的方法,以保证体系架构描述能在不同机构,包括多国系统之间进行比较和关联,其目的就是为描述体系架构提供指导。该框架为开发和表示体系架构提供了规则、指导和产品描述,保证了在理解、比较和集成体系架构时有一个公共的标准。DoDAF 1.0 定义了 4 种体系架构视图,包括作战视图(OV)、系统视图(SV)、技术标准视图(TV)和全视图(AV)。

DoDAF 1.0 中的另一个重要组成部分是体系架构产品。体系架构产品是在建立体系架构过程中开发的一系列图形、文本和表格的集合,它们描述了与该体系架构目的相关的特征。当作为体系架构的一部分使用时,所有的产品都应当有一个解释性的文字说明,即使该产品主要是用图形来描述的。对图形产品来说,在相应的文字说明中应当给出图形中出现缩略语的完整拼写和定义。DoDAF 1.0 包括了 26 种产品而不是只包括常用的几种产品,这 26 个体系架构产品的信息如表 3-2 所列。

表 3-2 DoDAF 1.0 体系架构产品

视图	产品代号	产品名称	概 要 描 述
全视图	AV-1	概述和摘要信息	描述范围、目的、设想的用户、环境和分析的结论
	AV-2	综合词典	包含在所有产品中使用的全部术语定义的体系架构数据仓库
作战视图	OV-1	高级作战概念图	作战概念的顶层图形和文本描述
	OV-2	作战节点连接描述	描述作战节点和节点间的信息交换需求
	OV-3	作战信息交换矩阵	描述作战节点间交换的信息,以及和信息交换有关的属性
	OV-4	组织关系图	描述组织之间的组织架构、角色或其他关系
	OV-5	作战活动模型	描述完成作战使命所要执行的作战活动,以及活动之间的输入和输出。可以标注说明完成活动的节点、所需费用和其他适当的信息

(续)

视图	产品代号	产品名称	概 要 描 述
全视图	OV-6a	作战规则模型	描述作战活动的三个产品之一,它确定约束作战活动的业务规则
	OV-6b	作战状态转移描述	描述作战活动的三个产品之一,它确定响应事件的业务过程
	OV-6c	作战事件跟踪描述	描述作战活动三个产品之一,它跟踪作战想定或事件序列中的行动
	OV-7	逻辑数据模型	描述作战视图的系统数据需求和结构化业务过程规则
系统视图	SV-1	系统接口描述	描述系统节点、系统、系统项以及它们之间节点内和节点间的连接关系
	SV-2	系统通信描述	描述系统节点、系统、系统项和与它们有关的通信设计
	SV-3	系统-系统矩阵	描述体系架构中系统间的关系。可以用来说明所关注系统之间的关系,如系统类型的接口、计划的接口与现有的接口等
	SV-4	系统功能描述	描述系统完成的功能和系统功能之间的数据流
	SV-5	作战活动与系统功能跟踪矩阵	描述系统和能力的映射关系,或建立系统功能和作战活动的映射关系
	SV-6	系统数据交换矩阵	详细描述在系统间交换的系统数据元素以及这些交换的属性
	SV-7	系统性能参数矩阵	描述在适当的时段内,系统视图元素的性能特性
	SV-8	系统演化描述	描述系统演化或迁移的增量式步骤
	SV-9	系统技术预测	描述在给定时间阶段内,预期可获得的、会影响未来体系架构开发的新技术和软硬件产品
	SV-10a	系统规则模型	描述系统功能的三个产品之一,确定系统设计或实现的一些方面对系统功能的约束
	SV-10b	系统状态转移描述	描述系统功能的三个产品之一,确定系统对事件的响应
	SV-10c	系统事件跟踪描述	描述系统功能的三个产品之一,提炼作战视图描述的事件序列中,与系统相关的关键事件序列
	SV-11	物理数据模型	描述逻辑数据模型实体的物理实现,如消息格式、文件结构、物理模式等

（续）

视图	产品代号	产品名称	概　要　描　述
技术标准视图	TV-1	技术标准概要	描述体系架构中系统视图元素采用或遵循的技术标准列表
	TV-2	技术标准预测	描述在给定的时间阶段内，即将产生的标准及其对系统视图元素的潜在影响

DoDAF 1.0 中各个体系架构产品不是孤立的实体，它们都是利用描绘体系架构不同方面特征的体系架构数据子集来描述的。基于这个原因，组成体系架构产品的数据元素之间存在的关系，也就决定了体系架构产品之间的关系。由此可见，体系架构产品之间是互相关联的而不是相互独立的，它们之间存在的逻辑关系由体系架构数据元素之间的关系来确定，如图 3-4 所示。

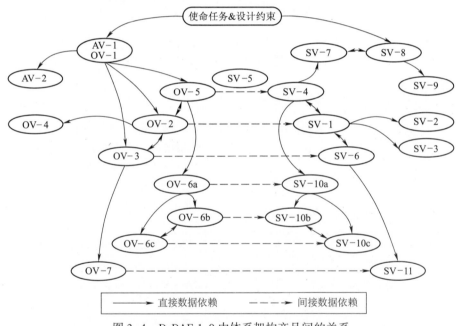

图 3-4　DoDAF 1.0 中体系架构产品间的关系

2. DoDAF 1.5

为使体系架构框架能够更加适应网络中心战的能力建设的要求，美国国防部 2007 年对 DoDAF 1.0 进行了修订，并于 2007 年 4 月颁布了 DoDAF 1.5。DoDAF 1.5 运用了基本的网络中心概念，并借鉴了如面向服务的体系架构（SOA）等新技术。此外，DoDAF 1.5 更强调体系架构数据，而不是产品，提出集成体系架构的概念，并把核心体系架构数据模型（CADM）作为 DoDAF 1.5 的组成部分。这些内容为更有效、更灵活地利用与重用体系架构数据铺平了道路。

DoDAF 1.5 对体系架构框架中一些理论和指导方针的阐述更加系统、完整、充实;为适应美国国防部转型,贯彻网络中心战、建设网络中心环境的总需求,增加了网络中心概念以及有关要求;展现了以数据为中心的规范性、可重用性、互操作性和可维护性特色。

DoDAF 1.5 包括全视图、作战视图、系统与服务视图和技术标准视图。其中全视图描述了与整个体系架构相关的上下文信息,如范围、目的、术语等。作战视图描述作战节点、作战任务或活动,以及为完成使命所必须交换的信息。系统与服务视图描述了系统、服务、为支持作战活动完成的系统功能,其中的系统功能和服务资源为作战活动提供支持,并实现作战节点之间的信息交换。技术标准视图是管理系统组成部分或要素的配置、相互作用和相互依存的最小规则集。

3. DoDAF 2.0

2008 年 12 月,美国国防部发布了 DoDAF 2.0 草案,它是在 DoDAF 1.5 的基础上,扩展了体系架构视图种类和产品数量,深化了以产品为中心向以数据为中心的转变,进一步发展了体系架构框架。在广泛征求意见并对草案进行修订后,美国国防部首席信息官于 2009 年 5 月正式发布了 DoDAF 2.0,并要求从颁布之日起立即执行。

DoDAF 2.0 定义了 8 种视角(视图),分别是全视角(All Viewpoint,AV)、能力视角(Capability Viewpoint,CV)、数据和信息视角(Data and Information Viewpoint,DIV)、作战视角(Operational Viewpoint,OV)、项目视角(Project Viewpoint,PV)、服务视角(Service Viewpoint,SvcV)、系统视角(Systems Viewpoint,SV)和标准视角(Standards Viewpoint,StdV),如图 3-5 所示。

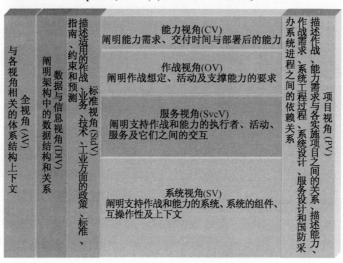

图 3-5　DoDAF 2.0 体系架构视角

与之前的版本相比，DoDAF 2.0 新增了能力视角、数据与信息视角、项目视角和服务视角 4 个视角。

3.1.3 DoDAF 发展变化

DoDAF 1.0、DoDAF 1.5 和 DoDAF 2.0 是国防部体系架构框架在演化过程中的三个主要版本，其产品类型和数量如图 3-6 所示，其差异对比如表 3-3 所列。

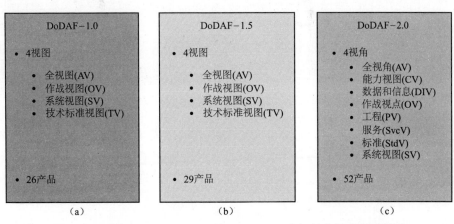

图 3-6 DoDAF 1.0、DoDAF1.5 和 DoDAF2.0 之间的产品类型和数量

表 3-3 DoDAF 对比

发布时间	名 称	主 要 差 异
2004.02	DoDAF 1.0	将体系架构框架应用范围拓宽至所有联合能力领域，并通过关注描述体系架构产品的体系架构数据，使体系架构设计向基于数据仓库的方法转变。DoDAF 1.0 定义了全视图、作战视图、系统视图和技术标准视图，共 26 种产品
2007.04	DoDAF 1.5	针对网络中心战概念和面向服务的技术体制，颁布了过渡性版本 DoDAF 1.5，初步引入网络中心化和服务的概念，同时更强调体系架构数据，而不是产品。发布了简化的核心体系架构数据模型，即 CADM 1.5，提出了一体化体系架构的概念。DoDAF 1.5 定义了全视图、作战视图、系统视图和技术标准视图，共 29 种产品
2009.05	DoDAF 2.0	强调规范的过程，即预先定义用途、范围与信息需求，再根据标准词表收集数据，然后将收集的数据以标准模型或"适合用途(Fit for Purpose)"的呈现方式提供给用户。为与国际标准保持一致，将"视图(View)"术语改成"视角(Viewpoint)"，将框架分为 8 个视角：全视角、数据和信息视角、能力视角、作战视角、服务视角、系统视角、项目视角和标准视角。每个视角包含的不再是产品，而是描述模型。8 个视角共包含 52 个描述模型

与 DoDAF 1.0 相比，DoDAF 1.5 具有以下创新点。

（1）首次提出框架的两层结构。DoDAF 1.5 指出体系架构框架由两层组成，分别是数据层和表现层。处于数据层的是体系架构数据元素及其属性和关系。处于表现层的是体系架构产品和视图，它们为沟通和理解体系架构用途、体系架构描述内容以及进行各种体系架构分析提供可视化手段。

（2）引入了网络中心概念。DoDAF 1.5 给出了每一种产品的"网络中心指导"，据此可以清楚地表示出一个体系架构中的网络中心概念。这是为适应向网络中心战转型的要求而增加的新内容。DoDAF 1.5 在产品描述中增加了如何针对网络中心环境开发体系架构产品的内容，提出了 5 个高级网络中心概念，包括构建网络中心环境、利用网络中心环境、支持未知用户、增强相关群体的应用和支持共享基础设施。

（3）从以产品为中心转向以数据为中心。DoDAF 1.5 更加强调体系架构数据的重要性，采用了"以数据为中心"的思想，从而使得 DoDAF 能够更为灵活地满足网络中心体系架构、一体化体系架构和/或联合体系架构等不同的设计需求。

（4）初步引入服务和 SOA 的概念。美国国防部认为服务和 SOA 是实现网络中心目标的关键。服务利用动态的信息和能力来源，为网络中心环境的构建提供了有效的方法。不过，DoDAF 1.5 只初步涉及了服务和 SOA 的相关内容，在原来的系统视图产品中，增加了一些描述服务的内容。

（5）支持一体化体系架构与联合体系架构。在 DoDAF 1.5 中，一体化体系架构是指体系架构的全部视图和产品采用唯一确定的体系架构数据元素。体系架构的一体化可以集中相关内容，支持的分析范围比单个体系架构视图更广泛。利用一体化体系架构，便于阐明大型复杂系统不同组成部分的作用、边界以及它们之间的接口，因而是实现国防部一级系统综合集成的重要手段。体系架构的一体化主要通过对整个体系架构所采用的术语、定义和关系进行映射或标准化而实现。如果一个体系架构是通过综合或集中不同的一体化体系架构的内容而形成的，则称这种体系架构为复合体系架构。它的开发与一体化体系架构所遵循的指导原则相同，只是规模更大。复合体系架构扩展了单个一体化体系架构的范围，能够支持与联合能力和联合作战有关的活动。

（6）体系架构开发步骤更强调数据和数据关系，而不是产品。这种方法可以确保不同视图之间保持一致性，捕捉到所有基本的实体关系，支持各种分析任务。体系架构开发过程中产生的产品成为内在的体系架构数据直观表现，将来自体系架构的信息传达给特定的用户或决策者。

与 DoDAF 1.0 和 DoDAF 1.5 相比，DoDAF 2.0 则发生了以下明显的变化。

（1）首次提出了能力视图。为了支持美军武器装备发展的指导思想从"基于威胁"向"基于能力"转变,在系统顶层设计阶段,通过分析当前系统能力的不足,确定未来能力怎样发展以及能力的开发方案,避免系统的重复建设,增强系统的通用性,以满足多样化任务的需要。

（2）以决策者的需求为基础,大力向主要改革领域倾斜,包括向联合能力开发和集成系统(JCIDS)、国防采办系统(Defence Acquisition System,DAS)、系统工程(Engineering of System,ES)、规划计划预算和执行(Planning Programming Budgeting and Executing,PPBE)程序和投资组合管理(Portfolio Management,PfM)倾斜。这些主要程序在各军种、各部局、联合参谋部以及其他国防部职能部门引起了深远变革。

（3）架构师可以灵活地选择体系架构的模型,构建适合体系架构目的的产品,不再像早期版本规定的那样,必须开发基本产品。现在,架构师们获得了相当大的自由,既可以选用DoDAF 2.0的描述模型,也可以自己重新创建适合目的的产品,只要能够开发出满足客户需求的体系架构即可。

（4）详细阐述了以数据为中心的方法,并将高效决策所需数据的采集、存储和维护放在第一位。DoDAF 2.0强调使用体系架构数据来支撑分析和决策制定,大大扩展了可用于支撑决策活动的图形标志种类。有了适当的体系架构数据,才可能通过DoDAF 2.0中描述的有意义的、实用的和可理解的产品方式来支撑体系架构数据的创新与灵活表示。DoDAF 2.0将所有的数据模型,包括概念数据模型、逻辑数据模型和物理数据模型都放在数据和信息视角中。

（5）将技术标准视角更名为标准视角,可以描述业务标准、商业标准和条令标准。

（6）DoDAF 2.0吸纳了国防部体系架构联盟和分层责任的倡议,界定并描述了国防部内的各类体系架构,包括部级体系架构、能力级体系架构、部门级体系架构和解决方案级体系架构。

体系结构框架从C^4ISR领域甚至逐渐拓展至军队建设的各个功能领域,为需求论证、规划确定、预算制定及采办过程提供了更加有力的支持,奠定了陆军信息系统装备顶层设计的基础,为陆军信息装备顶层设计提供了操作规范。

3.2 典型案例

体系架构设计方法作为构建指挥信息系统的基本工具,在实际工程应用中非常广泛。

体系架构的设计方法,既能覆盖对军用信息系统的顶层设计要求,又能体现基层部队的具体战术要求,同时遵循通用的标准规范,具有系统、全面、易懂和可操作等特点,是编制产品信息支持计划的最佳工具。对此,美国陆军曾在 DoDAF 1.5 版基础上,编制了美国陆军信息支持计划(ISP)/经裁剪的信息支持计划(TISP)文档,规定了相关系统的设计文档需包含的 DoDAF 视图清单,如表 3-4 所列。

表 3-4　美国陆军要求 ISP/TISP 文档中包含的 DoDAF 体系架构视图清单

视图名称	ISP	TISP
概览和概要信息	AV-1	AV-1
高级作战概念图	OV-1	OV-1
作战节点关联性描述	OV-2	OV-2
作战信息交换矩阵	OV-3	OV-3
组织机构关系图	OV-4	N/A
作战活动模型	OV-5	OV-5
作战事件轨迹描述	OV-6C	OV-6C
逻辑数据模型	OV-7	N/A
系统接口描述	N/A	SV-1
系统通信描述	SV-2	N/A
系统功能描述	SV-4	N/A
作战活动至系统功能的轨迹矩阵	SV-5	SV-5
系统数据交换矩阵	SV-6	SV-6
系统事件轨迹矩阵	SV-10c	SV-10c
物理数据模型	SV-11	N/A
技术标准集	TV-1	TV-1
技术标准预测	TV-2	N/A

在美国陆军的联合监视目标攻击机(JSTARS)、联合任务规划系统(JMPS)、物资管理中心(MMC)等项目或系统中均参照该技术框架进行了设计。

下面以 ABCS 指挥信息系统的作战体系架构设计中的部分设计案例为例简要介绍美军信息系统体系结构的设计方法。

ABCS 作战体系架构的第一版通用作战体系架构即 ABCS 系统的通用活动模型(ACAM)于 1997 年由美军训练与条令司令部(TRADOC) ABCS 工程集成办公室(TPIO-ABCS)开发并发布。它实际上是 TPIO-ABCS 和 PEO C^3T 工程执行办公室达成一致的协议,协议聚焦于开发一套通用活动模型,以增加到当时的 ABCS 传输数据模型(ATDM)和 ABCS 通用数据库(ACDB)中,从而应用于 ABCS。

2000 年,TPIO-ABCS 公布了修订版的通用作战体系架构,并将其命名为联合兵种中心陆军作战控制通用作战体系架构(CACACOA)。

下面举例介绍 CACACOA 的关键作战体系架构各个产品。

3.2.1 综事词典（AU-2）

1. 综合词典(AV-2)

CACACOA 功能定义如表 3-5 所列。

表 3-5　CACACOA 功能定义

分析名称	功能编号	功能名称	功能定义	叶子节点	信息需求
CACACOA-联合	A0	Conduct JTF HQ OPS 实施联合战术司令部作战行动	联合战术司令部作战行动全过程需执行其各种任务	否	否
CACACOA-联合	A1	Counduct JTF HQ Operational Functions 实施联合战术司令部作战功能	联合战术司令部需按照方案计划执行由通用联合功能清单明确的作战功能集合	否	否
CACACOA-联合	A1.1	实施作战行动和机动	…	否	否
CACACOA-联合	A1.1.1	实施作战行动	…	否	否
…	…	…	…	…	…

2. 信息需求定义(AV-2)

CACACOA 中信息需求定义(AV-2)如表 3-6 所列。

表 3-6　CACACOA 中信息需求定义

分析	信息需求名称	信息需求定义	叶子节点
CACACOA-师以上	AAFES 支援请求	为 AAFES 司令部设计的用于请求 AAFES 提供售卖支持或者请求支持该区域的其他部队	是
CACACOA-联合	AAFES 支援请求	为陆军或空军部队交换汇兑服务支持。该请求可能包括移动或固定 AAFES 支援资产,满足士兵使用或消费个人需求物品	是
CACACOA-营以上	事故报告/SIR	指令中关于某事故或严重事件的信息,见 AR190-40 和 AR385-40	是
CACACOA-连以下	事故报告/SIR	指令中关于某事故或严重事件的信息,见 AR190-40 和 AR385-40	是
CACACOA-营以上	ACMR[A2C2]	…	是
CACACOA-联合	ACMR[A2C2]	…	是
CACACOA-营以上	ACMR[CO]	…	是
…	…	…	…

3.2.2 作战概念图(OV-1)

作战概念图(OV-1)体现了 ABCS 顶部需求文档(CRD)、作战需求文档(ORD)和《联合和陆军愿景 2010/2020》的作战概念。

CACACOA 报告中,在联合愿景作战概念和陆军愿景作战概念基础上,提出 ABCS 的作战概念,如图 3-7 所示。

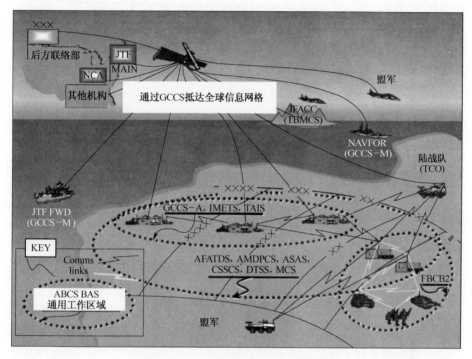

图 3-7　ABCS 作战概念图(OV-1)

CACACOA 报告在该部分以文字+图的形式详细描述了 ABCS 的军事用途、部署关系、组织描述、作战特性、互操作性、依赖关系、C^4ISR 概念、发展演进以及 2008—2011 概念进度计划等。下面选举几个典型样例简单介绍。

1. ABCS 的军事用途

> 帮助联合陆军指挥官执行作战指令并提供所需功能以观察敌我以及战场环境(空中和地面)。此外,它为我方指挥官提供指挥和同步功能。它为陆军联合指挥官提供先敌发现、先敌理解、先敌行动和迅速结束行动,从而成功执行战术策略。通过提供这种关键能力,ABCS 能够使得陆军联合指挥官获得并维持战术优势,同时利用好关键机会。为了使部队理解一致,ABCS 提供更多功能以保持指挥官与参谋团队以及与友邻、下级部队的协同,ABCS 通过

指挥官应用为指挥官提供所需的功能。它为指挥官规划作战行动提供独立的信息源和协同工具，通过作战意图和作战计划来描述，并指挥下级部队实施作战行动。最后，ABCS 将为作战指挥人员提供所需的功能以促进作战力量的整合和同步。虽然陆地勇士系统一般不认为是 ABCS 的组成部分，但是它允许步兵班组在机动指挥所和营指挥部的控制之下，在近距离作战中通过增强毁伤、生存、机动和持续能力，从而控制传统和/或非对称威胁。虽然每个战场自动化系统（BAS）都有自己的作用，以支持完成各个面向其战场功能域（BFA）的任务，但 ABCS 的核心作用是作为一个支持互操作的系统之系统，从而将陆地勇士系统包含在内。基于通用地形图（来自 DTSS）的 ABCS（通用作战图）能够为指挥官呈现大量信息，指挥官可显示友邻位置和地图控制手段（来自 MCSE 和 FBCB^2），敌方单元和设备（来自 ASAS）；气象数据（来自 IMETS），火力支援控制手段，火力打击范围和目标（来自 AFATDS）；战机飞行航迹和战术弹道导弹航迹（来自 AMDPCS）；邻近空域控制手段（来自 TAIS），后勤状态（来自 CSSCS）以及联合资产信息（通过 GCCS-A）。陆地勇士系统（LW）同样为分队、单兵以及指挥官提供增强战术态势感知、理解和指挥控制。LW 使得数字化或非数字化部队所属分队和指挥官执行分布式作战行动，接近并消灭敌方部队。小分队成为一个集成的系统之系统（武器、传感器和通信）。COP 将提供查看任务文档、状态报告和提供实时、自动化的空袭、核生化警报。通用视图提供其他陆军部队以及联合、盟军或者联军，以及敌军、中立或者未知武装力量。每个用户都可以定制裁剪他的通用视图以满足自身特定需求，从而显示少量或者所需的信息。虽然它允许士兵在不同地点展现相同的 COP，但这并非 ABCS 的主要目标。ABCS 为作战指挥最重要的贡献是为所有用户定制的 COP 提供了唯一的共享数据。指挥官利用 ABCS 持续不断更新的 COP 指挥他们的部队，从而在作战过程中进行高效的决策，以快速采取行动适应新的变化，或者处理紧急情况（如敌方行动）。他们将使用指挥官应用作为首要作战指挥工具。该应用将为营到集团军级指挥官提供作战指挥功能。指挥官通过 ABCS 发送任务信息（指令或计划）给所属部队以控制部队行动，同时共享 COP 以加强下级部队对其作战意图的理解。ABCS 支持指挥官快速协调部队和履行作战任务，并且降低在复杂作战任务中因时间不同步而可能产生的损失。

2. ABCS 的作战特性

ABCS 能够通过持续更新战场上各类声音、数据、图像、图表以及视频等信息，生成 COP，从而为指挥官提供增强的虚拟化战场，指挥官可以在任意时间和地点看到 COP。ABCS 能够为不同地点的所有指挥官或参谋提供信息交互能力。此外,通过 ABCS,指挥官及其参谋团队能够完成如下任务:

(1) 接收或识别任务需求;
(2) 明确指挥官的信息需求;
(3) 采集和分发信息,从而实现态势感知;
(4) 分析和协作以实现态势理解;
(5) 通过态势理解可视化理想的终态;
(6) 描述达成目标的方法和计划(企图、决心);
(7) 指挥所属部队行动以完成目标并达到终态;
(8) 引导/监督作战行动;
(9) 修正/临机指令;
(10) 执行和评估,持续的修正/指导当前正在进行的评估活动;
(11) 临机分支指令,继续或开始新的任务。

与其他系统交互。ABCS 连接位置报告设备;战术通信和网络系统;连接陆军、联合、盟军和联军系统;以及传感器和平台。

依赖。ABCS 依赖平台功能/机动,通信和网络;定位设备和地理空间数据。

支持概念描述

3. ABCS C^4ISR 概念

ABCS BAS 收集、处理、存储、分发、共享和显示这些构成通用态势图的数据。为了共享作战态势图,通信系统必须支持传输 ABCS 数据。图 3-8 中的 ABCS 属性特征模型,给出了基于通信系统的 ABCS 消息或数据等信息的交换过程。ABCS 作战需求是满足士兵之间的信息交换:节点 A 和节点 F 分别代表信源和接收者,信息交换标准格式采用 ORD 信息交换需求(IER)矩阵。IER 矩阵中的 SOS-wide 标准反映了指挥官对信息从节点 A 传输到节点 F 的需求。BAS 仅负责执行待传输数据的切片,BAS 负责节点 A 和 B 之间的连接和处理,以及节点 E 和 F 的显示。通信系统执行 ABCS 中数据的传输。通信网络负责数据在节点 B 离开 BAS 处理器或者在节点 E 进入 BAS 处理器时的传输。ABCS 利用不同的通信系统传输数据。这些通信系统可能包括局域网、区域通用用户系统(ACUS)、商用电话网络,或者一系列混合系统。已知的一些技术限制如可用带宽、消息大小等也可能影响 ABCS 的信息交换能力。例如,当需要交换一个旅级作战计划和侦察报告时可能会出现延迟。为了评估整个传输业务链路(图 3-8 从 A 到 F)的信息质量,ABCS ORD 标准体现了 SOS 作战需求。BAS ORD 必须计算他们各自的性能水平以与通信系统的期望延迟保持一致。BAS 性能的计算必须基于负责信息处理的 BAS(节点 A 和节点 B 以及节点 E 和节点 F),而不能包含其他 C^4ISR 系统。

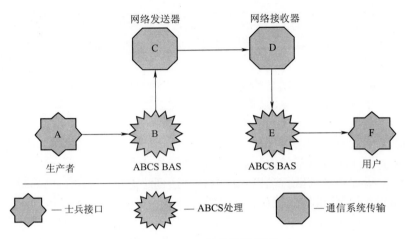

图 3-8　ABCS 信息交换模型

4. ABCS 部署计划

TPIO-ABCS 预想未来三年陆军 ABCS 将经历显著变化。CACACOA V4.0 描述了一个 2008—2010 年的通用操作架构愿景。图 3-9 描述了在这段时间内的陆军 BAS 部署

	Corps军				Interim		Divisions 师									
	I	III	V	XVIII	IDIV	IBCT	4ID	1CD	82 ABN	10ID	2ID	3ID	1ID	1AD	101 AA	25 ID
ABCS版本	8.0	8.0	8.0	8.0	8.0	8.0	8.0	8.0	8.0	8.0	NA 7.0	8.0	NA 7.0	NA 7.0	8.0	NA 7.0
CDR's Application																
Maneuver																
GCCS-A	Maneuver	Maneuver	Maneuver	Maneuver	Maneuver	Maneuver	Maneuver	Maneuver	Maneuver	Maneuver		Maneuver			Maneuver	β
MCS																
MCS-L																
CSSCS																
FBCB2	10		11								10		10	11		09
BFT																
http.Supetionity																
IMETS																
ASAS																
ASAS-L																
DTSS																
Effects																
TAIS																
AFATDS																
AMDPCS																

已部署系统	系统未开发
部署不完全的ABCS零件(缺MCS,FBCB2)	系统正在开发,未准备好部署
系统不会部署	03　计划部署日期(FY)
指挥官应当已部署	8.0　部署ABCS软件版本(NA=Incomplete ABCS)
BFT已部署	根据FBCB2重新分配

图 3-9　ABCS 的部署计划(2008—2011 年)

在 CACACOA V4.0 计划的时间内,陆军的 ABCS 将从 10 个 BAS 减少到 8 个 BAS。一个新的 BAS——Maneuver BAS,加入其中以替代之前的 MCS、CSSCS 和 GCCS-A。CACACOA V4.0 计划在 2008—2011 年内应用如下几个 BAS:Maneuver、FBCB^2、IMETS、ASAS、DTSS、TAIS、AFATDS 和 AMDPCS

5. ABCS 通用服务作战概念

CACACOA 报告在该部分最后给出了 ABCS 的通用服务作战概念图。

ABCS CRD 定义了 ABCS 作为一个系统之系统,必须融合作战信息,从而为陆军部队提供信息优势,并增强灵活性、同步性和有效性。信息技术的暴发性增长使得相关信息得以快速和精确的搜集与传播,从而显著增强广域分布、高机动作战部队在执行和规划中的同步能力,进而在战争或战术行动中形成集群作战效果。

基于数字化技术的自动化运行和智能中心是实时或非实时的收集、评估、校对和传播关键战场信息的有力工具。ABCS 使能的指挥所是 ABCS 运行的焦点,而 ABCS CS-ORD 则使得 ABCS 指挥所概念可实现。

ABCS CS-ORD 规定所有 BAS 开发者使用的通用组件,同时也描绘了 ABCS 从当前系统状态变化为由更少子系统(三个)构成的过程,如图 3-10 所示。ABCS 7.0 版本,通用服务和应用的发展将促使 ABCS 发生迁移,从而形成 ABCS 的基线版,同时后续版本将重新定义系统软件并减少 ABCS 物理架构。在识别出 ABCS 存在的限制和问题后,这种迁移将提供一系列改造或发展,从而提升其互操作性、可用性、部署性和灵活性

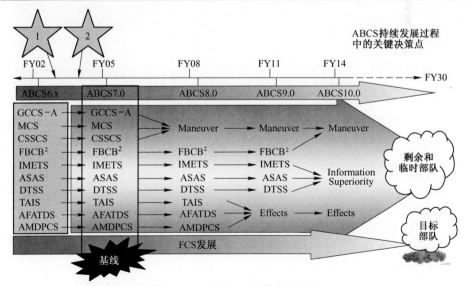

图 3-10 ABCS CS 迭代发展过程

首先,在通用服务和 ABCS 7.0 中,对其分解将为部分组件和软件(除去 BAS 应用软件之外)提供详细的需求,从而集成一个 ABCS 指挥所。ABCS 指挥所的通用组件包括通用应用、通用数据库、通用硬件和通用软件。每个组件都是专门定义用于满足特殊用户和用户在容量、机动性、可用性和生存能力等方面的需求。对信息的通用定义和解释为通用应用软件提供了可施行的标准,从而确保和提供直接的功能。通过建立结构化和非结构化的信息交换标准和格式,为所有 BAS 建立一个通用的"构建规范"。通过通用数据库和业务规则定义,将实现无缝的信息交换。未来版本的 ABCS CS-ORD 将包括一个通用数据库逻辑模型(OV-7)。图 3-11 展示了 ABCS 通用服务作战概念。

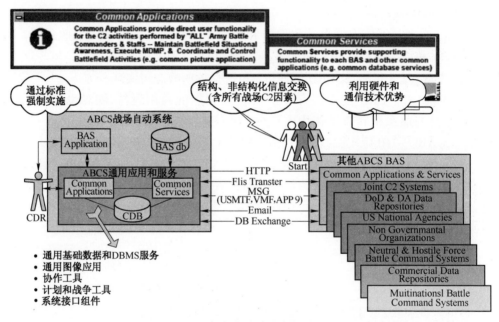

图 3-11　ABCS 通用服务作战概念图(OV-1)

3.2.3　作战节点连接描述(OV-2)

CACACOA 报告通过文本形式描述了不同作战节点之间的连接关系如下:

AACE/ACT/S2(BN)通信对象:
-JTF(联合任务部队) J-2 INTEL 系统
-JTF J-2 JISE
-JTF JOC

AFMIC 通信对象：
-JTF 军医

ALO 通信对象：
-JTF J-3 当前 OPS
-JTF JOC

⋮

3.2.4 CACACOA 信息交换矩阵(OV-3)

ABCS CRD(顶层需求文档)信息交换矩阵(OV-3)的格式如图 3-12 所示。

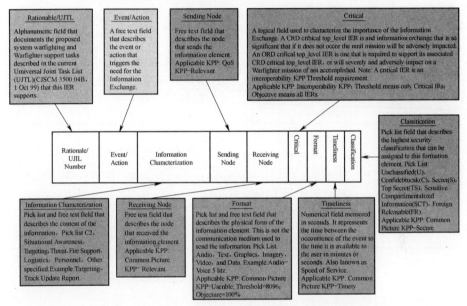

图 3-12 ABCS CRD IER(信息交换需求矩阵)格式

信息交换矩阵(OV-3)如表 3-7 所列。

表 3-7 信息交换矩阵

信息需求	生产者分析	生产者功能	用户分析	用户功能	通用字符	频率/Hz	优先级	服务速度	持续性	失败开销	…
AAFES SPT 请求	G1/S1// CACACOA-营及以上	A6.6.2.5.3. 4.3 集成 AAFES 支持	JTF J-1PERS SVC DIV//CA-CACOA-联合	提供个人服务[OP4.4.2]	D	0.25	R	E	E	D	…

(续)

信息需求	生产者分析	生产者功能	用户分析	用户功能	通用字符	频率/Hz	优先级	服务速度	持续性	失败开销	…
事件报告/SIR	CO CDROM//CACACOA-连及以下	A7.6.4 开发和实现指挥安全程序[ART7.9]	安全OFF//CACACOA-营及以上	A7.1.1.4.2.2 监控战斗服务支撑环境	D	0.25	O	F	F	B	…
事件报告/SIR	CO CDROM//CACACOA-连及以下	A7.6.4 开发和实现指挥安全程序[ART7.9]	安全OFF//CACACOA-营及以上	A7.1.1.4.2.2 监控战斗服务支撑环境	D	6	R	F	E	B	…
事件报告/SIR	CO CDROM//CACACOA-连及以下	A7.6.4 开发和实现指挥安全程序[ART7.9]	安全OFF//CACACOA-营及以上	A7.8.3.3 按指挥监控事故规避程序	D	0.25	O	F	F	B	…
事件报告/SIR	CO CDROM//CACACOA-连及以下	A7.6.4 开发和实现指挥安全程序[ART7.9]	安全OFF//CACACOA-营及以上	A7.8.3.3 按指挥监控事故规避程序	D	6	R	F	F	B	…
ACMR[A2C2]	G3/S3 空军//CACACOA-营及以上	A7.7.4.4.7.2.2 请求/维持/传播 A2C2 策略和限制规定	JTF J-3 空军 OPS//CACOA-联合	A1.3.1.4.2.2 监控和协调空中任务命令	D	10	O	G	E	B	…
⋮	⋮	⋮	⋮	⋮	⋮	⋮	⋮	⋮	⋮	⋮	⋮

3.2.5 CACACOA 组织关系(OV-4)

这里以美国陆军战术指挥部为例予以介绍。

所有的美国陆军参谋机构从营到集团军均采用相同的基础组织结构,如图 3-13 所示。每个指挥官根据他的特殊需求对其进行定制化调整。至于具体称为 G-参谋机构或是 S-参谋机构则取决于指挥官的级别,由将军指挥的称为 G-参谋机构,而由上校或以下级别指挥的则称为 S-参谋机构。

图 3-14 展示了美国陆军典型军/师级参谋机构。

图 3-15 描述了美国陆军典型旅/营级参谋机构。

3.2.6 CACACOA 作战活动模型(OV-5)

下面几张图通过活动流图的形式层层展开,描述了美国陆军营以上(到军

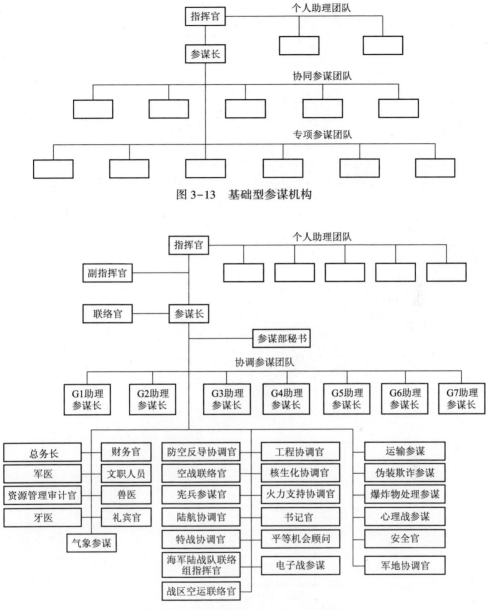

图 3-13 基础型参谋机构

图 3-14 美国陆军典型军/师级参谋机构

战术级指挥部的作战活动模型，这里以子活动 A1 战场情报为例展开详细说明。

首先是陆军战术行动活动模型（A1～A7），如图 3-16 所示。

对 A1 战场情报作战系统活动展开，如图 3-17 所示。

对 A1.1 规划和引导情报活动进行展开，如图 3-18 所示。

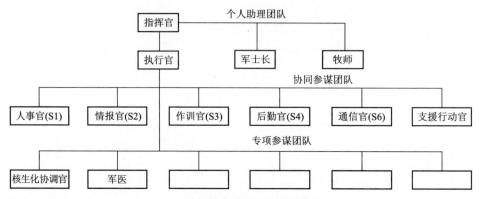

图 3-15 美国陆军典型旅/营级参谋机构

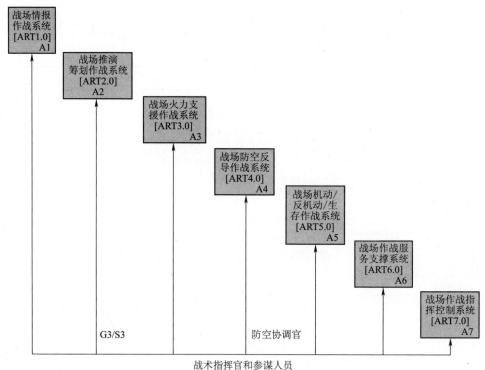

图 3-16 A1~A7 陆军战术行动活动模型

对 A1.1.1 执行情报收集管理/规划侦察和监视活动进行展开,如图 3-19 所示。

对 A1.1.2 执行战场情报准备活动进行展开,如图 3-20 所示。

对 A1.1.2.1 定义战场环境活动模型进行展开,如图 3-21 所示。

第3章 总体架构

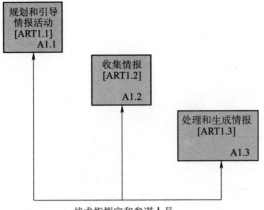

图 3-17 A1 战场情报作战系统活动模型

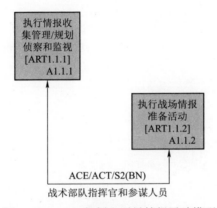

图 3-18 A1.1 规划和引导情报活动模型

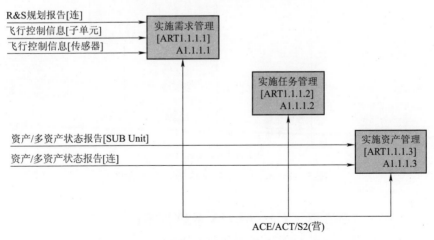

图 3-19 A1.1.1 执行情报收集管理/规划侦察和监视活动模型

097

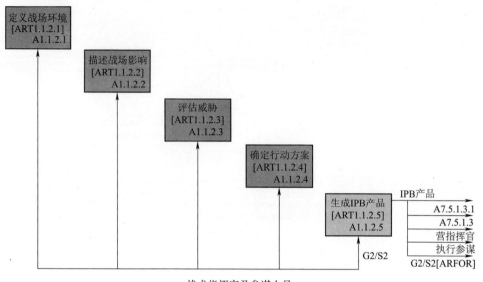

图 3-20　A1.1.2 执行战场情报准备活动模型

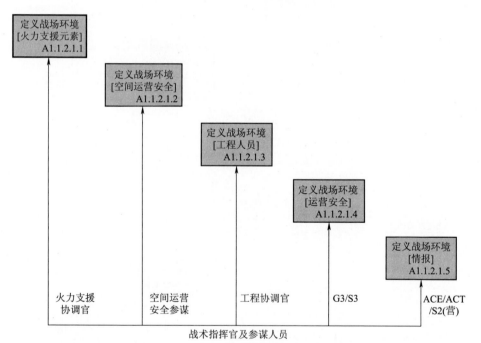

图 3-21　A1.1.2.1 定义战场环境活动模型

3.2.7　CACACOA 数据模型（OV-7）

CACACOA 结合国防部数据模型建立陆军数据模型，如图 3-22 所示。

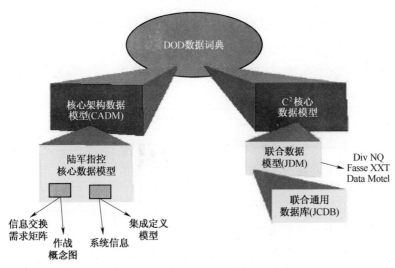

图 3-22 DOD 和陆军数据模型

陆军指挥控制数据模型——JDM，由综合技术集成办公室开发和维护。图 3-22 中，其逻辑数据模型是 ABCS BAS 使用的 JCDB 物理实现的基础。JDM 是陆军 C^2 核心数据模型（A^2CDMA）和 DOD C^2 核心数据模型的一个子集（在 ABCS 中实现）。CACACOA 数据模型，将用于识别 C^2 核心数据模型和它的支撑数据模型和数据库如 JDM 和 JCDB 的特殊元数据需求。

3.2.8　CACACOA 作战元素清单（OV-8）

作战元素清单（OV-8）如表 3-8 所列：

表 3-8　作战元素清单

ACOA 作战元素	备注	CACACOA v4.0 行动
ACE/ACT/S2(BN)	该元素包括 ACE、ACT 和 BN 级 S2。注意：为了理解 BN S2 的所有功能，必须将其与 G2/S2 结合，ACE 和 ACT 通常在 MI 单元的支持下编队	
ADJ Unit	友邻部队，左边或右边的友邻部队	
AFMIC	陆军医疗智能中心	
ALO	空战联络官	
AMDCOORD	防空反导协调官。AMDCOORD 负责协调规划和使用防空系统、资产和行动	按照 FM6.0 从防空协调官变为防空反导协调官
ANGLICO	空海军火力协调分队指挥官。ANGLICO 协调海军火力或陆战队 CAS 资产和行动。ANGLICO 指挥官是一个海军（或陆战队）军官	替换为海军联络组
⋮	⋮	⋮

3.2.9　CACACOA 任务清单(OV-9)

根据作战要素包含了所有 CACACOA 任务。

CACACOA 战术指挥部(军、师、旅、团)任务清单,识别在战术指挥部模型下由作战要素执行的战术任务,例如:

ACE(分析和控制元素)/ACT(分析和控制组)/S2(BN 军)
- A1.1.1 指挥征收管理/规划侦察监视[ART 1.1.1]
- A1.1.1.1 执行装备管理[ART 1.1.1.1]
- A1.1.1.2 执行任务管理[ART 1.1.1.2]
- A1.1.1.3 执行资产管理[ART 1.1.1.3]
- A1.1.2.1.5 定义战场环境(INTEL)
- A1.1.2.2.1 描述战场的影响(S2/ACT)
- A1.1.2.2.1.1 分析数字地形数据
- A1.1.2.2.1.2 发布数字地形分析
- A1.1.2.3.5.2 评估威胁(S2/ACT)
- A1.1.2.4.5.2 确定威胁 COAs – IPB
- A1.2.1 指挥战术侦察[ART 1.2.1]
 ⋮

ARFOR(陆军部队)专用任务清单。该清单识别在 ARFOR(陆军部队)指挥部下由作战元素执行的专有任务,例如:

ARFOR 指挥官和参谋
- A0 指挥特殊的 ARFOR ASOS(陆军支援其他部队任务)和名为 X 的功能(ARFOR)
- A1 协调陆军支持其他部队(ARFOR)
- A1.3 在 JOA(联合作战区域)(ARFOR)执行联合 RSO&I[行动 1.1.3]
- A1.3.1 参加战术级 RSO&I 活动(ARFOR)[ART 2.1.2.2]
- A1.3.2 在 JOA(ARFOR)接收 NON-陆军部队/人员/装备
- A1.3.3 在 JOA(ARFOR)处理 NON- 陆军部队/人员/设备/装备
- A1.4 提供士气/福利/娱乐支援(ARFOR)
- A1.5.3 提供后勤和人力支援(ARFOR)[OP 4]
- A1.5.3.1 在 JOA(ARFOR)协调武器/军火/装备供给[OP 4.1]
- A1.5.3.3 在 JOA(ARFOR)协调武装支援[OP 4.4]
 ⋮

3.2.10 CACACOA 任务威胁(OV-10)

CACACOA 提供了 11 个高等级任务威胁。

11 个高等级任务威胁如下：
- 人道主义援助(高级别)。联合任务部队级别接收人道主义援助任务，并将其分发给执行任务的连队；
- BDA(战损评估)任务。发送请求以实施 BDA 任务；
- CAS(近空支援)请求。发送 CAS 请求以支持正在进行中的任务；
- Class III 程序。连队请求 CL III (B)；
- 更新 COP。更新 COP 以获取最新态势；
- 信息验证。针对一个信息流干扰事件，提交 MIJI 或软件病毒探测报告；
- 信息行动。确定待破坏目标就是一个信息行动计划；
- 灾难救援。从 CINC 到班组长跟踪灾难救援任务；
- 恐怖威胁。开发处理未来的恐怖主义事件的计划；
- 生化威胁。在联合任务部队级别接收生化威胁警报并分发给连队级别；
- ARFOR(陆军部队)装备存储/接收。ARFOR 必须存储并将装备分发给接收部门

以人道主义救援任务威胁为例，如图 3-23 所示。

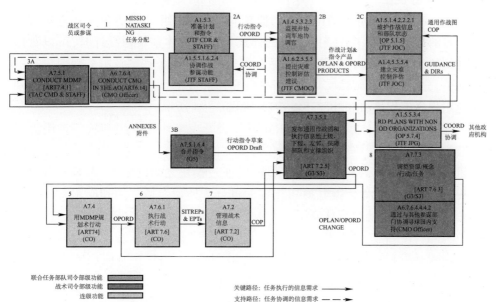

图 3-23 人道主义救援任务威胁(OV-10)示例

3.3 技术架构

3.3.1 技术参考模型

为了适应一体化联合作战的需要,陆军部队指挥信息系统必须参与军事信息系统的一体化建设,而建立信息系统清晰、统一的标准及规范则是进行军事信息系统一体化建设的首要任务。

技术参考模型(TRM)是理解某些环境中实体之间重要关系以及制定支持该环境的相互一致的标准或规范的框架。TRM 的结构反映了数据与应用分离、应用与计算分离的关键原则,可以作为系统策划、互操作性以及选择适合标准的指南。

随着信息技术的迅速发展及其在军事领域的广泛应用,TRM 在各国军队信息系统的建设中展现出了重要意义,它定义一系列的公共服务和接口及其之间的关系,推进了军用信息系统之间的互操作性,增强系统的可移植性和可伸缩性,促进产品的独立性和软件的重用,同时也为制定标准和规范规定了一个框架。

1. 国防部技术参考模型(DoD TRM)

DoD TRM 使用双视图(服务视图和接口视图)方法来描述各种复杂系统不断增长的需求,并可以根据不同的需求对模型进行裁剪使用。这使得 DoD TRM 不仅适用于一般的军事信息系统,也适用于实时性要求较高的武器系统。

1) 服务视图

DoD TRM 的服务视图由一系列最基本的服务集组成,并对基本服务集做了进一步的分解,描述了各级服务集的详细构成。在体系架构设计时,可以对这些详细的低级服务进行剪裁,形成适合各自需求的服务视图。服务视图包括三类实体,分别是应用软件实体、应用平台实体和外部环境实体;两类接口,分别是应用程序编程接口和外部环境接口,如图 3-24 所示。

在应用软件实体层面,DoD TRM 以促进开发模块化应用和软件重用为目标。为实现该目标,应用开发过程在许多方面将应用分解成模块,之前开发的可重用代码可以作为其中的一个模块,并通过模块之间的集成,来满足特定的应用需求。应用软件依据其通用化程度可分为使命领域应用和应用支撑服务两个部分。其中,使命领域应用用于实现终端用户的特定需求,如嵌入式医疗、定位/导航、传感器、工资发放、会计业务、材料管理、人员管理、实时系统控制、作战命令分析等。使命领域应用可以是商用现货、用户定制应用或它们的组合。应用支撑服务是可以在不同用户或多个用户域间实现标准化的通用的应用,如 E-mail、文字处理应用、电子制表应用等。它们提供的服务可以用来开发

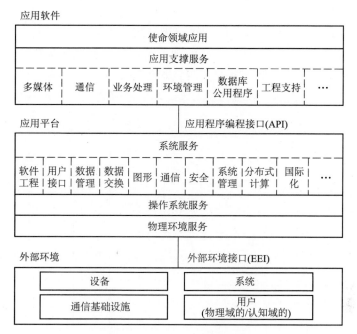

图 3-24 DoD TRM 服务视图

用户特定的应用,也可以直接被终端用户所使用。

应用平台是应用软件执行服务所需资源的集合。应用平台以接口(API)的形式来提供服务,并尽可能使应用软件不关心应用平台的具体实现特征。为保证系统的完整性和一致性,参与竞争应用平台资源的应用软件实体必须通过 API 提出服务请求来访问所有的资源。应用平台实体由系统服务、操作系统服务和物理环境服务三部分组成。其中,系统服务可以看作扩展操作系统服务。当现有的商用操作系统不能直接为用户提供合适的服务时,这类扩展了低级别操作系统接口的服务就显得异常重要。操作系统服务是操作和管理应用平台所需的核心服务,提供了应用软件和应用平台之间的接口。应用软件开发人员使用操作系统服务来调用操作系统的功能。为保护信息系统中敏感数据,物理环境服务是基于硬件的服务,包括设备驱动程序提供的一系列接口软件服务。基于硬件的服务出现在 DoD TRM 的两个地方:作为物理环境服务的一部分及作为外部环境的一部分。严格来说,如果硬件是在系统内部的,即是系统的组成部分,那么它提供的服务就是物理环境服务。否则,它提供的服务就是外部环境提供的服务。

外部环境实体是与应用平台交换信息的外部实体。这些实体可分为设备、通信基础设施、系统/模型和用户。

2) 接口视图

DoD TRM 服务视图中以分层和接口来体现,如图 3-25 所示。通过定义层之间和同层对等组件间的结构,每层的细节与其他层次是隔离的。这种隔离使得每层的功能可移植、可重用并与实现技术无关。DoD TRM 接口视图反映了系统内部、系统与系统之间、系统与子系统之间的物理连接和逻辑连接关系。

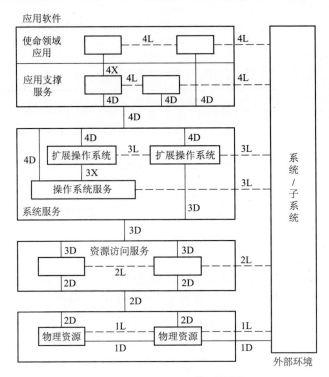

图 3-25 DoD TRM 接口视图

DoD TRM 服务视图中有两类接口:直接接口和逻辑接口。直接接口描述了构件之间的通信通道,是图 3-25 中垂直方向的接口。直接接口提供信息流动的具体路径,而不关心信息的内容。逻辑接口描述了同层中对等构件间的关系,是图 3-25 中水平方向的接口。对于逻辑接口实体,信息路由是透明的。这些接口的含义如表 3-9 所列。

表 3-9 接口含义

接口类型	接口含义
1D	物理资源接口(直接)
1L	对等物理资源接口(逻辑)
2D	资源访问服务—物理资源接口(直接)

(续)

接口类型	接 口 含 义
2L	对等资源访问服务接口(逻辑)
3D	系统服务—资源访问服务接口(直接)
3L	对等系统服务接口(逻辑)
3X	操作系统服务—扩展操作系统接口(直接)
4D	应用软件—系统服务接口(直接)
4L	对等应用软件接口(逻辑)
4X	使命领域应用—应用支撑服务接口(直接)

2. 国防部企业体系结构技术参考模型(DoD EA TRM)

现有的 DoD TRM 为 JTA 中的 DoD 技术标准提供了组织方案,但是 DoD TRM 不能反映出国防部向网络中心化这个目标的转变。因此,DoD 在联邦企业体系结构技术参考模型基本体系的基础上开发了 DoD EA TRM。

DoD EA TRM 主要从技术元素方面对标准、规范和技术进行描述,专注于 SOA,其主要目标是促进 DoD 向网络中心化的转型,通过标准化为提升技术重用和组件服务提供基础,通过识别和重用解决方案和技术来支持业务功能、使命和目标体系结构,同时也有助于识别遗留的烟囱式应用程序。

DoD EA TRM 将进一步对 DoD 的未来体系结构进行分解提炼,如 GIG 体系结构、业务企业体系结构、作战体系结构、网络中心战参考模型(NCOW RM)以及来自 DoD 体系结构架构产品描述和核心体系架构数据模型的相关信息。

DoD EA TRM 由 4 个核心服务区组织而成,每个核心服务区内有不同的支持服务类别,而每个服务类别中又有不同的支持标准,如图 3-26 所示。DoD EA TRM 与 FEA TRM 的组织结构很相似,有很强的对应关系,只是 DoD EA TRM 加入了一些额外的服务类别,如图 3-26 中斜体字所示。每个服务区将标准、规范和技术聚合并分组成低一级的功能区。图 3-26 的 4 个服务区如下。

(1) 服务访问和发布服务区:包含了支持外部访问、交换和服务组件或服务能力发布的一系列标准和规范。为控制一些特定服务组件的访问和使用,该区也包含一些立法和规章方面的需求。

(2) 服务平台和基础设施服务区:包含发布和支撑平台、基础设施能力及硬件需求,以支持服务组件或服务能力的构建、维护和可用性。

(3) 组件框架服务区:包含了在面向 SOA 中构建、交换和部署服务组件所需的各种基础技术、标准和规范。

(4) 服务接口和集成服务区:包含了管理各机构如何与服务组件进行(内部的和外部的)联系的一系列技术、方法论、标准和规范。该区也定义了服务组件与后勤部门/遗留资产进行连接和集成的方法。

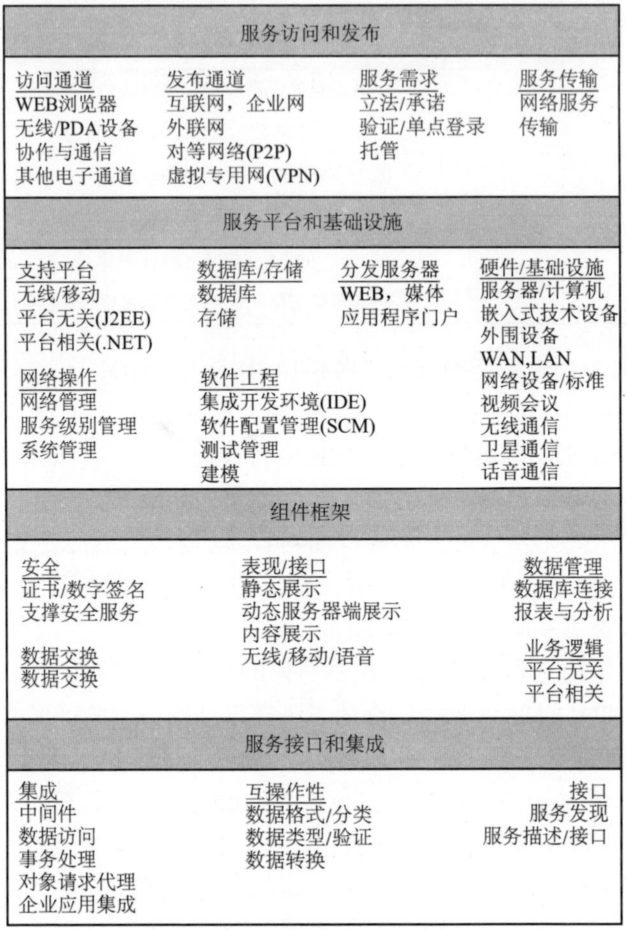

服务访问和发布			
访问通道 WEB浏览器 无线/PDA设备 协作与通信 其他电子通道	发布通道 互联网，企业网 外联网 对等网络(P2P) 虚拟专用网(VPN)	服务需求 立法/承诺 验证/单点登录 托管	服务传输 网络服务 传输

服务平台和基础设施			
支持平台 无线/移动 平台无关(J2EE) 平台相关(.NET)	数据库/存储 数据库 存储	分发服务器 WEB，媒体 应用程序门户	硬件/基础设施 服务器/计算机 嵌入式技术设备 外围设备 WAN,LAN
网络操作 网络管理 服务级别管理 系统管理	软件工程 集成开发环境(IDE) 软件配置管理(SCM) 测试管理 建模		网络设备/标准 视频会议 无线通信 卫星通信 话音通信

组件框架			
安全 证书/数字签名 支撑安全服务	表现/接口 静态展示 动态服务器端展示 内容展示		数据管理 数据库连接 报表与分析
数据交换 数据交换	无线/移动/语音		业务逻辑 平台无关 平台相关

服务接口和集成			
集成 中间件 数据访问 事务处理 对象请求代理 企业应用集成	互操作性 数据格式/分类 数据类型/验证 数据转换		接口 服务发现 服务描述/接口

图 3-26　DoD EA TRM

图 3-26 中描述的每个服务区均由多个服务类别、服务标准和服务规范组成，这为直接支撑服务区的标准、规范和技术的分组提供了基础。

支撑每个服务区的是服务类别的集合。服务类别是根据所服务的业务或技术功能对技术、标准和规范进行更低一级的分类。每个服务类别有一个或多个服务标准来支持。

服务标准用来定义支持服务类别的标准和技术。服务标准之下是服务规范。服务规范是 DoD EA TRM 的最低级别，详细描述了规范和/或规范的提供者。图 3-27 阐述了服务区、服务类别、服务标准和服务规范之间的关系。

如图 3-28 所示，每个服务区及其支撑服务类别可以跨越典型网络拓扑。

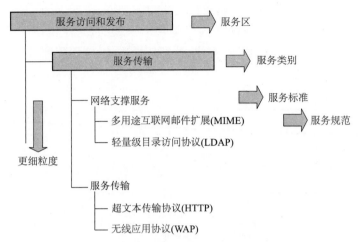

图3-27 服务区、服务类别、服务标准和服务规范之间的关系

在这种网络结构中,外部环境、隔离区及后勤部门和遗留资产所在的内部环境之间存在清晰的界限。

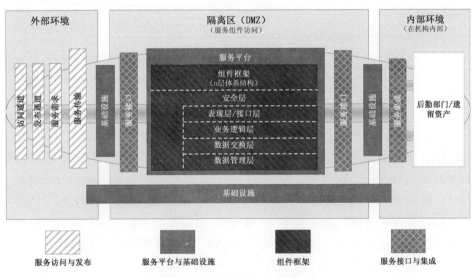

图3-28 典型网络拓扑中的TRM

3. 北约技术参考模型

北约技术参考模型(NATO Technical Reference Model,NTRM)的宗旨是将应用计算平台中的应用程序和这些应用程序产生的数据和应用相分离,从而实现真正的开放系统环境。与DoD TRM一样,NTRM为设计和定义体系结构及其相关服务组件提供了必要的基本概念框架和术语表。同样,在模型组成方

面,NTRM 也申明了若干个服务域及相关接口。如图 3-29 所示,NTRM 服务视图的内容与 DoD TRM 服务视图的内容是基本一致的,同样包括三类实体和两类接口:应用软件实体、应用平台实体、外部环境实体、应用程序编程接口(API)和外部环境接口(EEI)。

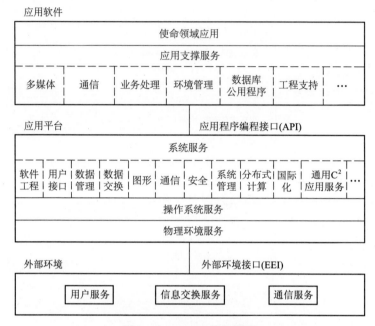

图 3-29　NTRM 服务视图

NTRM 与 DoD 在服务视图方面的不同之处如下。

（1）在系统服务中增加通用 C^2 应用服务。通用 C^2 应用服务提供了在网络中以通用方式访问数据的能力。它可以提升多种功能使命域间的互操作性,并可在单个或多个功能应用域中执行。

（2）舍弃了外部环境实体中的"系统"。外部环境实体由用户服务、信息交换服务和通信服务组成,它们分别对应于 DoD TRM 外部环境实体中的用户、设备和通信基础设施,而舍弃了"系统";DoD TRM 中的"系统"指的是由人、产品和处理过程构成的复杂体,这对于识别和划分标准并没有直接的指导作用。

3.3.2　典型技术架构

1. FCS 技术架构

美国于 1999 年启动了 FCS 计划。FCS 是集成 GIG 标准方面的先行者,但也可与现行部队互操作。美国陆军把 FCS 描述为一项军种联合的网络化"系统集成"。FCS 内的各系统由先进的网络架构手段连接起来,能够实现陆军战斗部队所不具备的跨军种联通、态势感知与理解以及作战行动同步,并计划实现FCS与现有部队、研制中的系统以及未来将要研制的系统之间的联网。这是美国陆军对美军1997年提出的网络中心战理念和2001年提出的C^4KISR概念的首次全面实践。

FCS是一个陆军武器家族,如图3-30所示,包括无人值守地面传感器,两种自动弹药即非视距发射系统(NLOS-LS)和智能弹药系统(IMS)、排、连、营及UA建制的4种无人驾驶飞行器,3种无人地面车辆即武装无人驾驶车辆(ARV)、小型无人驾驶地面车辆(SUGV)、多功能通用/勤务和设备车辆(MULE)以及8种有人地面车辆(共计18个独立系统),加上网络("18+1")以及士兵("18+1+1")。FCS内的各系统将会由先进的网络架构手段连接起来,能够实现当前陆军战斗部队尚不具备的跨军种联通、态势感知与理解以及作战行动同步,并计划实现FCS与当前部队、正在研制中的系统以及未来将要研制的系统之间的联网。

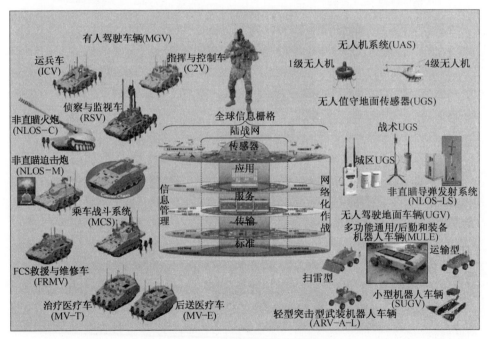

图3-30　FCS的"14+1+1"结构

有人操控系统即有人驾驶地面车辆(MGV),是一个车族,由8种不同的未来战斗车辆构成。这8种车辆是乘车战斗系统、运兵车、非直瞄火炮、非直瞄迫击炮、侦察与监视车、指挥与控制车、医疗车以及FCS救援与维修车。

无人操控系统包括:两种无人机(1级无人机、4级无人机)、两种机器人车辆(小型机器人车辆和多功能通用/后勤和装备机器人车辆)、无人值守地面传感器以及非直瞄导弹发射系统。

FCS 的网络使 FCS 家族作为一个有机整体运转,其总体能力大于各部分能力之和。网络及其后勤系统以及嵌入式训练系统是转型的核心。FCS 的网络由 5 个层次组成,分别为标准层、传输层、服务层、应用层以及传感器与平台层。FCS 旅战斗队将在快速变化的战斗空间内作战,FCS 网络拥有维持相关服务所需的适应性和管理功能,将赋予部队先敌发现、先敌理解、先敌行动、决战决胜的优势,如图 3-31 所示。

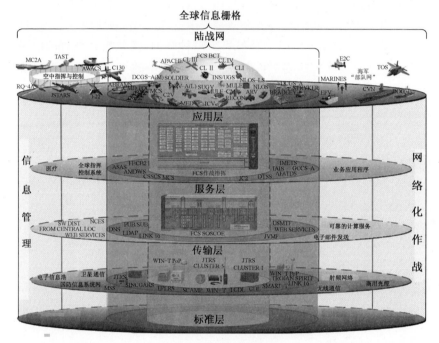

图 3-31　FSC 的网络

1) 标准层

标准层由一系列通用标准组成,是 FCS 网络的基础。FCS 网络将遵守标准文件的规定,以确保具备以网络为中心的属性(灵活性、适应性强的分布式计算环境),以便作为面向服务的 GIG 结构的一部分而进入以网络为中心的环境。信息需求、信息时效、信息保障和网络就绪属性是确保信息技术交换和端对端工作效能的最高制导原则。

2) 传输层

传输层是一个多层次、动态性的移动通信网络。FCS 通过传输层以前所未有的距离、容量和可靠性连接 C^4ISR 网络,主要移动传输层超越复杂地形远距离地对信息源进行安全、可靠的访问。网络将支持先进的功能,如一体化网络管理、信息保障和信息分发管理,以确保在传感器、处理器和作战人员(无论是FCS旅战斗队内部的还是外部的)之间分发关键性信息。

3) 服务层

服务层是FCS网络实现的核心,通常称为"系统之系统"通用操作环境(SOSCOE),支持多项关键任务应用程序独立、同时地运行。它是可配置的,所以任何特定实例都只包含它所必需的组件。它可以使独立的软件包直接集成而不受限于它们的位置、连接机制和开发它们所用的技术。

4) 应用层

应用层负责提供综合能力,以便能通过使用一个通用界面和一组非重叠功能服务进行访问、拟定计划和执行网络中心任务的操作,从而向FCS旅战斗队的作战人员提供各种能力包括4维战斗空间真实一体化移动中通用作战图、分散作战人员之间的实时协同、战斗力实时评估与分配、基于职责、级别和权限的士兵通用显示界面等。

5) 网络化后勤系统

集成于FCS家族的网络化后勤系统是FCS成功的关键。该系统的宗旨是缩小后勤"脚印"、增强可部署性、提高作战可用性和降低总所有权成本。

6) 嵌入式训练(ET)

嵌入式训练将作为FCS有人驾驶车辆和C^4ISR体系结构的一个有机组成部分而开发。嵌入式真实—虚拟—结构模拟(L-V-C)多模式训练是网络化嵌入式训练的基石,并将满足FCS的关键性能指标。

7) 传感器与平台层

传感器与平台层由旅战斗队FCS内的分布式、网络化的多光谱传感器以及情报、监视与侦察传感器组成。多光谱传感器为FCS提供"先敌发现"的能力,ISR传感器将集成到所有有人驾驶车辆以及所有两级无人机上,将能完成各种情报收集任务,包括广域监视(WAS)、侦察、监视与目标搜索(RSTA)以及机动与生存任务。

尽管建立和部署网络传输、应用、平台和传感器很好理解,但定义这种新的体系结构解决方案的网络服务层一直较为困难。GIG将服务分为核心服务和应用服务。对FCS来说,核心服务要通过一套公共的、基于开放式标准且能满足FCS"系统族"(包括有人和无人平台)的安全关键性/任务关键性、实时/近实时需求的软件组件来实现。这些组件称为多系统之系统通用操作环境(SoS COE)。

SoS COE是FCS网络化软件(包括车辆管理系统、C^4ISR系统、士兵和无人空中与地面系统等)的基础。就像计算机上的操作系统允许用户与各种资源和其他计算机交互一样,SoS COE 也能使战场系统与行动部队进行通信和互动。SoS COE 能提供关键功能:FCS 内部信息分发与管理机制、互操作服务、数据存储、安全和信息保障服务、信息发现服务和网络服务。

SoS COE 可提供一套可重用的软件组件,平台集成商和应用开发商将这些组件作为其软件代码的基础模块使用。这使开发商能致力于代码的"业务逻辑",而非直接处理战术网络环境(基础战术网络传输环境)的复杂性。其目的是通过 SoS COE 来处理 FCS 赖以运行的独特而复杂的战术通信基础设施。SoS COE 的体系结构如图 3-32 所示。

作战人员机器接口(WMI)							
车辆应用程序	使命应用程序		国防部企业应用程序		管理应用程序		
SOS/域应用程序编程服务(API's Applets/Servlets...)							
SOS知识管理服务							
信息访问与控制服务	互操作性服务	信息发现服务	信息分发服务	用户配置文件服务	配置服务	通用支持服务	COTS NDI
SOS框架服务							
安全服务	网络中心服务	系统服务		代理框架服务	分析服务	Web服务	
分发中间件服务							
分布式框架	系统、故障管理、健康监测		数据存储	安全服务		路由服务	COTS NDI
操作系统抽象服务							
虚拟内存	运行时间	进程	套接字	选择IO组件	动态链接	通用支持服务	存储映射
操作系统							
虚拟内存		通信			进程/线程		
网络基础:如LAN、硬件设备驱动							

图 3-32 SoS COE 体系结构

2. COE 技术架构

当前美国陆军有超过 15 个不同的独立系统负责火力、机动、情报、后勤和防护等作战功能,每个系统运行各自定制的软件,拥有不同的用户界面、不兼容的数据模型和地图引擎,使得各梯队和功能之间缺乏互操作能力,这些系统只提供生成 COP 所必须融合的一部分数据,各系统独立的硬件占用了车辆和指挥所内的大量空间。为了解决这些问题,美军从 2010 年开始研究开发通用的软件基线和硬件设施,并先后发布了三个版本的 COE。目前,美国陆军已将 COE 作为技术标准,为各种作战环境中的任务指挥系统提供通用的基础,支持不同系统之间的信息共享和互操作。COE 技术和标准为烟囱式的系统奠定了一个通用的基础,使陆军能以应用软件的形式把作战能力提供给部队,如图 3-33 所示。

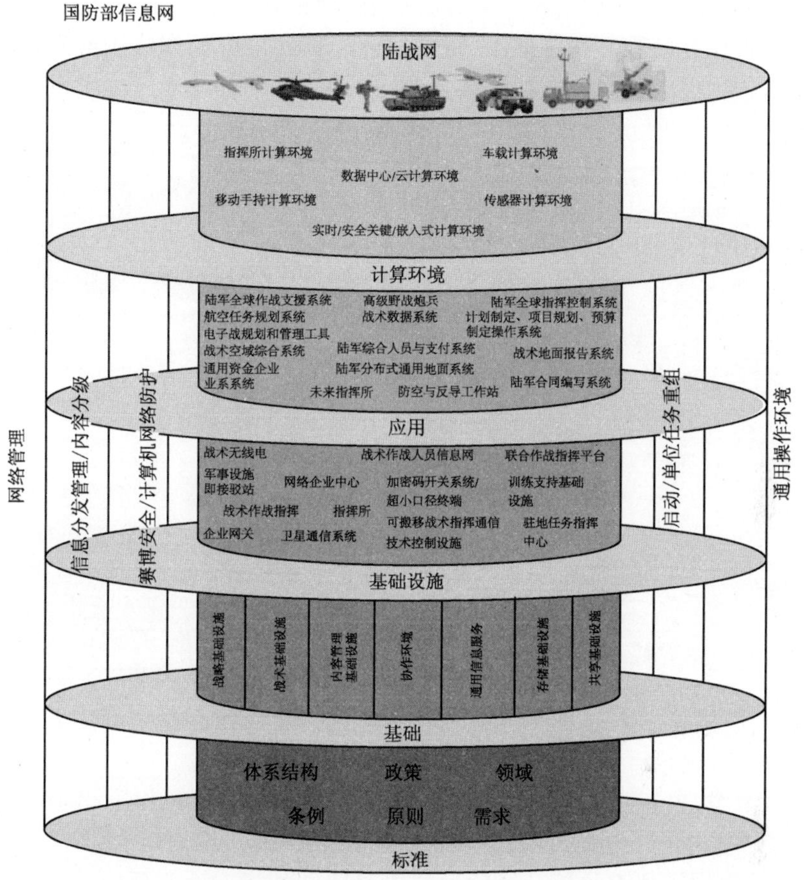

图 3-33 美国陆军通用操作环境

通用操作环境是建立在共同基础之上的受控的企业体系,用以支持美国陆军作战和各项职能。

基础能力带来的影响
- 提升态势感知
  - 相关信息——完整、准确而及时的分发与显示
  - 实现在数字集成实验室环境下的操作
- 提升互操作性
  - 可互操作的程序、应用/服务、基础设施和数据
  - 通过统一数据标准实现体系内部作战词典的标准化
  - 在陆军内部以及与统一行动合作伙伴(UAP)之间
  - 可互操作且简化的协作方式
- 提升网络安全性
  - 提升使用便利性、接力能力和网络安全/防御
- 统一信息服务
  - 简化操作
  - 通过统一数据信息服务实现一致且可管理的采集、存储、分发和处理方式

图 3-33 美国陆军通用操作环境

COE 分为 6 个计算环境(CE):指挥所计算环境、车载计算环境、移动/手持计算环境、数据中心/云/力量生成计算环境、传感器计算环境和实时/安全关键/嵌入式计算环境,如图 3-34 所示。每个计算环境都由一名计划执行官(PEO)牵头建立计算环境工作组,帮助每个计算环境中的作战人员制定解决方案。这些计算环境被分配到陆军采购团体的项目办公室,使用控制点规范进行互操作。

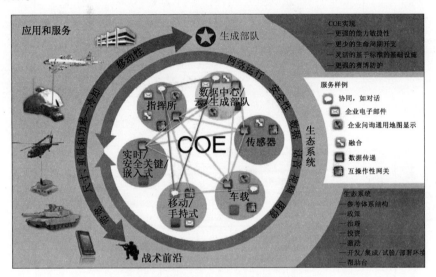

图 3-34 COE 的 6 个计算环境

各计算环境不是相互排斥而是共同合作,共享基于标准的基础设施,以降低运营成本。COE 确定了许多系统使用的交叉功能,例如地理空间可视化和安全认证,并提供了所有计算环境使用的通用软件基线。计算环境也是按版本开发的,作为 COE 增量更新的一部分。

各计算环境将共同为部队带来即插即用的体验,当今士兵的成长伴随着技术的发展,他们希望无论在指挥所、车辆、飞机上或徒步时都能使用可互操作的直观的设备,而计算环境能够满足士兵的这种需求。

(1)指挥所计算环境。提供客户端和服务器软件及硬件,以及实施任务指挥能力的通用服务(如网络管理、协同、同步、规划、分析…)。该环境建立通用服务层,在"基础设施即服务"的基础上提供任务指挥应用程序及核心工具,将使得陆军能够通过基于 Web 的技术开发并部署可互操作的应用程序,如图 3-35 所示。

(2)车载计算环境。提供操作和运行时系统、本地和通用应用及服务、软件开发工具(SDK),以及实施任务指挥的标准和技术。该环境实现在陆军战术

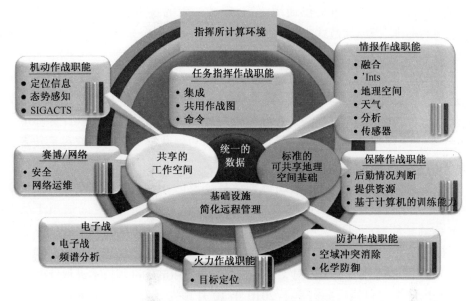

图 3-35　美国陆军指挥所计算环境

车辆内使用基于安卓系统的作战应用程序,将使用与指挥所计算环境相同的基础设施,在车辆和指挥所之间方便地集成通信并提供互操作性。

(3) 移动/手持计算环境。提供操作和运行时系统、本地和通用应用及服务、软件开发工具以及实施任务指挥的标准和技术。该环境的基础是"奈特勇士"手持任务指挥系统,实现了低至小队级的徒步人员的数字化通信,并通过"步兵"电台与陆军战术网络连接。

(4) 数据中心/云/力量生成计算环境。该环境提供了运行和访问整个陆军企业的软件应用、服务和数据的基于服务的计算基础设施,包括通用服务、标准应用程序、共享网络、服务器和存储资源,以及将现有应用程序迁移到云的途径,实现了以"市场"的方式放置和获取陆军软件应用、服务和数据。

(5) 传感器计算环境。提供通用互操作层,为专用的、有人控制或无人值守的传感器提供数据服务、网络运维和安全防护等方面的实施标准和技术。该环境关注如何在全部作战功能中提高传感器与作战人员、平台和指挥所的交互。支持用户获取整个陆军企业中的传感器数据、记录传感器位置和能力并以安全的方式管理传感器。

(6) 实时/安全关键/嵌入式计算环境。该环境为在实时的、安全关键的或嵌入式的计算环境中运行的系统定义了一个通用操作环境,以确保与其他计算环境的共用和互操作性,为将未来的应用程序集成到陆军各平台中奠定基础。

负责采办、后勤和技术的美国陆军部副部长牵头组织拟制了 COE 参考架构，通过为各利益相关方提供通用语言、定义一致的技术实施准则以及鼓励使用通用的标准、指标和范式来提供通用信息、指南和指令来指导和约束架构、技术解决方案和示例。

COE 参考架构指导和约束每个计算环境参考架构的开发。COE 参考架构提供指南来确保各计算环境以一种整体的形式实现互操作和协同。每个计算环境都有各自的参考架构与 COE 参考架构相对应，如数据中心/云计算环境为云、企业资源规划（ERP）和传统系统三个不同的领域定义了与国家科学技术协会（NIST）云参考架构相一致的参考架构。

COE 技术参考模型用于描述每种计算环境的相关技术特性，以实现 COE 背景下的互操作性。使用 COE 技术参考模型的主要目的是定义适用于所有 COE 内计算环境的通用规则、标准和服务，确保这些规则、标准和服务的兼容性和互操作性。计算环境内的用户可通过服务和应用程序来促进跨计算环境的通信和分析，而技术参考模型可对支持这些服务和应用的标准和技术进行分类。

美国陆军项目执行办公室于 2010 年 10 月预先开发了一个 TRM 作为 COE 参考架构的首个示例，目标是开发一种能够囊括陆军所有项目的模型。开发团队用国防信息系统局联合指挥控制（DISA JC2）体系结构框架中的要素对 CIO/G-6 提供的模型进行扩充，以实现联合互操作性，并促进最新的 DISA 设计规则、标准和服务的使用。

随着 COE 不断成熟，需要增加模型以解决 COE 利益相关方所提的问题。如图 3-36 所示，联邦企业体系结构阐述了 COE 和陆军企业之间的关系。DoDAF 2.0

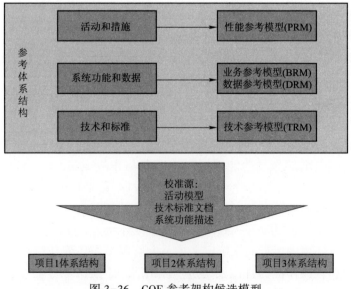

图 3-36　COE 参考架构候选模型

确定了一系列的数据和概念用于明确 COE 和应用 COE 的系统之间的关系。商业实体如"开放团体"也开发了一个模型展示 COE 和商业能力之间的关系。

在 COE 技术参考模型的背景下,已确定了以下宗旨。

（1）实现任务指挥核心能力（MCEC）的企业级解决方案。

（2）向商用标准、协议、服务和应用看齐以最大化利用开源和商用现货/政府现货（COTS/GOTS）软件。

（3）确定计算环境之间和计算环境内部进行交换的应用程序接口（API）和接口控制协议（ICA）。

（4）与特定领域的参考体系结构（DISA JC2 体系结构框架、VICTORY、FACE）兼容以促进每个领域内的互操作性。

（5）支持新技术的插入和备选交付模型以实现能力的快速开发。备选交付模型主要有软件即服务（SaaS）、基础设施即服务（IaaS）、平台即服务（PaaS）。

最终形成的 COE 技术参考模型如图 3-37 所示,为 COE 的设计准则、标准和服务提供了能够参照的标准,并且独立于实现 COE 的具体技术、协议和服务/应用/产品。

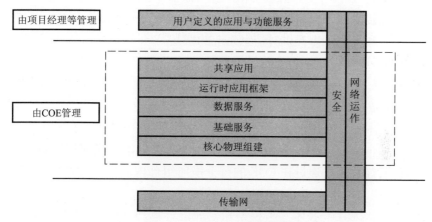

图 3-37　COE 技术参考模型

图 3-37 的黑色粗实线内部分展示了 COE 的范围,虚线方框内的功能组件由 COE 管理。技术参考模型通过用户定义应用程序和功能服务、COE 对底层传输网络的依赖展示了 COE 和 COE 使用的相对层级结构。如技术参考模型所示,用户定义应用程序和功能服务与传输网络并非由 COE 管理。

（1）用户定义的应用程序（User Defined Applications,UDA）。为终端用户提供作战或日常事务处理能力的应用程序。这些程序使用由 COE 管理的一个或多个功能组件提供的套件服务,一些程序由 Web 浏览器这样的 COE 标准程序提供套件服务,而其他的程序如瘦客户端等则由运行时间应用程序框架提供套件服务。

用户应用程序的样例包括面向用户的任务指挥应用程序和文字处理或企业资源规划这样的日常事务应用程序。一些用户定义应用程序可重复使用以支持多种能力。在这种情况下,该应用程序将变为受 COE 管理的共享应用程序。

(2) 功能服务(Functional Services,FS)。功能服务通常称为日常事务逻辑服务。这些服务包含大部分专用业务规则和执行最复杂算法的日常事务系统逻辑。功能服务由项目管理员或 COE 外部的其他权威机构管理。功能服务通常支持应用程序而不是直接支持终端用户。

功能服务的商用样例包括谷歌搜索和地图引擎、亚马逊 Web 服务。在美国陆军,功能服务将支持任务指挥和企业资源规划应用程序。

(3) 传输网络(Transmission Network,TN)。通信基础设施包含许多网络系统,如局域网、广域网、互联网、企业内部互联网和其他数据通信系统。COE 的用户依赖这一基础设施实现一个操作环境或多个操作环境内的安全通信。

(4) 安全(Security)。通过确保信息和信息系统的可得性、集成性、认证方式、机密性和接受性来保护信息和信息系统的方法。这些措施包括通过综合使用保护、探测和反应能力提供对信息系统的恢复。

(5) 网络运行(NetOps)。保证数据在多个计算环境内终端用户系统间传输的措施。网络运行提供操作环境和应用程序在网络上运行必须遵守的标准。

图 3-37 的 COE 技术参考模型中的横向方框描述了技术参考模型各部分,而非各层;技术参考模型并不包含或约束各实体间的内部关系(应用程序将直接交互)。纵向方框内的安全和网络运作代表通过标准互联网传输协议(ITP)建立的策略,这些策略通过在 COE 的每个横向组件内的设计规则、标准和服务来实现。这些方框还定义了 COE 之外的策略。

图 3-38 展示了与技术参考模型相对应的计算环境组件,包括能力、功能、服务、标准、技术和军品解决方案。

COE 管理的各部分包括以下功能。

(1) 共享应用(Shared Applications)。广泛应用于 COE 或 CE 中的一系列用户应用程序,如在 COE 内指定的一个态势图共用应用程序。商业共用程序包括 Google Earth、Adobe Connect 和 Microsoft Outlook。

(2) 运行时应用程序框架(Run-time Application Framework)。提供加载、组合和执行应用软件和服务所需的软件基础设施,以及创建在 COE 内运行的应用程序和服务的开发人员指南和工具,如 iOS 和 Android OS 提供的运行时应用程序框架,可支持开发大量的移动应用程序。商用联合绘图工具可支持开发

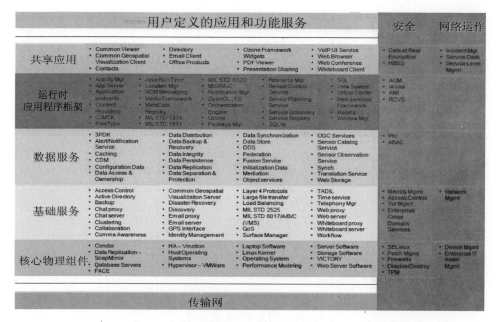

图 3-38 COE 的技术架构

大量地理空间可视化和分析应用程序。

（3）数据服务（Data Services）。数据服务提供一系列发现、利用、分发和访问数据的服务。这些数据服务通常由一个数据库支持，可提供搜索、更新、添加和删除数据的服务。数据服务应提供数据压缩能力，用户不需要了解数据库的结构就能使用该服务。

数据服务包括地理空间 Web 服务，该服务可作为一个标准和共享的地理空间基础内容（地图背景和图像）。

（4）基础服务（Infrastructure Services）。基础服务包括支撑架构的软件和促进各种服务互操作性的软件。此外还包括以下基础服务：用户支持（培训和服务台支持）、重定向、编排和工作流引擎。本地用户和应用程序在离线的情况下也可使用某些基础服务。

（5）核心物理组件（Core Physical Components）。执行计算环境组件所需的最少硬件和软件（包括操作系统、操作系统数据库、设备驱动程序、系统管理程序）。

图 3-39 是使用基础参考模型概念的 COE 高层表示法，美国陆军参照该方法实 COE 的目标。通过设计供计算环境内所有列档项目（POR）使用的核心基础设施组件的体系结构，以减少重复和成本，并加快开发、测试和验证新功能所需的时间。用户定义的应用程序和功能服务将集成到这一通用基础上，以一种更加有效的形式提供能力并增强用户体验。具体步骤如下。

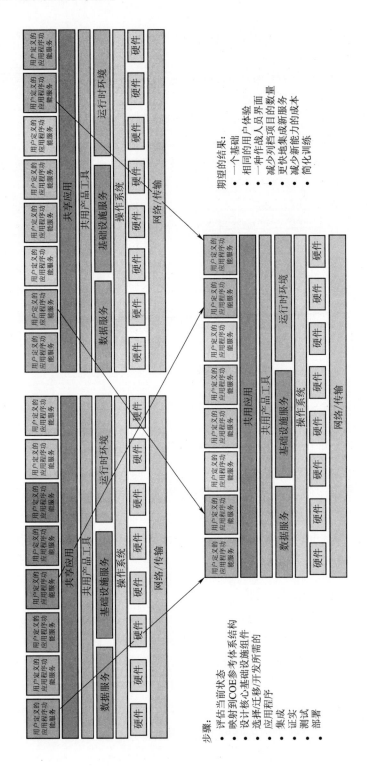

图 3-39 COE 软件抽象方法

（1）评估当前状态,将各个系统按照设计和操作限制分类到各个计算环境中,即映射到 COE 参考体系结构。

（2）在每个计算环境中确定通用性,以便为每个计算环境基础体系结构（标准、技术、软件和硬件）的选择提供支持。

（3）对各计算环境进行配置以实现与其他计算环境的互操作性,从而形成通用操作环境。

（4）确定跨计算环境边界的通用性,设计核心基础设施组件,并选择/迁移/开发所需的应用程序,以形成跨通用操作环境的统一能力。

（5）进行集成、验证、测试与部署。

（6）不断通过设计和增强来扩展各计算环境和通用操作环境内的通用性。

从 COE 总体架构的发展可以看到,架构的演变是以更全面准确地反映战场形势、更迅速高效地联通各个部队为目标,以此得到适用于各种战场、供各个军兵种使用的信息系统。战场态势快速感知、作战命令快速下达的要求贯穿始终,信息系统在此要求的基础上,进一步完善可拓展性、可视化和云计算,将整个战场囊括进系统,形成陆军部队一体化的指挥信息系统。

参 考 文 献

[1] Rechtin E. System Architecting: Creating & Building Complex Systems[M]. State of New Jersey,USA:Prentice Hall,1991.

[2] Zachman J A. A Framework for Information Systems Architecture[J]. IBM Systems Journal, 1987,26(3):276-292.

[3] IEEE Standard Glossary of Software Engineering Terminology (IEEE Std 610.12-1990)[S]. IEEE,Inc. New York,USA,1990.

[4] IEEE Recommended Practice for Architectural Description of Software Intensive Systems (IEEE Std 1471-2000)[S]. IEEE,Inc. New York,USA,2000.

[5] DoD Architecture Framework Working Group. DoD Architecture Framework Version 1.0 Volume I: Definitions andGuidelines[R].U.S.:Department of Defense,2003.

[6] DoD Architecture Framework Working Group. DoD Architecture Framework Version 1.0 Volume II: Product Description[R].U.S.:Department of Defense,2003.

[7] DoD Architecture Framework Working Group. DoD Architecture Framework Version 1.5 Volume I: Definitions and Guidelines[R].U.S.:Department of Defense,2007.

[8] DoD Architecture Framework Working Group. DoD Architecture Framework Version 1.5 Volume I: Definitions and Guidelines[R].U.S.:Department of Defense,2007.

[9] DoD Architecture Framework Working Group. DoD Architecture Framework Version 1.5 Volume II: Product Description[R].U.S.:Department of Defense,2007.

[10] DoD Architecture Framework Working Group. DoD Architecture Framework Version 1.5 Vol-

ume Ⅲ：Architecture Data Description［R］.U.S.：Department of Defense,2007.

［11］DoD Architecture Framework Working Group. DoD Architecture Framework Version2.0 Volume Ⅰ：Introduction, Review and Concept – Manager's Guideline［R］.U.S.：Department of Defense,2009.

［12］DoD Architecture Framework Working Group. DoD Architecture Framework Version2.0 Volume Ⅱ：Architectural Data and Models–Architecter's Guideline［R］.U.S.：Department of Defense,2009.

［13］DoD Architecture Framework Working Group. DoD Architecture Framework Version2.0Volume Ⅲ：DoF Metamodel Physical Exchange Specification–Developer's Guideline［R］.U.S.：Department of Defense,2009.

［14］严晓芳,龚振伟,白蒙.基于国防部体系架构(DODAF)的美军信息支持计划(ISP)［J］.中国电子科学研究院学报,2016,2(11):137-143.

［15］Paul Prekop and Gina Kingston. Implementing C^4ISR Architecture Framework：An Australian Case Study［C］.6th International command and Control Research and Technology Symposium, U.S Naval Academy, 2011.

［16］陈新中,顾文,李承延,等.基于DoDAF的顶层设计建模与验证［J］.计算机工程,2009,35(12):216-219.

［17］Combined Arms Center Army Battle Command Common Operational Architecture (CACACOA) Version 4.0, 28 May 2002.

［18］芮平亮,傅军,杨怡.信息系统顶层设计技术［M］.北京:电子工业出版社,2016.

第4章
核心能力

4.1 作战特点与能力需求

4.1.1 陆上作战特点

陆军作为传统军事力量的重要组成部分,主要由步兵、装甲兵、炮兵、防空兵、陆航、通信兵、工程兵、防化兵、电抗、特战等诸多兵种组成,具有兵种成员复杂、编制体制复杂、作战环境复杂、作战任务多种多样等诸多特点,主要遂行陆地作战任务,包括城市、平原、山地、高原、丛林、岛屿等,具有强大的火力打击、突击能力,需要在各种复杂气象、复杂地形条件下实施诸兵种合同作战。第二次世界大战后,陆军的主要作战模式从步兵-炮兵、步兵-坦克协同作战逐渐向诸兵种合同作战进行转变,走向摩托化、机械化发展的道路,作战特点也体现为大规模机械化战争。

现代化战争的陆上作战方式随着科技的进步和新型作战装备的发展而发生了重大变化,从而呈现出一系列新的特点。这些变化和特点主要表现在以下方面。

(1)随着各种新式作战装备不断产生,陆地战争突破了传统在相对固定的地域范围内进行的以单元对抗为主的阵地战,而转变为稀疏分布在广阔地域空间内、以机动作战和远程精确打击为主并具有多样化作战手段的全方位对抗。

新式作战装备的研发是当前各国陆军军事力量建设的重中之重。其中,"机动性"与"远程精确打击能力"是新式装备发展的重点。现代高度机械化的陆军具有极强的战术机动能力,反应速度快,突击能力强,可有效应对各种突发事件,极大提升作战效率;战术导弹、发射精确制导炮弹的新式火炮等不断发展的各种远程精确制导武器,具有射程远、打击精确度高、杀伤效力强的特点。近年来,世界范围内多次局部战争表明,未来战争将以"远程精确打击"为主。远程精确打击武器的广泛使用,使战争双方不再需要也无法构筑集结庞大兵力兵器的阵地,作战行动也将突破固定的战场和阵地的限制,在整个作战空间采用稀疏配置、不断机动的方式同时进行。而"电磁干扰""赛博战"等新式作战方式使陆军的作战手段更加多样,未来陆地战争将是在物理空间、电磁空间、赛博空间的全方位对抗。图4-1展示了陆军当前广泛部署的远程精确打击火箭炮。

图4-1　陆军当前广泛部署的远程精确打击火箭炮

（2）随着陆军指挥信息系统的发展，传统基于"平台"的作战模式难以满足需要，而基于信息系统的一体化联合作战已成为现代陆地战争的基本形态。

传统基于"平台"的作战模式，各作战平台主要依靠自身的侦察装备和武器进行战斗。因而各平台均无法及时全面的掌握战场态势信息，使得指挥员难以进行快速准确的指挥决策；同时各参战单元之间难以进行快速有效的协同作战，作战效率低下，难以满足现代化条件下陆地战争作战需要。

基于信息系统的体系作战，就是以电子信息系统为纽带和支撑，将参战诸兵种的侦察情报、指挥控制、后勤保障及武器平台等要素连接成一个整体，构建信息获取系统、指挥控制系统、火力打击系统和作战保障系统一体化的体系，实现各种作战要素、作战单元功能的高度融合，各作战系统的"无缝连接"，从而将实时感知、高效控制、精确打击、快速机动、全维防护和综合保障集成为一体，实现作战效能的最大化。

基于信息系统的一体化联合作战，通过使用指挥信息系统，能够有效破除"战争迷雾"和"战争阻力"的影响，充分发挥信息在战争中的"倍增器效应"，极大提高陆军与海军、空军、火箭军等各军兵种之间一体化联合作战效率。随着陆军战术指挥信息系统的发展和广泛应用，"信息"已成为现代化陆地战争的主导，基于信息系统的体系作战也已成为现代化陆地战争的基本形态。图4-2展示了美军基于信息系统的一体化联合作战概念。

这种信息系统的一体化在美军中的典型应用就是美军积极推进的"多域战"，即在所有领域协同运用跨域火力和机动，以达成物理、时间和位置上的优势。对方可能拥有抵消美军某一领域的优势，但很难从各个领域进行反制。

"多域战"主要具有以下特点。

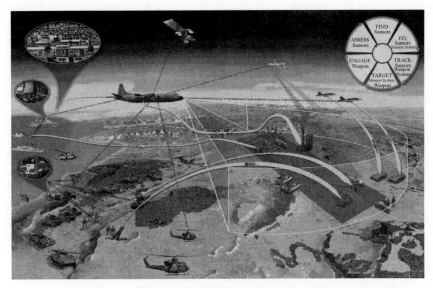

图4-2 美军基于信息系统的一体化联合作战概念

① 非对称抵消。包括以网络战和电子战手段反制对手高端武器系统,如果对方实施网络战和电子战,美军将通过对敌态势感知系统实施定位、压制和致盲,进一步强化美军高端作战系统的杀伤力。同时,利用低成本的电磁轨道炮拦截对手高造价导弹,特别是研发一种通用的新型智能炮弹,通过多种发射管进行发射,以保护美军的前沿基地及其他高价值目标免遭导弹攻击。

② 全效果作战。"多域战"将突破由一个或两个军种主导作战的传统思维模式,从"作战空间整体观"出发,进一步推动美军从军种联合向作战要素融合、能力融合、体系融合的全效果作战转变。美国太平洋司令部司令哈里·哈里斯海军上将强调:"我们需要联合到什么程度呢,就是没有哪一个军种占主导地位,没有哪一个领域有固定的边界。战区司令必须能够从任何一个领域对每个领域的目标达成效果,以便今夜开战,战之能胜。"要求陆军具备多重能力,能够击沉敌舰、压制卫星、拦截导弹以及入侵或破坏对手的指控系统等,未来战场的边界将日益模糊,独立战场空间逐步消失。

③ 人机协同。"多域战"促进美军从机械化时代的人-人对抗向信息化智能化时代的人-机对抗甚至是机-机对抗转变。为了充分发挥人机协同的互补优势,未来作战将主要是一种"有人"指挥、"无人"作战模式,这也是"第三次抵消战略"的重要内容之一。美国陆军在2017年3月发布的《美国陆军机器人与自主系统战略》中提出,"多域战"将利用大量构造极为简单的机器人蜂群构建一个相互协作的多机器人系统,使其通过熟悉战场环境和相互交流形成全覆

盖、可持续、可靠的态势感知，为部队采取统一行动提供支持。

④ 分布式杀伤。未来，美军的作战样式将进一步向分布式、机动化方向发展，由战术层级的分布式行动提升到战役层级，美军机动部队将重点从敌军防空系统的薄弱地带或盲区渗入。"多域战"采取的就是依托信息网络技术优势，调动分散配置的部队，利用多线并举、多点联动、多域协同的机动优势，分散进入，对敌实施多线进攻。一方面，将作战编组分散部署、快速聚合，以达到兵力分散、火力集中的效果；另一方面，分散配置指挥与控制节点，形成多节点网络状结构，在局部遭受攻击后，不影响整个指控系统运行。

⑤ 任务式指挥。"多域战"要求美军以作战任务为牵引，依托"云赋能"等信息技术优势，采取集中计划、分散执行的指挥模式，指挥官要充分发挥主观能动性，以确保在模糊和混乱的局面中进行指控并取胜，甚至每位作战人员都要树立任务导向思维，根据自身角色和职能争取主动权。同时，利用无人自主系统进行更广泛可靠的信息收集、组织和优先排序，以提升战术机动性并减少网络、电子、物理信号，使指挥官拥有更多时间、更大空间进行决策。

⑥ 认知域对抗。美军认为现代战场形成了物理域、信息域和认知域三个作战维度。认知域作战是更高层次的人类战争，与传统战争旨在从物质上对敌实施硬摧毁不同，认知域作战主要是通过对敌情感、意志、价值观等进行干扰和破坏，以软杀伤的方式达到不战而屈人之兵的目的。"多域战"特别强调在物理域之外，将电磁频谱、信息环境及认知域等作为未来重要的竞争性领域，认为持久的战略成功并不取决于战斗的胜利，而取决于敌我双方意志的较量。目前，美军正积极研发基于脑控和控脑技术的武器系统，通过读取人的认知和思想来掌握敌方人员的心理状态，从而扰乱敌方指挥官的思维判断和决策部署，甚至控制其意识行为，使敌落入美军设计的陷阱，为美军创造决定性优势。图4-3展示了美军研制的基于脑控的武器系统概念。

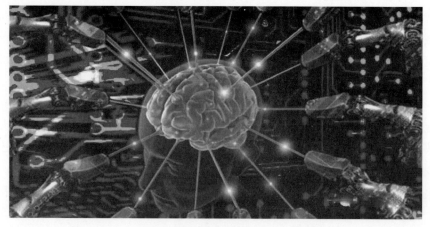

图4-3 美军研制的基于脑控的武器系统概念

（3）各国所面临的"非传统威胁"不断加深，使得现代化陆军部队将进行大量的"非常规作战"，战争的突发性和不可预测性强，作战任务及作战环境极为复杂多样。

进入21世纪以来，国际安全环境发生了重大变化，面临的冲突和威胁更加复杂，主要表现在潜在敌人复杂化、冲突诱因多样化及安全威胁多元化。而信息技术及各种先进高科技产品的广泛使用和易于获得性，使得各种不对称作战方式的门槛大大降低并频繁出现，出现没有预料到的对手或作战方式的突发作战情况会越来越多。因而，现代化的陆军部队在应对常规作战任务的同时，还需要应对反恐行动、游击战、反暴乱行动及维和行动等非常规作战行动。早在2010年，美国《四年一度防务评审报告》中，便明确提出了"混合战争"的作战思想，指出未来战争形态将是战争主体多元化、常规战争与非常规战争界限日益模糊的"混合型战争"，而美国军队未来的作战任务和行动具有多样化特点。

4.1.2 作战能力需求

为适应根据现代化陆地战争作战区域广阔、以机动作战和远程精确打击为主、基于信息系统的体系作战成为基本形态、需要进行大量"非常规作战"等特点，陆军作战部队需要具备并增强以下作战能力（表4-1）。

表4-1 作战能力名称和要求

作战能力名称	作战能力要求
网络化作战能力	实现分布式计算和信息共享、指挥关系扁平化和高效协同
全谱作战能力	实现对所有潜在威胁、突发事件及时灵活处置
模块化作战能力	实现部队的小型化、模块化，协同方式更加灵活高效，从聚焦计划转变为聚焦行动，达到"自适应""自组织"和"自同步"的并行作战需求
联合作战能力	实现陆军合成、兵种部队与海、空、天其他军兵种联合作战

1. 网络化作战能力

基于信息系统的体系作战，其核心是构建高效能的信息系统，实现所有作战单元间的信息共享和所有战争资源的全局整合与优化使用。网络中心化作战，是指采用网络化的指挥信息系统将所有作战单元连接起来，使每个作战单元均成为网络上的一个节点，从而实现作战要素的高度一体化融合；并采用智能化的网络信息分发与处理及分布式计算等技术，实现各网络节点间高效的信息共享，为作战指挥人员的作战指挥控制作业提供有力辅助。网络中心化作战，在信息域，通过网络化提高侦察监视能力和信息共享能力以获得信息优势；在认知域，通过知识共享和协同决策提高指挥控制能力以获得决策优势；在物质域，通过网络化进行兵力、武器和资源的优化配置，实现效能集中，以获得作战优势。网络中心化作战使部队作战的重心由过去的平台转向网络。它具有以下基本特征。

(1) 信息栅格网络是基础。通过建立广域覆盖、无缝接入、安全可信的栅格网络，能够更好地提高信息的及时性、准确性和相关性，同时降低敌方获取信息的能力，确保己方获取信息优势成为战争制胜的关键。

(2) 具有高质量共享的态势感知能力。基于栅格化的网络，提供高质量的态势感知和共享服务，包括敌、我、环境等各种信息，并及时、同步地更新，达成对战场态势的共同认识和一致理解。

(3) 具有动态的自我协调能力。由于战场的透明度大为提高，作战部队将拥有更高的行动自由度，能够近乎自由地实施作战，自我协调，更加重视下属部队的主动性，以大力提高作战节奏和反应能力。

(4) 分散配置，网聚效能。网络化作战使得战争从线性作战转变为非线性作战，从基于地理位置的接触性的部队集结方式转变为基于获取效果的部队集结方式，以信息和效果的集中取代部队的集结；能够实现情报、作战和后勤的紧密结合，用分散配置的部队获得精确打击效果，获得时间上的优势。

(5) 网络化传感器能够提高作用范围。更多地利用远距离和近距离都可部署的、分布式配置而且网络化的传感器，探测作战相关范围的具有实用价值的信息，以取得决定性效果。

(6) 能够实现一体化、扁平化的指挥协同。消除了各军兵种之间的屏障，支持一体化联合作战和多兵种自同步协同作战；能够增强部队快速部署、机动、重组能力；建立扁平、网络化的指挥控制体系，在尽可能低的级别实现能力融合。

(7) 能够提高部队反应速度。缩短从传感–指控–火力的时间周期，把信息优势转变为决策优势和决定性效果。

因此，为满足现代化陆地战争作战需要，网络化作战能力是下一代陆军战术信息系统所必须具备的。图4-4展示了不同层次的网络空间结构。

2. 基于威胁的全谱作战能力

从"基于威胁"向"基于能力"转变成为当前世界各主要国家陆军作战部队建设和转型的重要内容。基于威胁的陆军部队建设，是指为应对传统常规战争，根据威胁自身安全的战略对手可能发起攻击的时间、地点及攻击手段等，来决定如何进行己方陆军军事力量的发展与建设。然而，随着恐怖袭击、游击战、网络战等非对称作战战术的深入发展与易于使用性，"非常规作战"的广泛进行将成为现代化陆地战争的重要特点之一。同时，地震、台风等自然灾害的紧急救灾行动也对军队提出了新的要求。因而，现代化的陆军部队不但要具备应对

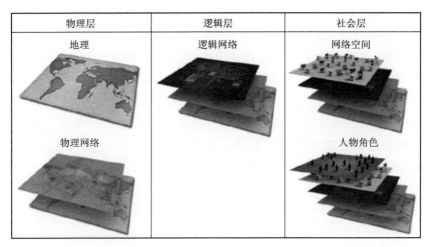

图 4-4 不同层次的网络空间结构

"正面交锋"的陆地常规战争的能力,还要具备应对强烈突发性和不确定性的"非常规战争"能力。

在非常规战争中,作战的对象、作战的时间地点及敌军的作战方式等均难以事先预知,"基于威胁"的军事力量建设无法进行。在这种情况下,"基于能力"的作战部队建设被提出并被广泛接受。"基于能力",是指使作战部队能够应对所有潜在威胁(包括常规威胁、非常规威胁及灾难性威胁等),并以此为需求进行部队军事力量建设。因而,"全谱作战"成为现代化陆军的基本作战概念。全谱作战要求陆军部队在联合部队编成内,灵活采取进攻、防御、稳定或民事支援等行动类型和样式夺取、保持和发挥主动权,夺取决定性胜利。图4-5展示了美军全谱作战阶段模型。

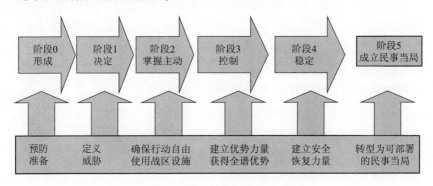

图 4-5 美军全谱作战阶段模型

全谱作战的目标是打赢未来不确定的战争。作战环境全球化、作战任务复杂化、作战类型多样化是现代化陆军进行全谱作战的主要特点。作战过程中，各种无法预知的突发事件越来越多，信息系统的对抗越来越强烈，要求做出正确决策和实时准确控制的时间越来越短，并且很难做好预先准备。

3. 多兵种模块化联合作战能力

陆军包括步兵、炮兵、防空、装甲、工兵、防化、陆航、电抗等兵种。陆军遂行任务特别是"全谱作战"任务的需要，离不开兵种之间的协同作战。然而，传统陆军着眼于打大规模机械化战争，着力点停留在使用大规模机械化兵团作战上，战术兵团作战功能比较单一，战术兵团独立遂行作战任务能力弱；作战方式上采用的是"平台中心战"模式，各作战单元之间信息交互极少；组织编制上采用下级在上级编成内的层层严格掌控下的固定编组模式，兵种部队和支援保障力量多由上级或者更高级别集中掌握，战术兵团遂行任务依赖于上级的临时加强和机械组合，而兵种协同作战力量组合方式落后，作战中需要反复重组作战系统，因而内耗大、协同难，组织指挥也困难，作战效能极低。协同作战以计划为中心，作战实施过程中，按照战前制定的作战计划按部就班地展开作战，造成了计划变更始终滞后于战场态势的改变，与作战行动形成了明显的"时间差"。

因而，传统陆军的组织方式不适合现代化条件下的多兵种协同作战。现代化条件下陆地战争的特点，要求陆军部队反应更为敏捷，具有更强的独立作战和生存能力，并能够根据作战环境和作战任务的需要灵活编配。因而陆军部队编制体制、指挥方式等的变革成为陆军现代化建设的重中之重。目前，面向高技术条件下"以网络为中心"的联合作战，各国陆军正在进行如下军事转型。

（1）作战部队编制小型化、模块化，力量组合向积木组合式发展，协同方式更加灵活高效。

在现代化战争的条件下，部队编制小型化是必然的趋势。因为小型化部队反应快，更能适应现代高技术条件下局部战争的需要；同时，以远程精确打击为主的非接触战等作战方式，使得编制庞大的陆军已无必要；而信息技术的发展和高精度武器装备部队，为部队缩小的同时又能保持和提升战斗力提供了物质保障。

而模块化编制是相对于当前部队所采用的固定编制体制而言，是一种标准化的以较小的作战单位为基础的"积木块组合式"编制形式。例如，美国陆军进行模块化编制后，战术作战单位由师改为旅，而司令部机关与下属部队将不再具有固定的建制关系。作战时采用"积木块组合式"编制形式，联合作战部队指挥官根据作战需要选择作战部队，包括需要多少个旅战斗队、配属多少个模块化支援旅以及各模块应如何编配，均将根据作战需要进行"随意"组合。部队规模变小，更便于战略机动；编制灵活，更便于组建联合特遣部队；侦察、火力等支援部队下放，增强了自我保障能力和独立作战能力。

（2）增加高技术兵种，实现作战功能多样化。为完成现代条件下以信息为主导的陆地作战及电磁对抗、赛博空间战等信息战争，需要增加陆军中高技术兵种的比例，使作战部队具有多种作战功能，以适应复杂的战场环境和作战需要。

（3）构建网络化的战术信息系统，实现各作战部队之间自主同步的快速协同。依托无缝链接的信息系统和全维实时的战场感知能力，联合作战部队各个作战单元能同时掌握敌情及本级情况的发展变化，了解上级及友邻情况，进而围绕统一意图和共同目标，在整体作战目标制导下，实施"自适应""自组织"和"自同步"的并行作战。

（4）兵种协同作战方式从聚焦计划转变为聚焦行动。网络化作战条件下，指挥员能从网络化的信息系统及时获取、传递和处理各种战场信息，并能够根据指挥自动化系统迅速而准确地决策，加之联合作战部队能迅速做出反应，从而使各参战部队之间不必基于计划，而以"行动"为中心进行灵敏高效的协同作战。

4.1.3 系统能力需求

陆军一体化指挥信息系统，要针对信息化条件下陆军部队作战需求，具有支撑军种联合、多兵种协同、武器铰链的能力，能够实现指控一体、精确实时、协同作战，使陆军作战由预先计划为主向近实时和网络化指挥控制发展；应能依托不断完善的战术通信栅格，减少侦察—判断—决策—控制—反馈的周期，实现近实时的指挥控制和各种战术作战力量的协同；信息系统应支持作战编组的灵活变化，具有更强的抗毁、顽存性。通过一体互联的网络，为实现各种应用的按需服务提供支撑，具体包含以下几个方面（表4-2）。

表4-2 作战能力需求

作战能力要求	系统能力	作战能力需求
网络化作战能力；基于威胁的全谱作战能力；多兵种模块化联合作战能力	一体化合成作战指挥能力	作战态势共享、智能临机决策、多兵机种一体化合成指挥
	网络化情报保障能力	探测感知能力共享、接力感知跟踪探测与多源情报栅格化处理、统一陆战场态势、按需提供保障
	武器协同控制能力	网链一体组网、地空作战平台远程指控、多武器组网瞄准、接力制导、复合跟踪与协同火力打击能力
	优势机动能力	野战快速机动条件下实施不间断工作，灵活地改变规模、集结部队和有效地使用火力
	安全防护能力	网络防护、电子对抗协同防护、隐蔽伪装以及核、化、生等防护
	联合支援保障能力	地理空间、气象水文、电磁频谱等战场环境信息保障，空地一体、网链一体的全IP栅格通信网络保障，可视化后勤装备保障

（1）一体化合成作战指挥能力。建立网络化作战指挥体系，基于任务对摩步、机步、装甲、陆航、电子对抗、防化、高炮、防空等作战力量进行统一组织规划，实现作战态势共享、智能临机决策、多兵机种一体化合成指挥，形成陆军大区域、大规模体系作战能力。

（2）网络化情报保障能力。基于网络有效组织雷达侦察、电子侦察、光电侦察、战场传感侦察等信息化侦察技术手段，建立网络化的情报保障体系，实现探测感知能力共享、接力感知跟踪探测与多源情报栅格化处理，形成要素齐全、实时高效、连续准确的统一陆战场态势，为各类指挥所和武器平台按需提供保障。

（3）武器协同控制能力。采用网链一体组网等技术，建立实时数据链应用网络，实现对地面、空中作战平台的远程指挥、铰链控制和情报跟随保障，以及多武器组网瞄准、接力制导、复合跟踪与协同火力打击能力。

（4）优势机动能力。作战部队配套主体系统具备在野战快速机动条件下实施不间断工作的能力，能够在敌火力威胁条件下，根据作战的需要，灵活地改变规模、集结部队和有效地使用火力，通过综合运用信息、欺骗、打击、机动性和反机动性的能力在整个军事行动中确保优势。

（5）安全防护能力。综合应用网络防护、电子对抗协同防护、隐蔽伪装以及核、化、生等防护手段，有效降低敌方的各种侦察监视效能，迅速处置网络、电子、核、化、生方面的各类安全事件，构建陆军战场的全维安全防护体系，全方位抵御敌方的干扰和攻击，为维护我方在战场环境中的战斗力提供支撑。

（6）联合支援保障能力。按需组织地理空间、气象水文、电磁频谱等战场环境信息，为作战行动提供更加精确的环境信息；建立空地一体、网链一体的全IP栅格通信网络，提供全域覆盖、扁平化的战术机动通信能力；与指挥控制体系无缝衔接的后勤装备管理体系，提供准确、及时的可视化后勤装备保障能力。

4.2 核心能力

陆军指挥信息系统的任务就是使战场感知、指挥决策、作战指挥、支援保障、信息支援、网络传输、火力打击等领域的信息采集、处理、传输、融合、显示等实现网络化、自动化、一体化和实时化，并使各类武器装备构成合理配置，实现系列化和对抗体系结构，从而大幅提高武器装备的整体作战性能。基于信息化条件下的作战需求，陆军部队指挥信息系统应具有较强通用作战能力，如图4-6所示。

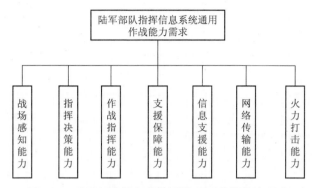

图 4-6　陆军部队指挥信息系统通用作战能力需求

4.2.1　战场感知能力

陆军部队指挥信息系统应具备较强的战场感知能力。战场感知是随着信息技术,特别是信息探测技术的发展以及新军事变革理论的深化而产生的新概念。所谓战场感知(又称战场态势感知),是指所有参战部队和支援保障部队对战场空间范围内的敌、我、友各方兵力兵器部署、武器装备和战场环境等信息的全面实时掌握的过程。陆军部队指挥信息系统必须能够根据多种专业情报信息特点,将通过不同专业手段获取的情报数据,以特定方法和流程进行处理,形成标准化、专业化的情报信息,这些情报主要包括雷达情报处理、信号情报处理、图像情报处理、文本情报处理等。在各类专业情报产品基础上,指挥信息系统需要建立一定模型和规则对情报进行关联、印证、融合等处理分析,实现不同类型情报的跨专业融合,形成更完整、更准确的综合类情报产品。为了直观高效地支持指挥员的使用,指挥信息系统需要将生成的综合类情报产品在统一的综合态势图上标绘,并利用二维、三维显示界面直观展示联合战场态势信息,支持指挥员掌握战区/方向全域综合态势。战场感知能力视图如图4-7所示。

4.2.2　指挥决策能力

陆军部队指挥信息系统应有效支撑指挥员获取决策优势的能力。信息化条件下,获取战场信息是取得战争胜利的首要条件,而它的目的是获得决策优势,进而取得战场控制权。因此,在作战指挥中,决策的正确与否将直接影响战争的成败。陆军部队信息系统指挥决策必须支持对参战力量的统一任务规划和统一调度,制定作战方案,提供作战环境与作战能力分析、作战方案计划作业支持、作战方案计划效果预测等能力。指挥员要能够依托信息系统,根据战场态势信息,对敌我情进行综合分析、研判,为制订作战计划和作战方案生成提供支持。指挥信息系统为指挥员提供作战筹划的必要环境,具有推测评估的功

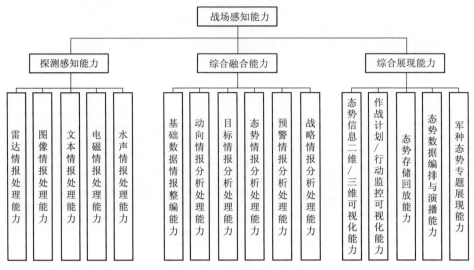

图 4-7 战场感知能力视图

能,为指挥员定下作战决心提供决策支持,并辅助生成多种作战方案。指挥信息系统必须具有支持行动计划的功能,支持多人、多席位、多要素的协同计划拟制。指挥决策能力视图如图 4-8 所示。

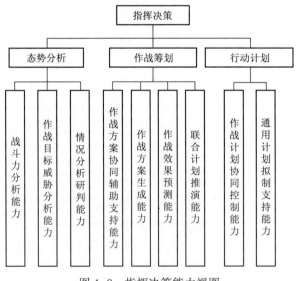

图 4-8 指挥决策能力视图

4.2.3 作战指挥能力

陆军部队指挥信息系统应具备自动高效的整体作战指挥能力。信息化战争条件下,陆军部队将作为联合战术兵团的地面主要突击力量,遂行联合作战任务,其作战指挥活动对指挥信息系统的整体作战指挥能力提出了很高要求。指挥控制是对作战部队和武器系统实施高效指挥和控制的主要手段,贯穿于作战的全过程。

陆军部队指挥信息系统的主要任务首先需要有简洁高效的计划下达方式,综合使用多种下发指令方式进行多模式指挥,支持对参与作战的战场军地力量进行战略指挥、战役指挥和战斗指挥;其次,对于战场态势要有实时的态势监控,对参与作战的战场军事力量的行动进行监控,掌握部(分)队行动状态。为了更好地实现行动协同,必须要能够依据作战方案计划,自动生成和下达兵力协同计划、兵力行动控制命令,实时显示作战兵力位置、运动状态等要素,辅助指挥员能够优化调整预备打击兵力部署、支援佯动兵力部署及其运动要素,使各任务兵力具有按照统一协调计划展开机动的能力。应对突发状况,指挥信息系统需要有灵活的临机决策功能,充分利用信息系统中的辅助支持,快速生成可供实现的决策方案,对执行情况实时评估,不断修改和完善,及时调整方案。作战指挥能力视图如图 4-9 所示。

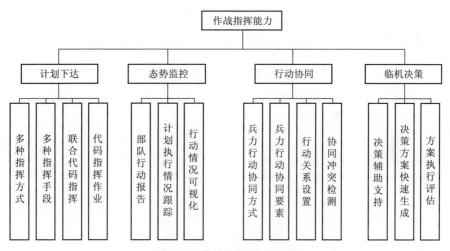

图 4-9　作战指挥能力视图

4.2.4　支援保障能力

陆军指挥信息系统应具备高效支援保障能力,现代战争支撑保障能力的作用尤为关键。战争的进程与结局在很大程度上受到支援保障能力的制约。陆军作战环境独特,作战对手、地域不确定,作战规模和时间有限,不仅对支援保障提出了严峻的挑战,而且对高效支援保障也提出了更高的要求。

陆军指挥信息系统要能够依据战场综合态势,对后勤力量进行筹划、编组、分配和监控，为战场情况综合、后勤力量筹划、后勤指挥控制功能提供所需的保障需求测算、运力投送能力分析等决策支持能力。陆军指挥信息系统必须对所属装备实现全寿命管理，形成覆盖装备发展规划、装备采购、装备研发、装备使用等全方位的管理功能体系。陆军指挥信息系统必须具备战场环境保障能力，能够对地理信息进行战场测绘，对气象水文信息进行不间断监测和预报，同时能够对电磁频谱环境信息进行监测和展现，供指挥人员指挥决策使用。当国家为应对战争或其他安全威胁，为使社会诸领域的全部或部分由平时状态转入战时状态或紧急状态时，陆军指挥信息系统要能够汇总国防动员需求，协调国家有关部门提供作战所需装备、设施和物资等方面的支援，组织物资补充和科技支前，组织指挥人民武装动员，指导民兵、预备役部队临战训练和遂行参战支前任务。指挥信息系统还要能进行"舆论战、心理战、法律战"（简称"三战"）保障，支持"三战"的情况掌握、指挥决策、行动控制和效果评估，充分发挥"三战"的作用，与军事力量一起共同完成作战任务能力。支援保障能力视图如图4-10所示。

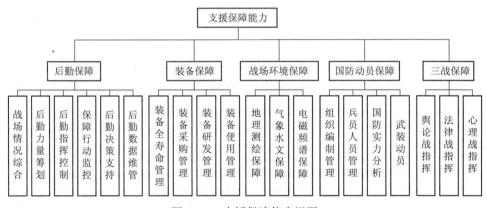

图4-10 支援保障能力视图

4.2.5 信息支撑能力

陆军部队指挥信息系统应具备信息服务支撑能力。依托全军通信网络，分别建立战略、战役和战术级信息服务平台，实现计算资源、存储资源、软件资源、信息资源的汇聚、组织以及跨领域、跨系统按需共享和集成运用，面向联合作战和业务处理，为态势感知、指挥决策、行动控制、支援保障等业务系统和各类武器平台提供信息资源，支撑作战人员获取服务和信息。在未来，需进一步提升信息支撑的智能化能力，基于机器学习、自然语言处理等先进技术对文本、图像、视频、语音等富媒体数据进行自动理解，汇聚创造全新知识，进一步提升系统的智能化水平，全方位智能辅助开展态势认知、指挥决策、行动控制、支援保障等。

4.2.6　网络传输能力

陆军部队指挥信息系统应具备安全可靠、稳定快捷的网络传输能力。陆军指挥信息系统应具备多种通信手段和通信样式，包括有线、无线、卫星等通信手段以及文书、短语、报文、语音、数据等通信样式。通信协议应符合统一的标准规范，将陆军部队各级各类信息系统有机结合，实现纵向贯通、横向互联，保证陆军部队各级各类侦察情报、指挥控制、火力打击、信息对抗、支援保障等作战单元之间的互联互通。同时，指挥信息系统应具备较强的环境适应能力，具备动中通、抗中通、扰中通的能力，保证各类信息安全保密、可靠顺畅流动，实现各种情报信息、态势信息、指挥信息、协同信息和保障信息的实时、有效、安全、可靠传递，为陆军部队快速获取侦察情报、实时共享战场态势、准确实施指挥控制、及时协同火力打击提供安全可靠的保障。

4.2.7　火力打击能力

信息系统与武器平台进行无缝铰链，实现指挥、侦察、引导和打击一体化，构建信息系统与武器平台的联合打击体系，具有很高的自主性与协同性。在信息化战争中，与之相适应的联合火力打击是最主要的手段。联合火力指在联合作战中运用两个以上军种实施火力创造预期效果以实现共同目标。联合火力任务包括联合目标选择与瞄准、联合火力支援、联合防空反导、联合战场遮断和联合火力效果评估等，旨在使各军种火力在目的、时间和地点上达成一致，以增强联合部队整体作战效能。在联合火力打击中：首先，联合指挥系统需确保整个作战地域内目标一致性，系统中需成立联合目标协调组，并指定目标排序原则和火力使用原则；其次，为达成战役及战术目的，联合指挥信息系统需要能够整合及同步各军种火力和装备能力，以对抗敌方整个作战体系并打击敌方作战能力和意志；然后，为最大化联合火力效能，联合指挥信息系统需统一部署各军种火力资源，使火力部队于有利条件下以最佳编组和完整战力适时到达期望地点，迅速动用火力遂行联合火力任务；最后，信息化战场态势瞬息万变，高密度战场空间潜在的误击可能性显著增加，当计划及执行作战时，风险管理需覆盖各环节，借助预防措施使风险降至最小。

值得注意的是，在陆军新一代火力打击体系中，远程精确火力、无人机成为近几年的发展重点。"远程精确火力"必须具有整合大口径榴弹炮、火箭炮、增程制导炮弹、战略导弹等陆军火力打击装备的能力。随着人工智能等技术的发展进步，无人机正大规模的在战场上得到运用，与陆军进行协同作战。无人机主要用于空中战术侦察、火力引导和对地攻击，查明地形、敌情，摸清战场情况，与空地作战单元协同完成作战任务。因此，对于无人机这样的无人设备，指挥系统显得格外重要。由于无人机的发展方向是以数量规模巨大的"蜂群"方式出现，指挥系统必须依靠自身的算法等规划出蜂群的轨迹路线。在完成作战任务时，指挥系统必须合理分配进攻路线和攻击时机，避免弹药的浪费和对己方的误攻击。同时，无人机的飞行速度很快，运动空间增大，指挥系统和无人机间距离很远，对于信号传输的实时性有很高的要求。

4.3 典型应用案例

4.3.1 $FBCB^2$ 在伊拉克的作战应用

$FBCB^2$ 即"21世纪部队旅和旅以下战斗指挥系统"，是美国陆军数字化建设的主要产物之一。它是陆军作战指挥系统(ABCS)的子系统和关键组成部分，是一种供旅和旅以下指挥官或单兵使用的具有联合互操作的能力的数字式作战指挥信息系统。它用于向下车或乘车作战的分队提供近实时的综合性态势信息和指挥与控制功能。$FBCB^2$ 将增强战术指挥官协调部队行动的能力，提高作战的灵活性，并能在运动中通过对态势和战斗报告的了解而"感知"战斗空间。

该系统由硬件和软件结合而成，以"附加"的形式结合到旅和旅以下级别以及一些军和师级单位的平台上。$FBCB^2$ 的硬件包括一部计算机(民用型、加固型、军用型或内置 GPS 型)以及显示器和键盘等。

为了满足战事的紧急需求，2002年秋，美国陆军赶制了1500套 $FBCB^2$ 并将其投入了阿富汗和伊拉克战场，在阿富汗战场上共有145部地面平台和70架航空器装备了 $FBCB^2$，其余的 $FBCB^2$ 在伊拉克战场上得到使用。据士兵们反映，$FBCB^2$ 在实战中发挥了极为重要的作用。如果没有 $FBCB^2$，战争可能就会以另外一种方式进行。

$FBCB^2$ 在战争中的最大贡献是增强了部队的态势感知能力。士兵们可以向指挥官上传信息，这些信息即被纳入通用作战图，士兵能够从图上看到己方部队和敌方部队的位置。在"伊拉克自由行动"中，在卡塔尔多哈及科威特美军营地的指挥官们都可以看到通用作战图。在美国五角大楼的美国陆军参谋长也可以看到。他可以在那里观察每日的战斗情况和进行指挥。

美国陆军空间与导弹司令部部长约瑟夫·卡修马诺曾称赞 $FBCB^2$ 所提供的通用作战图在减少战争中误伤事件方面起到了关键作用。在1991年的"沙漠风暴行动"中，美军有35人死于己方炮火，误伤率达25%，比以往战争高出4倍。正是这一原因促使美国陆军在20世纪90年代大力研究拨开"战争迷雾"的方法，以降低误伤概率。$FBCB^2$ 虽然不是一个敌我识别系统，也不是专为预防误伤事件而研制的，但对解决这一问题却大有帮助。$FBCB^2$ 项目副主任托姆·普莱弗坎指出："装备了 FBCB^2 的部队没有发生过一起误伤事件"。2002年8月，美国陆军要求尽快地改造 FBCB^2，使其具有在非通视条件下作业的能力，以便能适应联军作战的需要。由于 FBCB^2 软件和基础结构原来是在美国陆军数字化的框架内设计的，要在很短的时间内完成这种改造无疑是一项"非常非常困难的任务"，因为需要建立一整套适用的卫星通信基础结构，使信息能够从武器平台发送到卫星再从卫星传送到设在卡塔尔多哈的美军中央司令部。

2003年4月16日，美国陆军第4机步师第1作战旅在伊拉克北部塔儿空军基地与伊军交火时，首次启用了 FBCB^2。之后的数次战役表明，FBCB^2 是第4机步师使用最成功的指挥控制系统。它安装在"布雷德利"战车、"艾布拉姆斯"主战坦克及直升机平台上，为指挥官、小分队和单兵显示敌我位置、收发作战命令和后勤数据、进行目标识别。另外，FBCB^2 的蓝军跟踪（BFT）系统能标注友军位置，使美军在伊拉克战争中极大地减少了己方误伤。

在对美军士兵的另一次采访中，美军第82空降师的士兵们讲述了他们第一次在阿富汗战场上使用 FBCB^2 的感受。一次，第82空降师向距离该师基地大约225km的新的地域采取突击行动，为向该地域运送燃料和弹药，部队派出了两支车队，每支车队由20辆车组成。当时，士兵们对 FBCB^2 到底会对他们有什么帮助还持怀疑态度，但这次作战经验彻底消除了他们的疑虑。士兵们能够利用 FBCB^2 绘制这两个车队的行军路线并将其以电子邮件的方式发送给有关各车并以蓝色亮点的形式显示在车辆显示器上，从而使士兵们看到自己沿行军路线运动的情况。此外指挥中心和战术作战中心也能跟踪车队的行进情况并在作战中与其对话。第82空降师的士兵们表示，如果没有 FBCB^2 系统，这一切是不可能实现的。该师现装备的老式电台是用于进行视线通信的，如果两者之间不能通视就无法通话。

在1991年的"沙漠风暴"行动中，美军士兵装备的是电台、GPS 接收机和地图。他能首先通过 GPS 获得自身的坐标；然后在没有任何明显地物标记的地图上找出自己所处的位置，实际上仅解决了一个自我定位的问题。与当时的情况相比，显然 FBCB^2 系统将美国陆军的战场感知水平提高到了一个全新的高度。指挥官和士兵们不仅可以通过通用作战图共享战场信息，直观地了解己方与敌方的具体位置，避免火力误伤，而且车辆可以利用导航信息自我导引到指定目的地。此外，FBCB^2 系统增加了非通视式通信能力，使整个战场从最高司令部到最基层单位整合为有机整体，大大增强了作战指挥的灵活性和反应速度。

4.3.2　FATDS 增强打击效能

高级野战炮兵战术数据系统（Advance Field Artillery Tactical Data System，

AFATDS)即"阿法兹"系统,是为美国陆军和海军陆战队实施火力支援作战而开发研制的自动化指挥控制系统,用于取代之前装备的"塔克法"系统战术射击指挥系统。"阿法兹"系统能使指挥官制订以恰当的武器系统和恰当的弹药在恰当的时机来攻击恰当的目标的计划,并执行快速的攻击,可实现从炮兵军到炮兵排的战术指挥和射击指挥。

"阿法兹"系统可以处理火力任务以及其他相关信息,协调、优化所有火力支援资源的使用,主要包括迫击炮、加农炮、导弹、武装直升机、空中火力支援、海军火力支援等。

"阿法兹"系统主要由通用硬件、火力支援控制终端(FSCT)、火力支援终端、软件模块和通信系统组成。阿法兹系统的软件开发采用 Ada 开发语言(美国国防部开发),它具有模块化、用户界面好、依据需求易修改硬件平台的适应性强、稳定性高的特点。其软件结构设计也很有特点,它通过采用分散数据库、分布式处理、冗余技术及程序自动转换等技术,当系统某一部分发生故障时,该系统可以实时将故障部分的功能转移到冗余(备份)部分,在物理层面和功能层面大大提高了系统的可靠性和在战斗中的生存力。对于"塔克法"系统来说,任何一个部分出现故障,就会导致整个系统的崩溃,而阿法兹系统由于采用以上的设计特点,即使"阿法兹"缺失了一个部分,也不会导致整个系统失去指挥与控制。

美国炮兵的发展经历了一段质疑期,即 20 世纪 80 至 90 年代间,美军对炮兵的发展甚至存在的合理性提出质疑,比如其部署慢、后勤负担重等缺点,一定程度上限制了炮兵的发展。但是进入 90 年代后,经过几次战争的考验,美军对其炮兵在现代战争中的重要性得到了重新确认,野战炮兵火力支援的军事需求越来越高,野战炮兵不但能够支援机动兵种,还能提供纵深火力打击和复杂的联合火力打击。

根据美国第 3 机步师 2003 年伊拉克战争炮兵装备使用报告内容:该师(共 54 门 M109A6"帕拉丁"155mm 自行榴弹炮)在 21 天中挺进 720km,155mm 火炮共执行 610 次直接火力支援任务,共射击 13923 发 155mm 炮弹;多管火箭炮(MLRS)共执行 90 次反炮兵任务和 26 次火力支援任务,共发射 794 枚火箭弹与 6 枚陆军战术导弹。

"阿法兹"系统在作战中表现相当可靠,使友邻部队可以获得适时的强大火力支援,能有效实施火力控制、火力协同并获得及时的作战图像,数字地图上增加了射击能力简化了射击指挥能力。

装载于悍马车或装甲车上的"阿法兹"系统在机动中具备战术性火力管制和遂行指挥的能力,并可在机动中更新各射击单位数据。

美军第 3 师军官的评价：第 3 师师炮兵在 21 天的战斗中表现出色，赢得各级战斗部队指挥官的尊敬。第 3 旅战斗队指挥官高兴地赞赏炮兵指控系统在实战中表现的稳定性和可靠性。师装甲骑兵营长称：除非在多管火箭炮的掩护下，绝对不轻易冒进。他说：曲射火力是装骑部队拥有的杀伤武器，只有火力可以让我们的部队在不必经由白刃战就能消灭敌人。多管火箭在近接作战同样有用，好几次在最危急之际，炮兵以精准的火力解救了他的官兵。

4.3.3　GCCS-A 开启支援保障转型

美国陆军从 20 世纪 90 年代就开始着手其后勤能力的转型。在 2001 年 5 月出版的《供应链管理评论》中一篇题为《后勤转型：军队进入新纪元》一文中，作者 John McDuffie 中将表达了对陆军后勤能力转型的需求。作者列举了转型中将会遇到的一些困难，包括多样化的采购需求，数量庞大且高度机动的客户群。尽管困难重重，当时陆军仍然坚持不懈地努力实现对现有和老旧后勤信息技术（LOG IT）系统的转型。

GCSS-A 的出现使转型成为现实。GCSS-A 是一个企业支援规划系统，它将旧有的各个独立系统功能汇聚为一个单一的数据库以实现对后勤业务数据的存储和查询，从而完成后勤流程的转型。

GCSS-A 由两部分组成：一个是功能部分，即 GCSS-A 系统；另一个是名为"陆军企业系统集成项目"（AESIP）（以前的"增强型产品寿命周期管理计划"（PLM+））的技术实现部分。GCSS-A 与 AESIP 为陆军转型为网络中心、基于知识的未来部队提供关键支持。图 4-11 展示了 GCSS-A 软件系统怎样向用户提供维修零件和其他供应数据。

GCSS-A 是美国陆军新型作战保障自动化系统，它提高了保障部门的服务能力，降低了服务成本，缩短了保障服务周期，增强了资产可视化能力，为保障部门带来了很多好处。GCSS-A 是一个基于浏览器的企业资源规划系统，它取代美国之前的后勤系统——标准陆军管理信息系统（STAMIS）。GCSS-A 是一种使用 Windows 的商用现货硬件解决方案，它将建立与其他战斗勤务保障自动化系统的接口以减少数据输入量。它是美国单一陆军后勤体系（SALE）的战术部分。

GCSS-A 使用户可以查看或调取某一组织机构所拥有的所有各项的细节。例如，图 4-12 显示了某一设备态势报告，内容包括该设备已分配给了第 11 装甲骑兵团中的某一组织机构。图中前两列显示的是设备管理号和设备运转情况：完全任务完成能力、无任务完成能力（供应）、无任务完成能力（维护）；后面两个图标表示的是设备的运转和技术状况。

财务是一个全新的后勤流程，该模块主要是针对战术费用而不是执行预

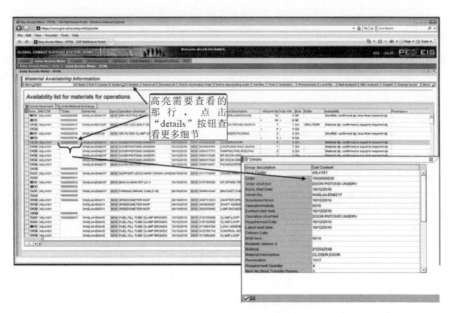

图 4-11　GCSS-A 软件系统怎样向用户提供维修零件和其他供应数据

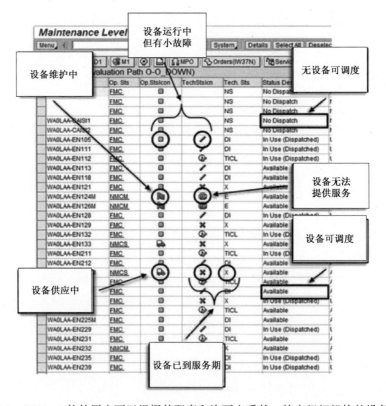

图 4-12　GCSS-A 软件用户可以根据其职责和许可查看某一特定组织机构的设备状况

算。后勤费用的获取是自动化的，无须后勤用户的人工操作。例如，战术设备维护费用由部队收集，这样用户就可以确定某一演习的预计成本。这种新的功能使相关人员可以在契约签署前通过国家条目识别码、价格或优先权来查看申请情况。该财务模块是指挥官们预测预算需求的一个有力工具。

GCSS-A 实现了《联合构想 2010》和《聚焦后勤构想》中的目标。未来的后勤能力将是一种模式的转变，或者可称为"军事后勤革命"。如果不转型，陆军将无法应付其职能内工作量的剧增并赢得战场上的胜利。"烟囱"式系统的存在将极大减少军事组织实现其战略目标的效能。

GCSS-A 项目经理与诺斯罗普·格鲁曼公司合作，于 2011 年 1 月开展了一项利益相关方评估。在 3 天的评估中，诺斯罗普·格鲁曼公司的组织变动管理(OCM)团队对第 11 装甲骑兵团的 46 位 GCSS-A 用户展开了一个半小时的采访，受访者很赞赏 GCCS-A 系统所提供的对于状态和流程的增强的可视性。

与过去的许多系统不同，办公人员可以在 GCSS-A 上同时处理多项任务。第 58 工程连维修部门的用户说，在 GCSS-A 之前，每次只允许一个职员完成一项任务，但现在通过 GCSS-A，职员们可以同时执行几项功能。这种效率在过去的系统中是闻所未闻的。

维修人员也很喜欢该系统。他们认为调度流程的效率"比起过去提高了 10 倍"，这要归功于设备状态的可视性，这种可视性以近乎实时的方式在设备状态报告中得以反映。

4.3.4 联合作战中的火力规划决策

以联合作战中的火力配置为例，联合作战中所有可用火力手段均应配合兵力运用纳入联合火力计划。火力军官是指挥官的火力顾问，应根据火力运用原则，随时了解指挥官火力指导与运用构想，在作战过程中全程督导火力指挥协调机构作业，并就联合火力事宜向指挥官提出专业建议。根据美军条令，火力指挥协调机构应开设于作战指挥中心附近，或以要素形式编组于作战指挥中心内，以利于火力计划与作战计划的协调与整合。

美军火力计划一般从上至下逐级研拟，并从下至上逐级修订。初步火力计划通常由火力军官中经验丰富者研拟，从上至下研拟火力计划能及早形成联合火力运用构想，也有助于在瞬息万变的战场中短时间内迅速调整形成切实可行计划，而从下至上逐级修订则是火力计划成功的关键。美军对联合火力的指挥决策如图 4-13 所示。

1. 受领任务

受领任务阶段主要指战场情报准备，包括战场空间界定($24\sim72h$)、作战地

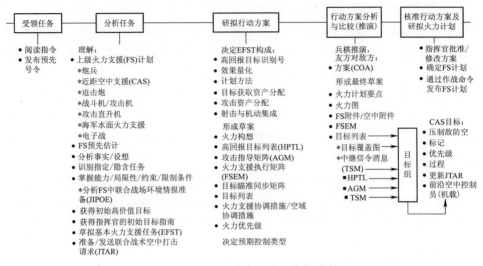

图 4-13 美军对联合火力的指挥决策

域分析、敌军威胁评估及可能行动研判。战场情报准备对火力计划具有重要影响,主要表现在以下两方面:①高价值目标初期由敌军序列决定,经侦察及敌可能行动研判后加以修订;②敌方可能行动研判中敌方各部队位置精度将影响作战地域标定,并直接影响联合火力运用规划。

2. 分析任务

任务分析阶段,火力军官首先向火力部队下达预备命令,同时明确联合火力计划作业时间节点,并预估可获得的火力手段,包括:①未来作战中可运用的火力资源种类及数量;②未来作战中上级可能加强的火力资源种类及数量;③弹药现状与急需获得弹药种类、数量及运输工具需求。

经过完整任务分析后,完成战场情报准备,掌握可用作战资源、能力与限制,指挥官在任务分析简报中明确本级任务和作战企图等作战指导,供参谋机关枚举行动方案。作战指导是制订火力计划的基本依据,包括:①攻击基准,即不同作战情况下,哪些类型目标纳入优先攻击;②接战基准,即不同作战情况下,对各类攻击目标投入的火力种类及数量;③在各行动方案中,何时、何地及如何运用火力。

3. 研拟行动方案

为求兵力运用与火力运用密切结合,火力军官应与突击、防御部队参谋共同研拟行动方案,并决定是否需要调整火力部队战斗编组、部署位置及机动变换方案,以达成最佳火力运用效果。主要考虑以下两点:①部署位置能否支持火力计划执行;②能否保存战力持续支持当前及未来作战。

4. 行动方案分析与比较(推演)

行动方案分析与比较是作战决心下达程序中最重要的步骤,兵棋推演是其重要方法。兵棋推演时,火力军官在地图上根据指挥官火力运用构想选择攻击目标(情报部门假设,部分目标目前未真实出现在战场上)并推演火力计划要项,以支持兵力运用计划。根据条令,火力计划要项包括:①决定高价值目标,研拟高价值目标及攻击指导表;②火力运用与兵力运用密切结合,研拟火力运用要项表;③决定各火力部队任务、部署位置及其他重要事项。

5. 核准行动方案及研拟火力计划

比较各行动方案利弊后,指挥官定下作战决心,其中火力运用部分包括:火力运用构想;计划射击目标及射击目的;可用火力手段及火力手段分配;目标射击优先顺序;与标准程序不同的准许射击程序;攻击指导表及高价值目标表;联合火力协调措施等。

在指挥官核准行动方案和遂行作战前,应实施联合火力运用演练,重点检验以下内容:联合火力计划是否结合兵力运用计划;射击目标、射击时间排序与弹药需求;射击指挥、可用射击单位、射击时间、射击位置、射击死界、弹药管制、空中安全走廊和联合火力协调措施等。

4.3.5 "仙女座"D 指挥有无人协同作战

2015 年 12 月,俄军在围攻拉塔基亚省一处由"伊斯兰国"武装分子据守的 754.5 高地时,首次整建制地使用地面战斗机器人进行攻坚作战。俄军投入一个机器人作战连,包括 6 部"平台"M 履带式战斗机器人、4 部"暗语"轮式战斗机器人、一个"洋槐"自行火炮群、数架无人机和一套"仙女座"D 指控系统。

战斗机器人集群、无人机、自行火炮均与前线指控中心——"仙女座"D 系统连接,并通过该系统直接接受莫斯科国家防务指挥中心的指控。在俄罗斯国家防务指挥中心,无人机群和战斗机器人集群不间断地回传 745.5 高地的战场态势信息,并自动汇聚数据、融合显示在大屏幕上。每部机器人负责一个作战扇区,各作战扇区无缝合成一幅整体战场态势图,实时反映战场变化,俄罗斯指挥官统观整体战局,实时指挥战斗。

战斗打响后,无人机首先升空,将战场情况实时传送到俄军指挥系统。战斗机器人在操作员操纵下发起集群冲锋,抵近武装分子据点 100~120m 后,进行抵近火力侦察,之后用 7.62mm 机枪点射伪装目标,用榴弹发射器吊射掩体后面的可疑目标,叙利亚政府军则在机器人后 150~200m 相对安全的距离上肃清武装分子。这些行动自如、不畏生死、射击精准的装甲怪物,让"伊斯兰国"武装分子吃惊不已,他们既藏不住也无法靠近,只能实施集火压制。一阵阵弹雨,在战斗机器人的装甲上激起点点火星,而"吸引"敌猛烈射击正是这些战斗机器人的主要任务。

指挥中心内指挥官通过战斗机器人回传的信号,迅速锁定敌火力点的精确位置,并将坐标发送至火力打击单元——"洋槐"自行火炮群。"洋槐"自行火炮群根据接收火力点信息实施精确炮击,彻底摧毁目标。

一边倒的猛烈打击令武装分子毫无还手之力,77名武装分子被击毙,参战的叙利亚政府军只有4人受轻伤。

此战规模虽不大,但在世界范围内引起了巨大轰动,凸显了战斗机器人的巨大优势,作为世界上首次战斗机器人集群作战震惊世界,被视为有人与无人作战系统协同作战的典范,对击溃"伊斯兰国"防线起到不可低估的作用。

虽然这次参加作战的智能化机器人集群规模较小,但已初现未来智能化作战形态,信息化战争形态正在由"数字化+网络化"的初级阶段,向"智能化+类人化"的高级阶段加速演进。俄军战斗机器人精彩的实战表现,折射出无人化作战已成为智能化战争新特点,依靠信息系统支撑、自主反应、随动响应的行动控制雏形,充分展示了其所衍生的强大作战效能。

俄军在叙利亚指挥机器人战斗的指挥中枢,就是俄罗斯最新型的"仙女座"D自动化指挥系统。该系统由通信分系统、计算分系统等组成,以便携式电脑为工作单元,可分布式架设在各级指挥所内,也可集成安装在双轴"卡玛兹"汽车、BTR-D装甲侦察车、BMD-2/4步战车里,适于整体空运、伞降投送,指控距离达5000km。该系统作为一款俄罗斯自主研发生产的战术级自动化指挥系统,在俄军的多次演习中得到了实践检验,从测试结果看,"仙女座"D与使用非自动化方式进行指挥相比,在制订作战计划和具体指挥作战的过程中体现出了抗毁性较强、兼容性和可靠性高等诸多优点。从多次演习结果来看,"仙女座"D能够保障战场信息的高效能交换,指挥系统的不间断工作,指挥系统各环节的高度统一和较高的战场存活能力等,尤其是在对敌火力毁伤过程中,"仙女座"D自动化指挥系统在计算机网、传感器网以及通信网综合集成的基础上,能够实现各级自动化系统以及指挥系统与武器系统之间信息的无缝连接,有效提高系统的快速反应能力、生存能力和适应能力。

目前,有无人作战系统协同作战强调统一协调控制,由联合作战指挥机构按照共同目的依靠信息系统实施统一指挥,从指挥机构到作战单元的单向控制起主导作用,作战单元虽能按照共同企图做出一定的自我反应,但更多的是依指令执行。

未来的智能化作战,对抗双方的作战单元将具有较高的认知能力,不仅能够融合为体系,实现态势共享,还具有作战单元与作战云系统、单元与单元、单元自身间的多向互动与自我反应。每一个作战单元都是共同体,其行动由网络信息系统链接的庞大智能作战云系统提供支撑,其他作战单元在系统中自主反应、随动响应。

参 考 文 献

[1] 范西昆,何丽娜. 美军地面战场态势感知系统发展启示[J].现代雷达,2018,40(5):5-7.
[2] 陈琳,薛青,张传海. 信息化条件下我军作战指挥的决策环模型[J].指挥与控制学报,2017,3(3):195-200.
[3] 樊建勋. 信息化联合作战指挥控制系统发展研究[J].信息系统工程,2015(10):19-20.
[4] 徐兴林. 战时联勤支援保障兵员补充问题研究[J].国防,2017(3):8-10.
[5] 蔡毅. 四代火力打击体系的信息化特征[J]. 红外技术,2014,36(3):169-179.

第 5 章 核心技术

随着新军事变革的推进和军队向信息化转型,陆军武器装备体系逐渐出现一体化、网络化、智能化等发展趋势,通过指挥信息系统的态势感知、指挥决策、行动控制能力和武器装备的杀伤、摧毁能力有机集成起来,将各种侦察监视设备获得的准确信息通过信息传输系统传送到武器平台,并将武器平台打击目标的情况回传到指挥控制系统,实现侦—指—打—评过程的一体化,从而产生新的作战能力。正是由于通信、感知和人工智能技术的飞速发展,促使一体化指挥信息系统从设想走向现实、走向战场。

陆军各类信息系统装备的一体化集成,离不开各种核心技术的支撑,如表5-1所列。这些核心技术包括大容量抗干扰移动通信、战术网络组网、战术数据链、多种传感器及数据处理融合、综合态势生成、军事物联网、轻量化资源管理等重要技术。近年来,新兴电子通信和人工智能技术的快速发展,也进一步推进了赛博电子对抗、智能筹划、仿真推演、辅助决策、分布式协同等技术的发展,从而进一步影响陆战场作战形态。

表 5-1 陆军指挥信息系统核心技术

类型	相关关键技术
通信网络	战术卫星通信、数据链、宽带无线通信、升空中继通信、认知网络、宽带自组网、网络管理、网络切片
战场感知	雷达探测、光电侦察、声学探测、信号情报、情报共享与推送、综合态势生成
指挥决策	协同作战筹划、作战仿真推演、智能辅助决策
行动控制	多维战场智能监视、突发事件临机处置规划、分布式协同控制
综合保障	智能支援保障、军事物联网、轻量化资源管理
赛博对抗	赛博空间、死波态势理解、赛博欺骗、赛博武器、电子战、赛博子弹

5.1 通信网络

在现代战争中,作战部队作战空间广阔,机动性高,作战过程中交互信息量大,因此,作战部队对通信系统的依赖性进一步增强。作为陆军指挥信息系统的重要组成部分,通信网络是陆军部队适时接受上级命令和下级指挥控制的枢纽,日益成为各军事强国战场信息化发展的核心要素。在现代战场上,组建一个适合陆战场的高效、稳定、可靠、安全的通信网络尤为重要。

5.1.1 战术通信网络核心技术

战术互联网是通过网络互联协议将战术无线电设备、网络设备、终端及应用系统等互联而成的面向网络中心战的一体化战术通信系统,为战场各类传感器系统、武器平台系统和指挥控制系统提供信息传输与交换的公共平台。

战术互联网为数字化部队机动作战过程中作战指挥、情报侦察、火力打击、机动突击、野战防空、电子对抗、工程防化、后装保障等作战活动提供可靠不间断的信息传输,确保各作战要素对战场信息的实时共享。战术互联网可为作战部队提供话音、数据、传真、文电、静态图像和视频等业务,使战场上的各个作战要素能够及时准确地了解当时的作战态势、敌我配置、战场环境及后勤保障等情况,形成战场公共态势图,做到"信息共享、战情共知",有效提高指战员的战场态势感知能力。其部署示意图如图5-1所示。

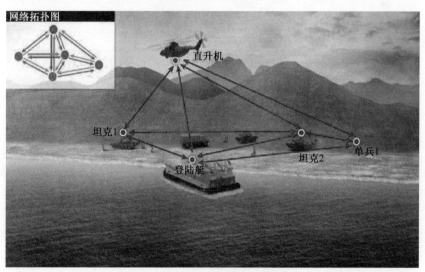

图5-1 战术互联网部署示意图

战术互联网主要功能包括:建立具有区域覆盖能力的公共信息传输与交换平台,支持横向和纵向的互联互通,将战斗地域内各种分布的信息系统、作战要素和武器平台连接起来,形成一个有机的整体;提高运动作战的通信能力,提供覆盖战场的"动中通"信息传输网络,增强高机动作战条件下部队通信与指挥控制能力,提高数字化部队战场快速反应能力;提高战术通信系统在复杂电磁环境下的适应能力,提高系统生存能力。

目前,各国战术互联网大都采用栅格化骨干网+接入网(含分组无线网、无线局域网等)的典型组网结构,构建栅格化的战术互联网骨干网络,覆盖整个作战地域,网络中的战术电台子网组成分组无线网络,采用多跳方式接入骨干网络。陆军战术互联网网络架构如图5-2所示。

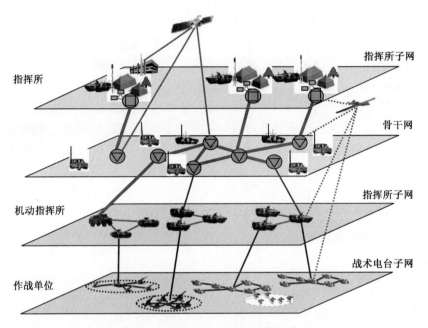

图5-2　陆军战术互联网网络架构

通过骨干网与分组无线网络综合运用可构建分层分布式网络。网络通常分为两层,边缘为分组无线接入网层,中间为栅格化骨干核心网层,接入网层与核心网层之间通过接入节点连接起来,形成一体化网络结构。每一层都是分布式自组织网络,各节点功能相同、地位平等,具有多跳动态路由。这种网络结构的移动性和抗毁能力好,快速部署能力强,解决了平面分布式网络的用户容量有限问题,网络覆盖范围也得到了扩展。

1. 基础传输层主要技术

1) 战术卫星通信技术

卫星通信可为地面固定和移动用户提供服务,可有效提高通信覆盖范围,对陆军机动通信具有重要意义。卫星通信示意图如图5-3所示。

根据特性的不同,可以将军事卫星通信系统分为窄带卫星通信系统和宽带卫星通信系统。

窄带卫星通信系统是指信息速率相对较低,占用卫星频带较窄的卫星通信系统,主要用于低速军事通信需求,提供话音、传真、低速数据、短消息等低速业

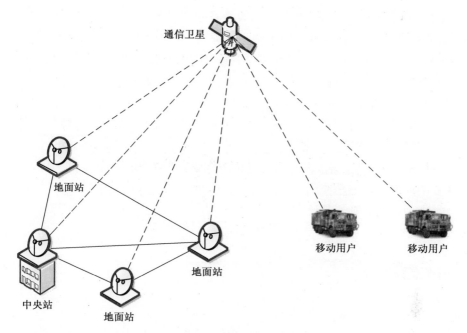

图 5-3　卫星通信示意图

务,如陆军部队单兵与装甲车等武器平台的通信需求。窄带卫星通信系统通常使用单路单载波方式工作,即每个载波只有一路业务信息,因此用户之间互相通信的组网非常灵活。窄带卫星通信系统通常应用在稀路由卫星通信网络中,特点是每个通信终端业务量很小,只有一路或几路话音等低业务量通信业务,但网络规模可以很庞大,并且可以方便地和其他地面网络接口。

现代战争要求的通信业务量极其巨大,通信业务的种类也很多,除了传统的低速数据、话音业务外,还有高清晰的图像信息如战场地形地貌、高速的活动图像如战场实时态势、各类情报信息等。宽带卫星通信系统能提供大容量的通信链路,可用于为前方机动通信网和后方固定通信网互联、地面网链路的备份、地域通信网节点间超视距连接。

2）升空中继通信

通过微波网络电台、软件无线电台以及无人升空平台加载升空或地面宽带组网波形构建空中及空地自组网,形成大容量、高速率、抗干扰,具备空中路由转发能力的骨干网,主要覆盖陆军部队营以上节点及重点连/分队。其关键技术主要包括以下内容。

（1）定向波束的自组织动态组网技术,以自组织的方式进行节点发现、节点间连接建立和维护,在长距离条件下基于定向波束的动态接入,实现节点灵活快速的动态同步、入网、组网。

（2）机载小型化高增益宽带定向天线及跟踪技术，实现高性能、低功耗、低成本电扫描阵列天线的高效数字波束形成算法，实现波束快速切换和跟踪。

（3）空空/空地宽带数据传输技术，通过高效信道编解码、高阶调制、抗多径传输策略等，实现平台高速运动、多径衰落、敌方干扰等恶劣信道条件下宽带数据传输，并实现端机设备的通用化、模块化、小型化。

（4）除了广域骨干覆盖，也可以在局部地域实现非视距通信，延长通信距离，在复杂地域的山区是一种非常有效的通信手段。采用小型化、宽带高速无线通信设备(区宽中心站、软件无线电台)作为空中中继转发节点，提升战术末端在复杂环境下的通信能力。

空中通信网在陆军部队的应用如图5-4所示。

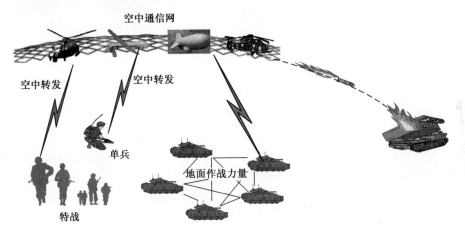

图5-4　空中通信网在陆军部队的应用示意图

3）数据链通信技术

数据链通信系统作为C^4ISR系统框架的基本组成部分，在传感器、指挥控制单元和武器平台之间实时传输战术信息，是满足陆军部队作战信息交换需求的有效手段。数据链应用模型如图5-5所示。

数据链是现代信息技术与战术理念相结合的应运而生的产物，是为了适应机动条件下作战单元共享战场态势和实时指控的需要，采用标准化的消息格式、高效的组网协议、保密抗干扰的数字信道而构成的一种战术信息系统。数据链紧紧围绕提高作战效能的需要，以实现共同的作战目的为前提，将各种作战单元链接起来形成一个有机整体，数据链装备是数据链功能和技术特征的物化载体。数据链组网关系服从战术共同体的需要，以实现同一战术目的为前提，以专用的数字信道为链接手段，以标准化的消息格式为沟通语言，将不同地理位置的作战单元相组合构成一体化的战术群，能够在要求的时间内，以适当

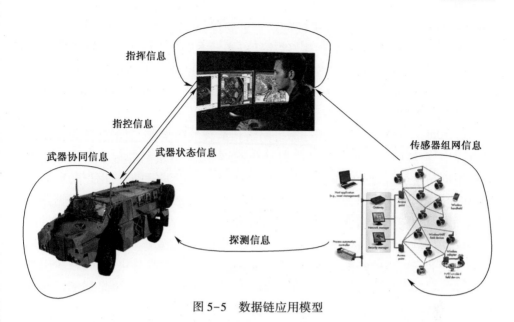

图 5-5 数据链应用模型

的方式,把准确的信息提供给需要的指挥人员和作战单元,形成"先敌发现、先敌攻击"的决策优势和作战优势,从而协同、有序、高效地完成作战任务。数据链链接了 C⁴ISR 系统于武器平台,是 C⁴ISR 系统功能的延伸和决策优势的体现,是将信息优势转化为战斗力的关键装备和有效手段。

4) 宽带无线通信技术

4G 的宽带、用户容量大等无线特点,可以解决目前存在的无线带宽瓶颈问题,并能够解决扁平化指挥中的组网问题。基于 LTE 的 4G 宽带移动通信技术已经逐渐成熟,其诸多优良特性在新一代陆军战术信息系统中的应用具有极其良好的前景。LTE 系统引入了正交频分复用(Orthogonal Frequency Division Multiplexing,OFDM)和多输入多输出(Multi-Input & Multi-Output,MIMO)等关键传输技术,显著增加了频谱效率和数据传输速率(20Mb/S 带宽 2×2MIMO 在 64QAM 情况下,理论下行最大传输速率为 201Mb/s,除去信令开销后大概为 140Mb/s,但根据实际组网以及终端能力限制,一般认为下行峰值速率为 100Mb/s,上行为 50Mb/s),并支持多种带宽分配:1.4MHz,3MHz,5MHz,10MHz,15MHz 和 20MHz 等,频谱分配更加灵活,系统容量和覆盖也显著提升。LTE 系统网络架构更加扁平化简单化,减少了网络节点和系统复杂度,从而减少了系统时延,也降低了网络部署和维护成本。

2. 网络承载层主要技术

1) 认知网络技术

认知无线电网络(CRN)是承载层的一种技术,通过感知工作环境并能够调整网络,具有提高频率效率和无线网络容量的自适应能力。"工作环境"包括信号传播环境、节点密度、业务负载、移动性以及动态频谱访问(DSA)网络情况下的可用频谱等。针对无线网络链路状态的频繁变化,无线网络体系结构及时做出反应,无线设备及时调整物理、链路和网络层功能,实现最佳频谱利用。

2) 自组网技术

自组网是一种移动通信和计算机网络相结合的网络,区别于有中心控制的通信网络,自组网是一个无中心的扁平化网络,组成自组网的每个用户终端都兼具主机和路由器两种功能。作为主机,终端需要运行各种面向用户的应用程序,如编辑器、浏览器等;作为路由器,终端需要运行相应的路由协议,根据路由策略和路由表完成数据分组的转发和路由维护工作,故要求节点实现合适的路由协议。自组网路由协议的目标是快速、准确和高效,要求在尽可能短的时间内查找到准确可用的路由信息,并能适应网络拓扑的快速变化,同时减少引入的额外时延和维护路由的控制信息,降低路由协议的开销,以满足移动终端计算能力、存储空间以及电源等方面的限制。

3. 服务控制层主要技术

1) 网络管理技术

网络管理技术是服务层的一种技术。战术通信系统统一运维管理体系架构技术研究基于统一设备标识、参数配置方式、管理协议、管理模式的机动通信系统一体化网管体系架构和技术体制,确定系统软件体系结构、管理信息模型等。网络管理技术重点研究战术通信系统统一运维管理体系架构技术、面向业务的机动通信系统规划推演和评估技术、基于战术通信窄带环境下的统一数据管理平台技术。

2) 网络切片技术

网络切片技术是针对传统网络中对各种资源提供"一刀切"的网络架构和服务保障的弊端而提出的能够灵活满足不同业务的容量需求、速率需求、覆盖率需求以及时延需求的技术。网络切片服务即是对各种网络资源进行切片,将单一网络映射和划分为多个不同的逻辑虚拟网络,为典型的业务场景分配独立的网络切片,在切面内部针对业务需求设计增强的网络架构,实现恰到好处的资源分配和流程优化,多个网路切片共用网络基础设施,从而提高网络资源利用率,为不同用户群使用的不同业务提供最佳支持。

5.1.2 天地一体化通信网络技术

天地一体化通信网络主要依托天基、空基和地基三层通信手段按照"骨干网+接入网"的架构构建,如图5-6所示。

(1) 天基层。利用通信卫星、天通以及宽带卫星和抗干扰卫星等各种卫星

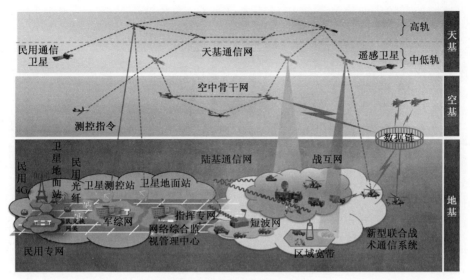

图 5-6 天地一体化通信网络

资源,提供卫星通信链路。具有如下特点:Ka频段宽带卫星通信网,提升远程宽带通信能力;Ka/Ku频段强抗干扰卫星通信网,提升中低速抗干扰能力;普及基于天通的窄带卫星通信系统,提供保底联通手段。

(2)空基层。由无人机、系留气球、浮空平台等升空平台搭载通信载荷形成空中通信节点,节点之间主要采用微波网络电台等无线信道互联构成空基骨干网,与地面通信节点空地一体组网,通过地空、空空通信为地面、空中用户提供多种通信手段的广域接入服务,提升复杂地形、气候环境下的通信保障能力。

(3)地基层。由通信车、通指一体车等构建通信节点,依托微波网络电台、战术电台等宽带无线手段互联,形成地基骨干网,其中,应用软件无线电,满足宽频段覆盖(30~2500MHz)和多种波形加载,实现多型战术电台和数据链波形集成加载;应用微波通信网络、宽带通信系统、短波电台及有线通信等手段,实现多手段灵活传输。

空基骨干网和地基骨干网共同构成覆盖战场空间的骨干网络。各级指挥所、作战分队、武装直升机、战斗单元等组成各种接入网,接入网按照需要接入骨干网,骨干网和接入网共同形成陆军战场通信体系。

为适应信息化战争对陆军通信的宽带化、网络化、智能化、立体化、标准化和柔性化的要求,确保未来具有与强敌进行整体对抗的能力,陆军通信网络技术还需要在以下几方面进行研究。

(1)高速、宽带传输技术。商用技术的高速发展,积极推进了军用通信技术的应用。4G LTE 在引入了正交频分复用(OFDM)和 MIMO 分集天线技术后,显著增加了频谱效率和数据传输速率,(下行)数传速率达到了 100Mb/s。5G 通信应用已开始推广,毫米波频段数传速率已达 10Gb/s,可以解决日益增多的终端数问题,满足更低延迟的通信要求。LTE 直接应用军事目的,还需解决无中心组网、抗毁和抗干扰等核心问题。因此抗干扰能力强、频谱利用率高的无线高速传输技术是战术通信的关键技术之一。

（2）无线 Mesh 和 Ad-hoc 组网技术。信息化战争下的战术通信,采用何种网络体系和网络架构,一直是战术通信关注和研究的热点。资料显示,国外军事强国大多采用了 Mesh+Ad-hoc 的组网模式,如图 5-7 所示。该模式采用了分层分布式架构,以 Mesh 网构建骨干网络,覆盖整个作战地域,以 Ad-hoc 网组建移动用户网,并采用多跳方式接入 Mesh 骨干网络。这种网络具有移动性好、快速部署能力强、抗毁性能好、组织运用灵活等特点,符合信息化战争对战术通信网络的要求。在天基、空基、地基多维立体网络架构下,Mesh 技术可以实现异构技术的有效融合,实现异构资源的优势互补和协调管理,是未来无线核心网理想的组网方式。

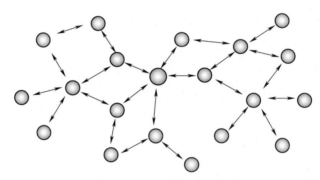

图 5-7 Ad-hoc 网络

（3）升空平台组网技术。空中组网是复杂地形环境下远距离、高机动通信的主要手段,可为战区提供超视距通信能力,与卫星通信、地面网系组成完整的天空地一体化立体覆盖,满足无中心、分布式网络化作战要求。美军 1998 年实施了机载通信节点（ACN）计划,为战斗单元提供大区域的空空、空地转信保障。任务载荷采用模块化设计,根据机载平台能力和任务需求进行剪裁。其主要任务:①扩展由战术电台（或数据链）构成的无线网络覆盖范围;②支持通信节点和多种网络之间的互联互通。

（4）多业务综合和服务质量（QoS）保障技术。未来战术通信系统是高速、宽带的信息传输平台,它是在综合多种物理传输信道、不同组网方式、不同管理手段以及不同的服务质量情况下,实现对话音、数据、图像、视频等多媒体业务的综合。这种业务的综合,着重研究在不同的战场环境和网络条件下,不同的传输手段和不同的业务类型,QoS需求不同。因此,战术通信需具备完善的QoS保障机制,尤其在机动环境下,要具备自适应动态的QoS管理机制,这套机制能够适应通信网络各层面(物理层、链路层和网络层)QoS变化的闭环机制。

(5) 软件无线电技术。作为需求牵引和技术推动的产物,国际上软件无线电得到迅速发展,使无线通信设备实现了硬件软件化,软件可加载、可配置、可移植,有力解决了无线通信设备的互操作性、兼容性、扩充性和维护的便捷性,使通信网络多样化、兼容化和智能化有了技术基础。资料显示,美军的软件无线电台AN/PRC-117G采用了符合JTRS软件通信体系结构(SCA),利用自适应宽带组网波形实现了高带宽数据通信,同时兼容了EPLRS和SINCGARS传输协议,从而取代了EPLRS和SINCGARS设备。

(6) 认知无线电技术。在复杂电磁环境下,认知无线电能够感知周边"频率空洞",时刻调整自身参数以适应新的电磁环境,尤其在抗干扰通信情况下,干扰与抗干扰在对抗中进行,频率和相关参数变换迅速,需要具备频谱感知、频谱共享、人工智能和软件无线电等相关技术。

(7) 动态网络规划管理技术。作为未来作战部署和作战计划的核心部分,更加强调通信网络规划的及时、快速开通、动态调整和网络的灵活运用,以应对未来战场的不确定性。通信资源的不断丰富,永远也赶不上作战应用的需求,作为稀缺的资源,需要根据作战任务按需动态规划、分配与管理。战术通信系统本身也是融合了多种技术的复杂平台,包括网络融合、资源融合、业务融合、信道融合和管理融合等,需要高度自动化的管理才能保证其正常的运转,为即插即用、资源共享和按需服务提供动态灵活的可管、可控的保障机制。

5.2 战场感知

随着信息技术特别是传感器和探测技术的发展、信息优势等概念的形成,以及新军事革命理论的深化,产生了战场感知技术的概念。战场感知就是所有参战部队和支援保障部队对战场空间内敌、我、友各方兵力部署、武器装备和战场环境(如地形、气象、水文等)等信息的实时掌握的过程,通常包括探测感知、信号情报、融合处理、共享推送、综合展现等。

5.2.1 探测感知技术

探测感知技术是获取陆战场信息的主要手段,主要用来执行预警、目标搜索、目标监视等侦察任务。根据探测方法的不同可以分为主动探测技术和被动探测技术两大类。主动探测技术主要有主动雷达探测技术和主动声纳探测技术,它们是通过向目标发射信号,然后接收被目标反射和散射回来的信号来测定目标的方位、距离等位置参数的;被动探测技术是利用目标固有的声、光、热、磁和运动等特性,探测目标的位置及运动等参数。

根据物理形态的不同,在陆军领域,常用的探测感知技术包括雷达探测技术、光电观测技术、信号情报技术和声学探测技术等。

1. 雷达探测技术

雷达探测技术就是利用雷达设备,发射电磁脉冲或连续的电磁波波束对空间进行搜索,检测接收目标微波来发现各种目标。雷达探测技术可对太空、空中、海上、地面具有雷达电磁波反射能力的目标进行判定,提供目标的经度、纬度、高度、速度、类型等信息,使指挥员能够判断来袭目标的性质、意图。

地面战场侦察雷达又称地面监视雷达(Ground Surveillance Radar,GSR)或运动目标侦察雷达,是雷达探测技术在陆军领域的重要应用。它能够在夜间和恶劣气候条件下,侦察敌方运动中的人员、车辆、坦克、舰船和低空飞行器等目标,测定其位置、运动速度和方向,判明目标性质,是提供战场实时情报和态势显示的重要侦察手段之一,主要执行区域侦察、定点监视、边境和海岸监视、引导己方小分队行动、指示目标、校正己方火炮射击等侦察任务。

美国电话公司(Telephonics Corporation)的地面监视雷达系统不仅用于重点目标的周边安全保证,还将实时监视信息集成能力提高到了一个新的水平,其典型产品为先进雷达监视系统(ARSS),如图5-8所示。ARSS有便携式和车载或方舱式两种型号,目前已用于美国边境安全监控。

图5-8 先进雷达监视系统

ARSS 工作在 X 频段,质量约 25kg,是一种轻小型、低功耗、低截获概率、高可靠性的无人值守雷达。它可对 30km 以外的运动目标,包括人、车辆和直升机等提供自动探测和监视,并通过多普勒频率推导出音频信号,从而实现目标分类。电话公司现仍在对 ARSS 进行改进,改进措施包括开发目标识别(至少实现目标分类)新算法,以降低雷达对光电/红外传感器的依赖性;增加图像重叠功能;采用新型通信设备补充当前使用的卫星链路,扩展组网能力等。

DMT 公司(Detection Monitoring Technologies Corporation)的区域入侵监控系统(AIMS)可采用数百种波形设置,辐射功率低,仅为 2~80W,可采用车载、气球载、塔台/电杆等多种安装方式,用于地面机场、要地和港口监控。如图 5-9 所示,AIMS 采用 8 副天线实现全方位覆盖,对人的探测距离为 3km。AIMS 机动安全系统是将 AIMS 快扫雷达装在车上,以实现高机动性。AIMS 船只安全系统是将 AIMS 快扫雷达装在船只上,再辅以热成像仪、高分辨力相机,增强港口船只安全。

图 5-9　AIMS 快扫雷达

英国 Plextek 公司(Plextek Corporation)的 Blighter 地面监视雷达如图 5-10 所示,探测目标范围广,涵盖了极低或极高速运动的目标,主要用于国土安全、边境监控和地区与周边监视。由于该雷达未采用任何运动部件,并利用电扫描技术,因此可靠性极高,可 24h 昼夜连续工作,平均无故障时间高达 10000h,环境适应性好,可在各种山地条件下作战,适合装备特种作战部队。

常规雷达的俯仰波束通常较窄,导致雷达在使用中存在探测盲区,而 Blighter 雷达却独辟蹊径,采用了较宽的垂直俯仰波束,从而有效增大了监视区域范围,减小了探测盲区。在地形复杂的山区,Blighter 雷达采用较宽的俯仰波束,确保能够同时扫描山顶和峡谷,无须倾斜雷达本身。在平坦的陆地和浅海地区,宽波束也能用于快速检测低飞的飞行器。Blighter 雷达还能与雷达探测器、话筒、视频摄像机、振动传感器和化学探测器等其他传感器相集成,实现功能互补。单套雷达可同时用 3 个不同的控制器来控制,每个控制器分别注视覆盖范围内的指定区域。多套雷达组网可支持宽域监视和目标三角测量,是复杂战场环境下一种理想的动目标检测方案。

图 5-10 Blighter 地面监视雷达

俄罗斯地面战场侦察雷达主要包括 FARA-1 雷达、CREDO-M1 雷达、CREDO-1E 雷达,其性能指标见表 5-2。

表 5-2 俄罗斯地面战场侦察雷达主要性能指标

雷达	工作频段	探测距离/km				测量精度		质量/kg
		行人	车辆	直升机	155mm 炮弹	距离/m	方位/(°)	
FARA-1	J	2.5	5	—	—	20	0.9	16
CREDO-M1	Ku	8.5	<20	—	—	25	0.3	50
CREDO-1E	Ku	15.0	<40	35	15	10	0.12	105

俄罗斯 FARA-1 轻便式集群目标武器引导和侦察雷达用于侦察地面运动目标,在缺乏光学能见度的情况下引导机架上的自动武器瞄准目标,在自动状态下发现入侵者时能发出声、光报警,如图 5-11 所示。FARA-1 是连续波多普勒雷达,在指定观测扇区内可自动探测运动目标,根据声音信号特点识别目标类型,并通过标准接口发送信息。CREDO-M1 雷达是多普勒脉冲相干雷达,可

自动搜索和确定运动位置,在地形图上显示目标状况,形成运动轨迹。CREDO-1E雷达除用于侦察地面运动目标之外,还可校准火炮射击。

图 5-11　俄罗斯 FARA-1 轻便式集群目标武器引导和侦察雷达

以色列艾尔塔公司(ELTA Systems Corporation)的 EL/M-2140NG 地面监视雷达是一种连续脉冲压缩的陆基远程运动目标侦察雷达,工作频率为 I/J 频段(8~12.5GHz),质量约 65kg,检测目标包括行人、车辆、低飞的固定翼飞机、直升机和滑翔机,还能用于炮兵火力校射。它既能固定在观察站点,也能安装在车辆上;采用全固态技术,无活动部件,可靠性高,能自动监测感兴趣的移动目标。

EL/M2112 系列地面监视雷达采用同时多波束技术,具备大区域持久监视和瞬时目标跟踪能力,既可用于地面监视,也可用于检测恶劣海情条件下的海面目标。该雷达采用 4 副固定平面天线,每副天线覆盖 90°扇区,可根据相关的背景地图选择地面动目标检测或海面目标检测,实现自适应处理,用户可选择 2D 或 3D 数字地图显示。M2112 雷达工作在 X 频段,能同时跟踪 500 个目标,跟踪精度高达 1~2m。M2112 系列共有 5 种型号,2107 是其中最轻小型化的一款雷达,质量仅 3.5kg,能检测 300m 以外的人员和车辆;2112 作为功能最强大的一款,能检测 20km 以外的行人和 40km 以外的车辆。

2. 光电侦察技术

光电侦察技术是以光学、光电子学为基础,以电子技术、计算机技术和精密机械技术为支柱,利用光所有的辐射、反射、折射、衍射、透射等特性,开展侦察监视的技术手段。

军用光电侦察装备是利用光电观测技术来探测、识别目标并对它们进行跟踪、瞄准的军用侦察仪器或系统。它与电子、雷达、声、磁等侦察装备相辅相成，互为补充，各有特点，共同组成一个完整的战略、战术侦察体系，为各级指挥员迅速、准确、全面地掌握敌情、运筹帷幄、克敌制胜提供前提条件。

光电侦察装备的主要优点是成像分辨率高，提供的目标图像清晰，这是其他侦察装备无法比拟的；大都是被动侦察装备，隐蔽性好，不容易被敌方探测；抗干扰性能好。在强电磁对抗环境中，雷达无法工作，光电侦察装备担负主要侦察任务；全天候性能好，白天和黑夜都能实施侦察。光电侦察装备主要分为如下几类。

1）可见光侦察装备

可见光侦察装备主要用于白天侦察，是20世纪60年代以前的主要光电侦察装备，包括望远镜、炮队镜、方向盘、经纬仪、光学测距机和可见光相机等，在设计和工艺上已成熟，在原理上没有新的发展，主要趋向是在光学系统和结构方面的改进，减小质量，缩小体积，提高作用距离，增加稳像系统和镀防激光膜等。典型产品有美国M19双目望远镜，瑞士"威尔德"SPE2战壕潜望镜、KH-11和KH-12侦察卫星上使用的大型可见光相机。图5-12展示了国产可见光侦察装备。

图5-12　国产可见光侦察装备

2）微光侦察装备

20世纪60年代美国研制成功并装备第一代微光夜视仪，它在越南战场发挥了重要作用。目前，美国、英国、法国、德国、荷兰、以色列等许多技术先进的国家都已能生产第二代微光夜视仪，少数国家已能生产第三代微光夜视仪。自

20世纪80年代以后,这些国家基本上用第二代取代第一代微光夜视仪。20世纪80年代末90年代初,美国开始装备第三代微光夜视仪。现装备的第二代和第三代微光夜视仪主要是手持望远镜、轻武器瞄准具、步兵和飞行员夜视眼镜等小型夜视仪。

现有的微光侦察装备有以下几类。

(1) 微光望远镜。供部队进行夜间手持侦察和监视,可配用照相机或摄像机,目前各国已有50余种微光望远镜。

(2) 轻武器瞄准具。轻武器瞄准具也可作为手持的侦察装备。各国现装备的第二代和第三代微光瞄准具约有60种,其性能大同小异,作用距离能满足轻武器射程要求。图5-13展示了安装在步枪上的武器瞄准具。

美国ITT公司生产的F4965型瞄准具在100%对比度时,在星光下探测车辆距离达6km,识别距离为2.2km,是目标作用距离最远的轻型微光夜视仪。其主要特点是采用第三代微光管,其砷化镓光电阴极灵敏度高,能有效利用夜天光。

图5-13　安装在步枪上的武器瞄准具

(3) 微光夜视眼镜。微光夜视眼镜与微光望远镜不同之点是放大倍率不同,前者的倍率是1倍,后者的倍率是3X或4X。20世纪90年代初,美国开始用第三代微光夜视眼镜取代第二代,美国国防部通过Omibus III采购计划,要在20世纪90年代中期完成50000个AN/PVS-7B步兵夜视眼镜、15000个AN/AVS-6飞行员夜视眼镜的采购任务。图5-14展示了Smart NVG-夜视镜(NVG)附件。

(4) 微光电视。微光电视是像增强技术和电视摄像技术相结合的产物,国外已装备30余种。典型产品有法国的坦克用"卡纳斯特"微光电视系统、美国

图 5-14 Smart NVG-夜视镜(NVG)附件

的直升机用 UVR-700 型昼夜两用电视跟踪系统、英国的海军用 V0084 型微光电视系统、瑞士的 2704 型远距离(观察距离为 10km)微光电视摄像机等。

3) 红外侦察装备

红外侦察装备包括主动红外夜视仪和热像仪两大类。热像仪又称前视红外装置。主动红外夜视仪容易暴露自己,作用距离近,目前基本上被热像仪取代。热像仪是夜视装备中的新秀,目前国外有 200 多种型号的第一代热成像仪装备卫星、车辆、直升机、舰艇、固定阵地、反坦克武器、防空武器,用于远距离侦察、监视、跟踪和探测伪装、地雷、化学战剂等。典型产品有美国 AN/TAS-4 "陶"Ⅱ反坦克导弹热观察仪、法国和德国"米兰"导弹"米拉"热瞄准具、美国 AN/TAS-6 远距离热观察仪、美国 IRTV-445L 远距离红外监视系统、英国多用途热像仪、美国 MIAI 坦克热像仪、美国"阿帕奇"直升机 TADS/PNVS 系统。

4) 激光侦察装备

20 世纪 70 年代以后,激光测距机、激光目标指示器、激光雷达等激光侦察装备相继在各国"三军"中使用。

(1) 激光测距机。激光测距机的研制始于 20 世纪 60 年代中期,20 世纪 70 年代初装备的第一代激光测距机以红宝石激光器和光电倍增管探测器为基础,在 20 世纪 70 年代末以后被性能更先进的第二代和第三代激光测距机取代。第二代激光测距机主要采用掺铝钇石榴石(Nd:YAG)激光器和硅光电二极管或雪崩光电二极管探测器,目前已大量服役。第三代激光测距机(人眼安全激光测距机)于 20 世纪 80 年代在国外开始生产并少量装备,目前主要包括 CO_2 激光测距机、1.54μm 铒玻璃激光测距机、喇曼频移 Nd:YAG 激光测距机三种类型。目前装备的第二代和第三代激光测距机有几十种型号,大多数为测程在

20km 以内的中程激光测距机，测距精度为±5m，少数是测程在 20km 以上的远程激光测距机。

（2）激光雷达。20 世纪 60 年代末至 80 年代初，美国、英国、法国研制成功几种战术激光雷达实验样机。20 世纪 80 年代中期，美国、英国、加拿大等国研制成功成像激光雷达、探测化学战剂和生物战剂的激光雷达、探测雷场激光雷达、识别坦克目标激光雷达、炮兵定位激光雷达等。目前，这种激光雷达多数处于研制阶段，未能正式装备部队。

（3）激光指示器。地面炮兵激光目标指示器和机载激光指示器已大量装备部队。20 世纪 80 年代以后，美国装备的地面激光目标指示器有 20 世纪 AN/PAQ-1 激光目标指示器(图 5-15)、AN/PAQ-3 组件化激光设备(MULE)、AN/TVQ-2 地面/车载激光定位器指示器(G/VLLD)等。美国的机载激光目标指示器有 20 世纪 60 年代末装备的 AN/AVQ-10"铺路刀"第一代激光目标指示器，20 世纪 70 年代中期装备的 AN/AVQ-23"铺路茅"第二代激光目标指示器，20 世纪 80 年代初装备的 AN.AVQ26"铺路平头钉"、AN/AVQ-27、LDT/D、夜间低空红外导航与目标定位(LANTIRN)系统中的第三代激光目标指示器。英国、法国等均装备各自研制和生产的激光目标指示器。目前激光目标指示器正在由采用 Nd:YAG 激光器向采用 CO_2 激光器发展。

图 5-15　AN/PAQ-1 激光目标指示器

5）光电综合侦察装备

光电综合侦察装备将可见光、微光、红外、激光等几种传感技术汇集于一个侦察或侦察攻击系统中，增强了在昼夜、恶劣气候和不良的战场环境条件下对目标的探测和识别能力以及对抗能力。20 世纪 80 年代国外光电综合侦察装备发展迅速。美国"阿帕奇"直升机的 TADS/PNVS 系统由高倍率直接观察可见光系统、通用组件前视红外系统、高分辨率昼用电视系统、激光测距机/目标指示器、激光跟踪器等组合而成，如图 5-16 所示。德国"豹"Ⅱ坦克的炮长观瞄镜由可见光、红外热成像和 CO_2 激光测距机组成。对光电综合系统的一般要求是尽量采用共同光学系统，进行综合稳定，采用共同的目标跟踪和影像运动补偿系统等。

图 5-16　美国"阿帕奇"直升机搭载 TADS/PNVS 光电侦察系统

6) 车载光电侦察装备

侦察车辆主要用于战术侦察，具有高的机动性、一定的火力和防护能力、配有车载光电侦察装备的典型装备。苏联、美国、英国、德国、法国等国都研制生产各种侦察车辆。英国"蝎"式履带侦察车（图 5-17）、"弯刀"式履带侦察车、"狐"式轻型侦察车，俄罗斯 bpm-2 型轮式侦察车，美国 M3 型履带装甲侦察车，法国 AMX-10RC 轮式侦察车、ERC90F4"标枪"轮式侦察车，德国"山猫"水陆两用侦察车均是现装备的侦察车，装有以下光电侦察观察器材中的几种：大倍率光学潜望镜、微光观察镜、热像仪、微光电视、激光测距机、激光目标指示器、红外报警器、核辐射及化学战剂探测器等。

3. 声学探测技术

声学探测技术是一种全被动、全方位的探测方式，利用传声器拾取目标发出的声音信息，通过声谱特征分析发现和识别目标，并根据目标辐射噪声在传声器阵列中各个传声器间产生的时延和相位关系，实现对目标的位置特征、运

图 5-17 装备光电侦察设备的英国"蝎"式履带侦察车

动状态和属性信息的估计。其主要特点如下。

(1) 声学探测技术采用全方位、全被动探测方式,不易被敌方电子侦察设备发现,受到电磁干扰和反辐射武器的攻击,隐蔽性强。

(2) 声学探测技术不受烟雾、光照、遮蔽物等通视条件影响,能绕过山传播,又能够穿过丛林,侦察隔山目标与丛林中的目标;特别适合在夜间、阴天、雾天和下雪天工作,具有全天候工作的特点。

(3) 声学探测技术体积小、质量轻,具有战场自定位能力,可以用抛洒方式大量快速部署,实现战场的快速反应和应急作战。

(4) 对于低空/超低空以及地面等有声目标的探测,具有独特的作用,可有效弥补雷达等探测手段的探测盲区。同时声探测单元可组网探测,形成大面积的预警探测区域,采用多源数据融合技术,具有较高的可靠性和较低的虚警率。

随着新的探测原理和探测器件不断产生,特别是微电子、信号处理以及通信等技术的发展,使声学探测技术在低空/超低空和战场侦察等国内外多种军事领域得到应用。

1) 直升机声探测系统

荷兰 TNO 物理电子实验室开发了一套声学直升机探测和识别技术演示器。据说它将成为荷兰皇家陆军新型"竞技神"2000 无人地面传感器系统中的一部分。据该研制机构中的一位科学家透露,该实验室与荷兰国内"竞技神"2000 的承包商 EQS 将携手替军方对部署这种"绿色"样机进行现场论证试验。该样机包括将分类软件转移到数字信号处理芯片中。通过利用传感器和 UGS 数据线,该芯片和滤波放大器被集成到一个低成本的轻型设备中。该声学直升机探测系统使用了成本低廉的扩音器现成品并在大约1000m范围内提供可靠的探测和分类。同时与"竞技神"2000链接的多个传感器要预先进行部署,搜集直升机情报,并在直升机进入射程范围时发出攻击警报。该声学非视线探测系统将被安置到那些雷达或光电视线监视系统丧失探测能力的峡谷地带。该系统使用TNO-FEL研制的规则系统根据直升机的主旋翼和尾旋的声学特征来对直升机进行探测并分类,它还能消除气象、环境噪声和声音传播带来的不利影响。

2) 火炮声探测定位系统

1997年英国海军、陆军装备了"日晕"火炮声探测定位系统。该系统可探测出一次炮击的声音所产生的负压的空间分布,并可精确测定这一负压的方向。在对30 km外射击的火炮进行定位时,该系统的圆概率误差为30m,在最好条件下可对60km外的155mm火炮进行定位,且价格大约只是一部火炮定位雷达的10%。作为英国陆军先进声探测项目,英国BAE系统公司2002年开发了新型先进敌方"海螺"(HALO Mark2)火炮声探测定位系统,用于在城市和山区环境中发现并查明敌军火炮的位置,如图5-18所示。该系统比早期的型号更加精确,堪称世界上最先进的火炮声探测定位系统,可以发现探测到许多类型的武器,包括火炮、迫击炮、坦克炮和炮弹爆炸等,即使是在高密度的多次发射中,也可提供清楚的武器坐标。

英国陆军的"先进声测计划"火炮声探测定位系统采用的英国航空航天系统公司"敌方炮兵定位系统"2型系统,传感器站组合配置非常灵活。传感器站包括一部与无线电台和电源装置相连的气象传感器。

图5-18 英国"先进声测计划"火炮声探测定位系统

3) 狙击手声探测定位系统

狙击手声探测定位系统通过接收并测量狙击步枪的枪口激波和弹丸飞行产生的冲击波来确定狙击手的位置。不安装消声器的单兵武器射击时,膛内的高温高压火药燃气喷出枪口,会突然膨胀并与大气混合,形成以声速向外传播的枪口激波(爆炸声);而高速飞行的弹头也会在空气中摩擦产生涡流、激波和飞行噪声,当弹头飞行速度接近并超过声速时,这种飞行噪声更为明显。而声探测系统通过布置一系列声传感器,通过精确测定枪口激波和弹丸飞行激波到达每个传感器的时间差,可以精确计算出射击位置,以及弹丸飞行弹道、飞行速度和枪械口径。目前,声信号探测是价格最低廉、测定最精确、使用最广泛的狙击手探测系统。

法国米特拉维(Metravib)公司研制的"皮勒尔"(PILAR)反狙击手声探测系统,可在背景噪声较大的环境下,全天候实时观测、记录子弹的飞行弹道,准确探测、定位、分类和报告小口径枪支的开火位置,如图5-19所示。"皮勒尔"声探测系统有陆基、车载和船载等多种型号。法国在波斯尼亚的维和行动中成功应用了"皮勒尔"反狙击手声探测系统;在1996年法国里昂G7会议上,该系统用于保护贵宾;美国特种部队、意大利和澳大利亚部队也装备了该系统。

法国"皮勒尔"反狙击手声探测系统(图5-19(a))是世界上广泛使用的声探测反狙击系统,系统还可连接视频输出终端(图5-19(b)),终端带有摄像机可立即转向弹丸来袭方向,显示相关区域视频图像。

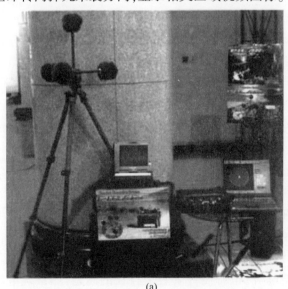
(a)

(b)

图5-19 "皮勒尔"反狙击手声探测系统

"皮勒尔"反狙击手声探测系统由3个主要部分组成：1~2个便携式声探测阵列天线、数据界面采集模块和军用加固计算机。声探测阵列天线是一种安装有4个"麦克风"探测器的遥控三角架，第2个声阵列天线安置在距第1个声阵列天线50~400m处，利用三角测量法测定狙击手的位置；数据界面采集模块可实时处理声探测器输出的信号；军用加固计算机用于管理整个系统，安装有SHOTGUARD可视化输出软件。此外，"皮勒尔"声探测系统通用观测转塔接入显示装置，可提供开火位置的真实图像或录像。

"皮勒尔"声探测系统为全被动式，视场为360°×90°，最远可探测到1500m处的开火位置，声阵列天线可探测到200m内飞过的子弹。该系统可以探测出安装有消声器的5.45~20mm口径的武器以单发、连发方式射出的亚声速或超声速子弹，系统反应时间为1.5t。"皮勒尔"声探测系统的方位定位精度，在静止状态时为±2°，车载运动状态中为±5°；俯仰定位精度为±5°；距离定位精度依配置的不同，介于±10%~±20%之间。"皮勒尔"系统对军用计算机配置的要求不高，一般为Intel赛扬PⅡ或Intel赛扬PⅢ处理器、256MB内存、2GB硬盘；便携式探测阵列天线质量为2kg；数据界面采集模块质量为3.6kg。系统能够在城市、森林、山区以及沙漠地带全天候工作，工作温度为-40~50℃。

美国Boomerang Ⅰ型声探测系统由三部分构成：①声传感器阵列。阵列直径为1m，由7个"麦克风"构成，安装在车尾桅杆的顶部，每个麦克风与桅杆顶端的轴毂相连。②信号处理单元。包括Intel赛扬650MB处理器、PC-l00模/数（A/D）转换插板、电源系统、音频功率放大模块、定制模拟到达时间差插件板。采用24V车载直流电源，位于车辆后部的乘员座位下。PC—l00转换插板上的闪存卡可存储100个射击数据文件，并可将其导出用于后续的分析和处理。③用户界面。由显示器、扬声器、GPS等部分组成，安装在车辆的仪表盘上。告警装置采用16个红色发光二极管，以罗盘样式指示开火方位，也可通过扬声器发出声音警报。此外，通过磁铁吸附方式，在车顶还安装有公共无线局域网（WiFi）信号增益天线，可实时传输数据，如图5-20所示。

Boomerang Ⅰ型声探测系统的初始设计目标为：在速度不超过96km/h的车辆上正常工作；在城市低矮建筑环境内，有效探测50~150m距离内的射击；在1s内迅速将射击方位锁定在±15°范围内，距离误差1~30m，误警率低于0.1%；能够适应沙漠作战环境。经过一个阶段的作战使用，美军发现Boomerang Ⅰ系统还有许多缺陷，其中既有性能上的缺陷，如无法精确测定来袭弹丸的仰角和距离，显示系统不够直观、精确等；也有设计安装上存在的问题，如系统电源设计不当，与车载电台的战术兼容性不好，虚警率高，以及传感器阵列轴毂机械强度不高，在频繁振动的情况下易出故障等。BBN技术公司又在Ⅰ型系统基础上

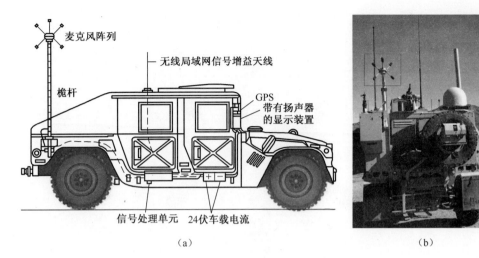

图 5-20 Boomerang Ⅰ型声探测系统

设计了 Boomerang Ⅱ型系统。

BoomerangⅡ型系统与 Boomerang Ⅰ型系统相比,基本结构保持不变,技术改进主要包括:采用更紧凑的传感器阵列,阵列直径由 1m 降低到 0.5m,同时改进了阵列轴毂的机械结构和电气性能,使其能经受频繁的振动;加强了传感器阵列及其他部件的密封性,提高了抗恶劣环境的能力;改进了信号传输,Boomerang Ⅰ型系统传输到位于车底的信号处理单元的是模拟信号,而 Boomerang Ⅱ型系统在轴毂处就将模拟信号转换为数字信号再做传输,从而避免了与战术电台间的电磁干扰;改进了算法,使系统能够精确测定来袭弹丸的水平方位、俯仰角和距离;改进了显示系统,增加了数字显示装置。Boomerang Ⅱ型系统能在 1s 内将狙击手位置锁定在±2.5°内;虚警率大大降低,不受风、撞击以及己方反击枪声的干扰;有良好的电磁兼容性,与战术电台互不干扰;能适应各种气候环境,可在开阔地以及城市地形环境下正常工作。价格也较为低廉,每套价格约为 1 万美元,如图 5-21 所示。Boomerang Ⅱ型系统的麦克风阵列,与 Boomerang Ⅰ型相比,Boomerang Ⅱ型系统要更为紧凑坚固。

5.2.2 信号情报技术

信号情报技术是利用各种电子部件,运用相应的侦察设备,从侦察对象的各种型号获取情报信息。信号情报主要包括通信情报和非通信情报两大类。通信情报是利用各种无线、有线通信网络系统中获取的文字、声音、图形、图像等。非通信情报是利用雷达、遥测、遥控、遥感、敌我识别、导航定位等信号中获取的目标态势、建制序列等各种参数。

图 5-21 Boomerang Ⅱ 型声探测系统

（1）侦察截收。侦察截收是利用各种电子手段截取、收集信号情报，并加以分析以获取目标信息。

（2）监测定位。监测定位是对侦察对象的通信与电子信号进行发现识别，测定信号源的方位行动。

（3）网络侦察。网络侦察是战场感知的重要手段，也是网络攻击的基础和前提，通过对敌方信息网络系统长期侦察监视，寻找漏洞、破解密码，深入其内部获取情报。

（4）密码破译。密码破译是运用各种手段破解加密的信号情报，是不可替代的战场感知技术，既要高度重视又要高度保密。

陆基信号情报系统是以陆基平台搭载信号情报载荷进行信号情报侦察、处理的系统，主要分为固定信号情报系统和机动信号情报系统。其中固定信号情报系统主要以信号情报侦察站为搭载平台，一般采用大孔径天线或天线阵、高灵敏度接收机和先进的信号处理设备，可侦察从长波、短波、超短波到微波频段的电磁信号。机动信号情报系统包括各种便携式和车载式信号情报系统，如AN/PRD-12 双通道轻型便携式无线电测向系统（图 5-22）、N/TSQ-114A 开路先锋甚高频通信测向系统、AN/MLQ-40"预言家"（Prophet）电子战系统等。其中 AN/MLQ-40"预言家"电子战系统是美国陆军主要的信号情报侦察和电子战系统，通过不断升级，扩展了频率覆盖范围，增加了侦察信号的种类，最终拟实现全面的信号情报能力。

AN/MLQ-40(V)"预言家"系统是美国陆军获取信号情报的新型主战装

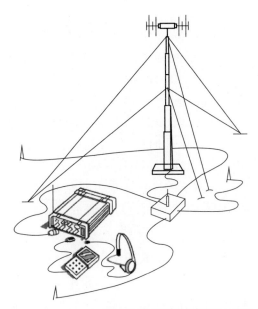

图 5-22 AN/PRD-12 双通道轻型便携式无线电测向系统

备,既能对敌方的电磁信号进行搜索、截获、识别,还能对敌方辐射源进行定位并采取对抗措施。该系统可搭载于高机动性多用途轮式战车,能全天候、全天时工作,向美国陆军旅一级和团一级指挥官提供信号情报。

"预言家"系统可侦察高频、甚高频及特高频范围内的各种调幅、调频和连续波无线电信号,甚至在运动中都可以正常工作,从而向指挥员提供近实时的敌辐射源信息。这种能力可以保证指挥官能实时掌握作战区域内的电磁态势,判断敌方的作战企图。"预言家"安装在高机动多用途轮式车辆上,有一副高达 7m 的折叠式天线杆,可以在 90s 内收放。"预言家"系统的主要组件是 AN/PRD-13(V)2 信号截获系统。该信号截获系统共有三个接收器:两个监视器和一个方向探测器。这两个监视器可分别在搜索(频道搜索)与监视(频道锁定)两种情况下工作,方向探测器则是总体搜索和人工转换信号。"预言家"系统还有另一个关键部件:"预言家"控制器。它的任务是对信号截获系统获取的数据进行分析处理。该系统配有 2~3 名分析员或语言专家,负责对信号进行分析并通过车载超短波电台传送到旅情报单元。"预言家"已经发展出三个型号:"预言家"Block Ⅰ/Ⅱ/Ⅲ型。"预言家"Block Ⅰ/Ⅲ型由 L-3 公司生产,Block Ⅱ型则由通用公司生产。"预言家"Block Ⅱ型和 Block Ⅲ型在 Block Ⅰ型的基础上,拓展了频率覆盖范围,增加了侦察信号的种类(包括低截获概率信号),提高了联网能力、遥控和超视距通信能力。另外,Block Ⅱ型主要集中在电子进攻方面,而 Block Ⅲ型则集中在电子支援方面。

RC-12"护栏"是美国陆军的主要信号情报飞机，能够完成通信情报（COMINT）和电子情报（ELINT）任务。"护栏"信号情报设备由机载设备牙口地面设备构成。"护栏"的载机有两种：霍克·比奇公司的改进型"空中国王"A200CT（RC-12D/H 型）和 B200CT（RC-12K/N/P/Q 型）涡轮螺旋桨飞机。"护栏"飞机有两名机组人员，最大飞行高度为 35000 英尺，空中待命时间达 5 个小时。地面基线系统（AN/TYQ-224）安装在一个 S-280 方舱内，通过卫星数据链与其 GR/CS 系统的工作基地相连，可为机载有效载荷提供控制和数据处理/分发功能。当 RC-12 飞机在距离其目标区域 180 多千米的地方侦察时，"护栏"地面基线（GGB）地面站的操作人员可对其 S1GINT 有效载荷进行远程控制，SIGINT 数据可传输到 GGB 进行分析。通常情况下，3 架执行作战任务的 RC-12 飞机可联合对敌方通信或雷达辐射源进行精确定位。

5.2.3 情报共享与推送技术

随着信息技术的高速发展，陆军多兵种协同作战对战场信息系统的信息共享方式、容量、时效提出了更高的要求，不同兵种、各层级系统间的信息交互和信息融合越来越频繁，原有单级、单系统的"孤岛"式情报处理方案已难以适应现代陆战场作战的需求。战场信息资源必须实现互联、互通和互操作，各级系统间必须能够实现对各类信息资源的实时或准实时共享。

目前战场信息系统情报共享服务的研究中面临以下方面的挑战：①信息源数目多、信息量大：在现代陆军作战中，越来越依靠多作战兵种、多节点、多传感器的协同作用，情报信息呈现出来源多、信息量大的特点。②信息异构性强：在多兵种联合作战下，情报信息呈现出类型不同、数据大小差异大、存储结构不同的特点。③传输信道条件差异大：战场环境中，存在多种传输通道，并且信道的畅通条件随战场环境变化而变化，特别地，某些特殊条件下的跨网传输呈现出带宽小、传输负荷大的情况。

多级多系统的协同式情报处理架构中，主要面临的问题为：现有的跨网情报共享服务技术，仅局限于对简单的结论性数据如属性、参数的传输，而对于容量较大的资料数据、原始数据等，由于受带宽限制，无法实现跨级跨系统的共享，对原始数据的分析仅能在部队一级开展，无法充分发挥上级系统专家能力强、经验丰富的优势，造成出情能力不足，效率低下；同时由于战场信息无法完全共享，各个系统之间缺乏对象级的互联互操作，因此，无法得到整个战场的统一视图。

情报共享与推送技术，通过建立异构情报数据整合、数据索引同步和定制数据推送等三大运行机制，解决海量、多源情报数据的实时和准实时共享问题。

（1）异构情报数据整合。异构情报数据整合完成情报处理过程中的原始数据、过程数据和结论数据的统一语义描述和整合,实现各军兵种、不同数据标准、不同存储格式的信息共享。

元数据是指"描述数据的数据",元数据中的要素描述了一种信息资源,是能够帮助获得某种信息资源的途径。元数据的集合可以描述一种或多种信息资源。元数据的主要目标是使信息使用更加便利和高效,其最为重要的特征和功能是为数字化信息资源建立一种可以理解的框架。图 5-23 展示了基于元数据的情报共享架构。

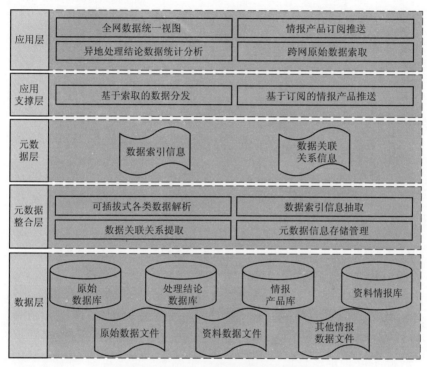

图 5-23　基于元数据的情报共享架构

情报数据整合技术通过构建一套元数据体系,实现对包含资料数据、原始数据、处理过程数据、产品数据的统一语义的关键信息提取。图 5-24 展示了情报从原始数据到产品数据的追溯关系。

(2) 数据索引同步。通道闲时的元数据信息同步机制能够自动在通信信道空闲时,将各下级节点的原始数据索引信息同步至上级节点,以实现全网透明化的战场统一信息视图。

基于通道闲时的数据索引同步能根据通信底层检测的信道负载状况(空闲、畅通、忙碌、堵塞),自动在闲时将资料数据、原始数据、处理过程数据的元数据信息进行自底向上的同步,将产品数据的元数据信息进行自顶向下的同步。

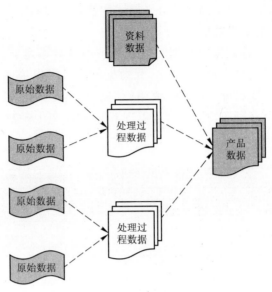

图 5-24 数据的追溯关系

通信底层监测的峰值传输速率为 S_{extreme},定义信道负载因子：

$$\delta = \sigma(f(S_{\text{extreme}}))$$

其中,σ 为 sigmoid 函数：

$$\sigma(x) = 1/(1+e^{-x})$$

取值为 $\sigma \in (0,1)$。定义元数据信息传输速率：

$$S_{\text{meta}} = \delta * S_{\text{extreme}}$$

当 $S_{\text{meta}} > \Pi$ 时,按照速率 S_{meta} 对元数据信息进行同步,其中 Π 为元数据传输速率阈值。

(3) 定制数据推送。基于索取服务的定制数据推送机制,能够按需传输用户定制的情报数据,以实现数据异地分析,充分发挥多作战部队的专家作用,提升出情效能。

基于索取服务的定制数据推送能够基于全网的统一元数据信息视图,提供跨级跨区域各类数据的索取,并按需将数据推送给指定用户或系统。图 5-25 展示了分布式存储及定制数据推送服务。

对于资料数据、原始数据和处理过程数据,可按需通过元数据中提供的索引信息向网络中的任一节点索取数据。节点在收到索取请求后,根据元数据信息查询和组织相关数据。并根据数据类型选择压缩方式：对于原始数据和处理过程数据,采用无损压缩的方式；对于图像、音视频等资料数据,可视文件大小和重要等级等情况,选择有损压缩。最后,将组织好的压缩数据按自定义大小

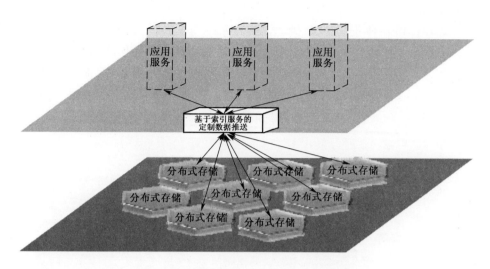

图 5-25　分布式存储及定制数据推送服务

分包发送给指定系统。

对于产品类数据,设计了订阅推送机制。在订阅端,根据同步的产品元数据信息建立产品索引列表,并根据用户权限展示索引信息,基于此,支持订阅指定的产品数据,订阅消息通过底层传输发送至对应数据节点进行统一管理。当产品数据发生变更时,能自动生成统一格式文件(含样本数据和附件等)压缩包,推送分发给所订阅系统。

5.2.4　战场综合态势生成技术

战场综合态势指战场上的敌我兵力分布及战场环境的当前状况和变化发展趋势,主要包括态势估计和威胁估计两个部分。从态势生成过程和作战应用需求出发,战场态势又可分为观测态势、估计态势和预测态势。

传统的战场态势图组成要素包括战场环境、态势目标(敌情和我情)及态势分析结果(威胁等级、活动规律和趋势预测)等信息。战场态势图除了包含传统态势图的组成要素外,重点强化了态势分析成果、差异化展示和服务信息,如目标/目标群之间关联关系、关键节点、主题态势、整体态势和信源追溯等。同时,战场态势图还具备多样化的态势要素组织和展示形式,为各类用户提供多种形式的、差异化的和精准的情报产品。

指挥信息系统通过对多源信息进行融合和分析处理,形成要素齐全且内容丰富的综合态势信息;然后,基于统一的体系态势数据和综合展示框架,聚焦不同指挥层级以及不同作战任务的差异化需求,提供一致性态势服务产品,实现对战场态势全面和精准掌控。

美军于 1997 年提出 COP 概念,如图 5-26 所示,旨在让所有人看到同样的战场视图。2003 年美军修订了 COP 概念,改为用户定义的作战图(UCOP)。美军认为态势运用不是被动地坐等信息分发得到的相同态势画面,而是根据作战要求主动提取态势信息,生成与任务相关的态势图,将态势运用理念从"让所有人看到相同的画面"调整为"可讨论和组合不同视角观点的协作环境"。

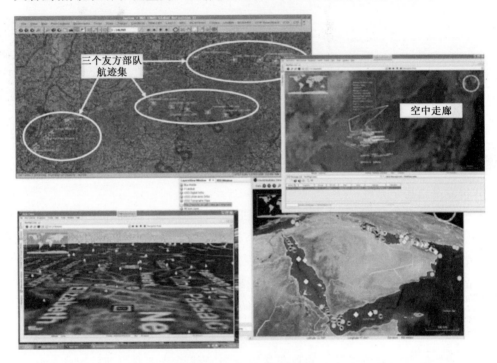

图 5-26 共用作战图概念

战场态势图是战场态势元素的有机组合,是在将多源态势信息进行时间同步和空间配准,并有序整合成唯一且无歧义态势的基础上,以一定的多维组织管理方式,确保态势信息在描述、存储、更新、查询和分发等过程中具有一致性。

战场态势图具备以下 6 个重要特征:①时间维度:战场态势一张图涵盖战场的历史情况、当前状态与形势以及未来趋势。②空间维度:战场态势一张图覆盖陆、海、空、天、网和电等全维战场空间。③互作用对象:战场态势一张图涵盖敌、我、友和战场环境等全部互作用对象。④服务对象:战场态势一张图服务于不同层级和类型的对象,以达到对局部或全局战场态势的一致性理解。⑤平台支撑:战场态势一张图可屏蔽不同支撑平台对一张图理解上的差异。⑥数据支撑:信号级、特征级和决策级等多源异构数据融合处理过程中,各级数据间能够构成完整的处理链路，数据可挖掘、可聚合、可发现和可溯源。

战场态势的生成，从发现、汇集、处理到体系融合，实际上是一个由点、线到面和体的过程，即由单一、局部图像到共用战术图（CTP），再到 UDOP 的过程，从而使战场态势具备共享性、一致性、全局性和精准性。

战场态势一张图生成流程如图 5-27 所示。①对通过不同手段获取的各类原始情报信息进行多源融合处理，通过信息关联、目标去重和属性补全等实现信息全面和唯一的观测态势。②在多源融合基础上开展态势目标分群处理，基于目标的属性、位置和任务等开展相关性分析和聚类分析。③开展态势分析处理，重点是态势和趋势估计，通过关联印证、演变分析、异常检测、规律统计、语义分析、数据挖掘和威胁估计等手段，形成当前、估计和预测态势。④开展战场态势体系化分析，包括体系节点分析、任务主题分析和综合态势展现处理等，生成体系态势信息。⑤提供态势信息服务，针对不同用户和任务的差异化需求，对态势信息产品进行合理组织、准确显示和按需分发，实现重点突出和全面精准的战场态势图服务。

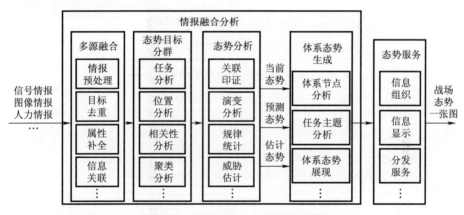

图 5-27　战场态势一张图生成流程

1. 多源融合

多源融合技术主要包括以下三类技术。

（1）多源态势属性融合技术。基于融合规则实现对态势信息的自动/半自动融合处理，实现目标属性和类型的自动识别。

（2）态势目标航迹融合技术。通过数据关联进行位置融合，常用方法包括最近邻域法、改进最近邻域法及联合概率数据关联法等；在位置融合基础上，对态势目标的实时和历史航迹进行融合处理，形成目标连续航迹。

（3）异类信息关联融合技术。将非结构化、非实时性的态势信息与实时态势进行关联融合。通过视频和文本等信息的自动识别和抽取，辅助对态势目标的属性、型号和任务等进行关联印证。常用技术包括：基于贝叶斯推理、随机集理论、D-S 证据理论和动态聚类分析等统计推断多源融合技术，基于信息熵的多源融合技术，基于等概率准则及 Wald 决策准则等多源融合技术，以及基于专家系统、神经网络和遗传算法等人工智能多源融合技术。

图 5-28 展示了多源信息融合技术的主要内涵。

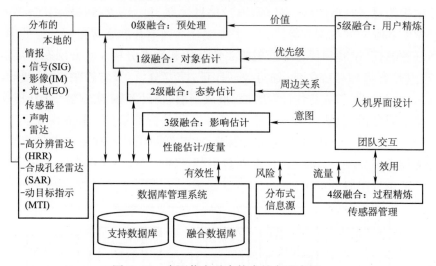

图 5-28　多源信息融合技术的主要内涵

多源融合处理过程如图 5-29 所示。通过对各个传感器在空间和时间上冗余或互补数据，依据规则进行组合，以获得对被测对象的一致性描述或理解。

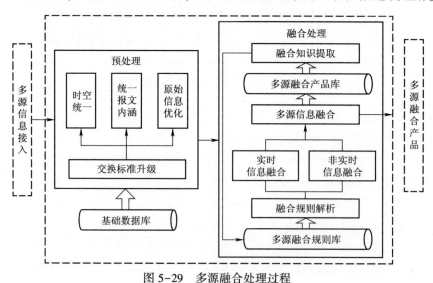

图 5-29　多源融合处理过程

多源融合处理在接收到不同来源和类型的原始信息后,首先,基于升级的交换标准,进行时空统一和报文内涵统一等处理,并对信源进行优化处理;其次,构建统一的融合规则库,分别开展实时和非实时信息融合处理,主要包括航迹跟踪、关联去重和属性估计等,生成实时和非实时融合信息;再次,对实时和非实时融合信息进行多源信息融合处理,包括语义分析和属性关联等,输出完整的多源融合信息,生成多源融合产品;最后,在多源融合产品库的基础上进行融合知识提取,将提取或优化的融合规则补充完善至多源融合规则库,实现多源融合处理的闭环及持续优化。

多源融合解决的是单一信源信息不全以及多源信息冗余的问题。通过对多源态势信息的去重、校准和关联处理,获取态势目标精确的时空状态和身份属性信息,为后续态势分析、态势显示及分发服务等提供一致性基础。

2. 态势目标分群

由于实际战场环境中各种目标数量众多,敌我目标交错在一起,如果不加以精简和凝练,所有目标同时显示在态势图上必然会形成"蚂蚁图",导致指挥员无法聚焦重点目标并把握战场态势。态势目标分群是信息融合的基础,需将目标按任务和组织等进行分类。通常是按敌我属性相同、类型相近、运动状态相近、执行相同作战任务或对另一方具有相同威胁的目标进行分群,以精简战场态势信息,降低指挥员的信息筛选量。态势目标分群的本质是一个数据聚类问题,常用的计算方法有K均值、模糊C均值、迭代自组织数据分析、最近邻和改进空间划分等算法。

态势目标分群解决态势目标聚焦问题,为后续体系态势分析、威胁估计、趋势估计,以及态势产品的组织、显示和服务提供基础。

3. 态势分析

态势分析是信息融合中高层次信息融合处理,主要包括态势估计和威胁估计。态势估计和威胁估计的任务是从大量散乱的、密集的情报信息中提取指挥员关心的战场上影响战役战斗进程的情况和事件信息,并进行估计、分析和预测。态势估计是在多源融合处理的基础上,对战场上敌、我、友军及战场环境的综合情况和事件进行的定量或定性描述,以及对未来战场情况或事件的预测。威胁估计是对敌杀伤能力及对我方威胁程度的评估,是在态势评估的基础上,依据敌我兵力和武器装备性能、敌作战企图、我方重点保卫目标和敌我双方作战策略,以定量形式对敌方威胁程度做出估计和分析。态势分析处理过程主要包括态势要素提取、态势评估推理和态势预测,具体包括:①结合历史目标知识信息,进行行为意图和趋势分析;②根据目标行动规律和威胁告警规则,对目标进行威胁评估;③根据目标的多源信息关联印证结果,结合目标作战能力,通过各类目标威胁评估模型,辅助分析目标的威胁范围和程度;④根据敌我双方作战力量、战斗部署和作战意图等,给出战场主动权等形势分析;⑤生成战场情况分析报告。态势分析解决了有态无势的问题,为战场态势一张图提供了综合辅助决策信息。

4. 体系态势生成

体系态势除了包括传统的目标态势等基本战场态势信息外,还包括体系关键节点信息、基于重点区域/作战任务/热点事件的主题态势信息等,以及为不同用户提供态势信息的聚合和解耦能力。首先,体系态势生成以关注的态势实体为中心,对各融合要素进行按需关联和组织聚合,形成面向目标、系统和体系的层次化战场态势融合成果;然后,围绕战场全域态势一张图构建,融合陆、海、空、天、网和电等战场空间态势,综合敌、我、友和战场环境各类感知信息,辅以多种信息处理和挖掘手段,分析目标与目标间的关联关系、目标与体系的映射关系、体系与体系间的铰链关系;最后,通过对态势要素信息之间的关联、印证、聚合、研判和决策分析等,形成体系化和多层次的战场态势感知能力体系图谱。

体系态势分析是在态势目标分群处理和威胁估计基础上,对战场态势开展体系化分析,具体包括以下3个方面的内容。

(1) 体系节点分析:通过对态势目标/目标群的任务估计,以及活动区域、活动规律和所属目标侦察打击能力分析等,形成态势目标/目标群之间的关联关系(通信、指挥、掩护和警戒等),分析其重要程度和威胁等级,并标注体系关键节点。

(2) 任务主题分析:按重点区域(含国家地区)、热点事件和作战任务等对战场态势信息进行主题聚合,形成定制化主题态势(通常由实力部署、重要动向、当前活动目标/目标群和活动规律等内容组成),并划分主题的重要等级和所属方向等属性。

(3) 体系态势展现:根据规则为战役/战术级用户提供不同层级的态势目标聚合和综合态势信息展现。战役级默认显示高威胁等级目标/目标群聚合、重点区域、热点事件和定制主题等综合态势信息(用户可通过体系解聚,进一步查询并获取态势信息、情报来源和融合过程等)。战术级默认显示其所属区域内的综合态势信息和定制主题的态势信息。体系态势聚焦于在战场态势体系中找出关键节点,发现薄弱环节,通过毁点、瘫边以及毁点与瘫边相结合方式开展体系破击战,以支撑信息化条件下联合作战的破网断链和瘫体制胜。体系态势实现了目标态势向体系态势聚合与解耦,是生成战场态势一张图的关键。通过体系解聚,为不同用户聚焦态势信息提供了基础。体系态势生成解决了态势信息多与散、上下一般粗的问题,实现对战场态势的全面和精准掌控,为作战指挥决策提供体系化情报保障能力。

5. 态势服务

态势服务是在目标分群处理和体系态势分析的基础上,针对不同指挥层级以及同一层级不同作战任务,聚焦战场空间内的关键节点和重要目标,通过对态势信息的合理组织,为用户提供态势产品,主要包括态势信息的组织、显示和分发服务。

态势信息可采取按任务、主题、目标群和战场空间等多维方式组织,在态势展现上支持二三维一体、图表联动等多样化展现方式,在使用上提供信息关联查询和信源追溯等操作,从而实现灵活多样和粒度可变的态势显示。同时,为不同用户提供多种态势产品分发服务,主要包括主动推送和按需订阅两种方式。其中,主动推送方式是根据规则主动向用户推送各类态势信息;订阅方式是系统提供态势产品目录,并维护用户身份认证和访问权限管理等服务,用户根据需要订购态势产品。

通过合理的态势信息组织、显示和分发服务,既保证了态势信息的一致性,又实现了态势信息的针对性、多样性和按需定制,满足了不同用户对态势信息的差异性需求。

5.3 指挥决策

指挥决策,是军队指挥员及其指挥机关在指挥所属部队遂行作战行动以及其他非军事行动的过程中,在一定的客观条件下为达到一定的目的,为确定部队的行动目标和行动方法而进行的一系列筹划、优选和决断活动。指挥决策技术是用于辅助指挥员及指挥机关开展指挥决策活动的各项技术。

陆战场信息化战争中,各种军事情报、战况信息骤增,战场复杂性和实时性增强,给指挥决策带来了前所未有的挑战,依靠直觉与经验进行决策的优势急剧下降。由此,利用人工智能、大数据分析等技术形成陆战场决策方案和作战计划,减少指挥员的介入,从而使决策走向智能化、自动化,满足快速反应、精确作战的需要,是陆战场指挥决策的发展方向。

采用面向用户的知识发现、共享与知识服务转变,通过将陆战场信息高效的转化为作战人员的认知、知识、思想、能力,达成军事行动敏捷优势。通过算法构建机器"智能大脑",以更快的速度、更高的效率、更准确的结果和更好的能力来实施海量陆战场信息处理,预示着未来战争的变革、机遇与挑战。

5.3.1　协同筹划技术

一体化规划多军兵种任务，多级别同步筹划作业的协同筹划方式，是拟制陆战场全局最优作战方案、提高指挥决策效率的前提。协同筹划能够统筹规划多军兵种任务，带动战略、战役、战术多级联动，实现横向各兵种一体联合规划，纵向统筹考虑陆军诸兵种要素、平台之间多层级协同筹划。筹划内容贯穿"战略方针、周密筹划、危机行动筹划、作战行动详细规划、战术任务规划、任务执行、效果评估"等军事行动的整个流程，从而实现作战规则完备、兵种要素齐全、指挥流程规范的指挥决策体系架构，形成集流程、人员、方法手段为一体的作战任务规划系统，具备规划层次清晰，各类规划系统之间有效衔接的体系规划能力。

1. 联合任务规划

现代战场的最显著特点是陆、海、空、天一体化联合作战，军事对抗的综合性和整体性显著增强。在以陆战场为主的联合作战中，为了充分发挥各军种兵种综合作战能力，需要从全战场角度考虑各作战力量优势，统筹规划各军种兵种任务。

联合任务规划以网络为中心，以提高一体化联合作战能力为目的，将各种军语和作战程序融为一体，实现了多军兵种的作战过程和标准规范的有机融合。加强各军种和各种武器装备的协调一致，具备一体化的战区级联合作战计划制定与实施功能，能够解决诸如态势评估、任务分配、兵力规划、行动协调、后装保障等一系列具体问题，破解系统"烟囱式"的发展格局，打通系统间横向壁垒，提升陆战场联合作战任务规划能力，为各军种的演习、作战提供一个标准化的联合作战计划系统。

联合作战计划与执行系统，能够监督、计划和实施与联合作战有关的动员、部署、兵力使用和后勤保障等行动，制定和下达联合作战预案和作战指令，进行任务过程中的监控和调整，满足信息化联合作战的需求。其包含需求拟定和分析、调度和调动、后勤保障分析和可行性评估、联合运输流动和分析系统、联合工程计划和实施系统、医疗计划和实施系统以及非部队人员生成程序等。美军联合任务规划系统组成图如图 5-30 所示。

以联合战略规划系统（JSPS）和联合战略能力计划（JSCP）为代表，战略级任务规划系统的典型特征是处于任务规划系统的最顶层，帮助总统和国防部长向武装部队提供军事战略和作战指导的能力；在战略战役中间层研制并装备了联合作战任务规划系统（JOPES），能够加强各军种和各种武器装备的协调一致，提高一体化联合作战能力，从而使军事对抗的综合性和整体性显著增强；在战术级，美军的联合任务规划系统（JMPS）将海军任务规划系统（NMPS）、空军

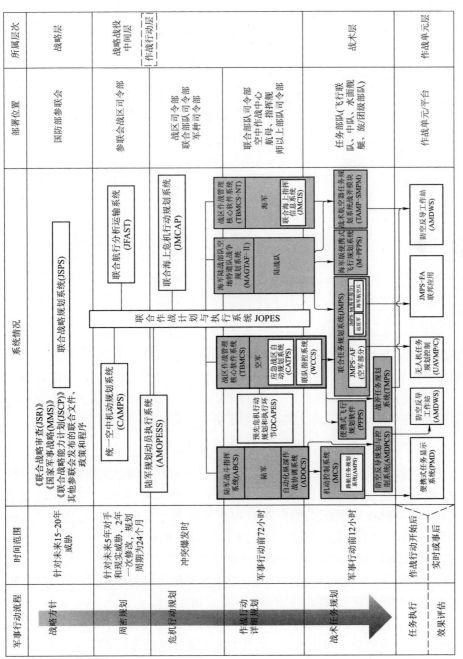

图 5-30 美军联合任务规划系统组成图

任务支持系统(AFMSS)和陆军特种部队行动计划和预演系统(SOFPARS)综合至统一的软件平台,目的是为陆军、海军、空军、海军陆战队和特种部队司令部提供联合作战所需的任务规划系统,对飞机、直升机、无人机、精确制导弹药、巡航导弹和传感器的作战行动进行自动规划。系统主要用来制定威胁分析、路径规划、攻击协调等任务计划。

2. 多级联动协同作业

传统的按级逐次决策方式已不适应信息化条件下陆战场作战节奏快、进程短的要求,由此,多级联动协同筹划、准同步指挥决策是陆战场多级指挥机构协同筹划的重要组成部分,协同筹划作业流程如图5-31所示。

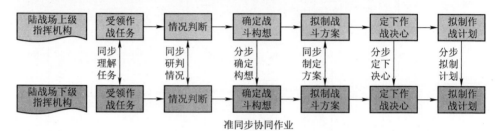

图5-31 协同筹划作业流程图

多级联动筹划的前提是情报信息共享,其形式是并行决策,纵向上级决策与下级决策联动进行,横向参战军兵种部(分)队指挥决策同步组织,从而使各级指挥机构不仅能够有针对性地制定本级作战计划,并站在全局的高度,及时理解任务、谋划作战,增强协同配合意识,实现作战的协调一致,始终围绕实现上级目标展开行动,能够迅速适应上级对作战计划的修改和调整,提高了指挥决策效能。

5.3.2 仿真推演技术

在现代战场数字化、信息化的战场环境,传统兵棋推演已无法满足需求,构建数字化仿真模型和推演技术是当今及未来陆战场拟制、分析和评估作战方案的关键。在平时规划作业过程中,能够对作战预案进行仿真推演,验证预案效果及可行性;在战前规划作业过程中,能够对规划的任务、行动进行多分枝推演,能够对决策作业的成果,如陆战场作战方案、作战计划等进行人在环或人不在环的对抗推演,为方案、计划评估提供依据;在作战过程中,能够依据战场实时态势进行平行推演,为临机规划提供自适应调整依据。

数字化、信息化战场环境下,基于实时态势的动态仿真,可以量化地估计陆战场未来某一时刻的战场状态,也可以帮助人理解各种量变在不同时间、空间上交叉产生、综合作用之后可能带来的质变,这种质变代表具有不同意义的战场态势局面。在复杂战争中,可能导致不同态势局面的因素众多,包含各种随机性、偶然性,一个细微的因素可能改变整个战局的发展。使用仿真的方法,设计逼真的模型,依靠强大的计算机性能,可以尽可能地将每一个细节因素的影响都模拟出来。

以高精度仿真模型为基础,以推演算法为支撑的仿真推演和作战实验,能够基于一系列算法公式测试作战计划,通过验证已有战法和实验作战计划,通过定性与定量相结合的自动化分析工具,迅速对指挥官提出的各种决策计划进行模拟,生成一系列未来可能的结果,预测可能结果的范围和可能性;然后沿着各决策路径进行连续模拟,直至每条轨迹均达到终点,从而预见执行不同作战方案的战争走向与结局;能够为最终的作战方略提供切实的经验支撑,从而实现未战先胜。

仿真推演作为评估的一项重要手段,备受美军重视,始终作为"军队和经费效率的倍增器",其军用仿真技术一直处于世界领先水平,并广泛应用于研制开发、试验鉴定、作战分析等领域,取得了很好的效果和经济效益。在"沙漠风暴"行动之前,美军通过推演系统寻找作战计划中的漏洞,经过完善和修正之后的实际作战结果与推演高度相似,体现出了美军推演系统的先进性。

2017年4月,DARPA发布征询启示,寻求推进当前的推演、建模和仿真能力。国防部一般用推演的手段探究战略决策制定和战术概念开发,用建模和仿真评估系统性能或训练。大部分推演和建模仿真活动可以利用商用视频游戏团体在架构、游戏概念和人工智能方面的创新,包括对人员决策的抽象化和自动化,以及开展自学习用于决策创新的方法。

2018年5月,Siri软件的创造者之一斯坦福研究所(SRI International)加入了DARPA,计划用《星级争霸》游戏训练AI,成功后会尝试迁移到现实中执行类似任务。再看《星际争霸》等策略游戏领域,AI发展非常迅速。暴雪等大型游戏公司开放游戏样本数据、开源游戏AI接口、举办游戏AI赛事,起到了很大促进作用。阿里研发的BiCNet已经学会了避碰协调移动、打跑结合、掩护进攻、集火攻击、跨兵种协同打击等战术规则,如图5-32所示。

DARPA的新动向耐人寻味。一个军事创新机构玩起游戏那么来劲,肯定是有目的的。《星际争霸》之类的即时策略(Real-TimeStrategy,RTS)游戏,相比棋类游戏更贴近真实战争博弈。虽然逼真度不如CMANO、LockOn等战争题材游戏,但将博弈策略的运用发挥到了极致,很多精巧的战术设计凝结了众多玩家的智慧。玩家不但要在微观层面熟练操控兵力行动,还要在宏观层面具备战略眼光,这些本质特性与作战指挥是一样的。如果快速发展的游戏AI能成功用在作战指挥控制中,对发展指挥控制智能化将起到很大的推动作用。

2018年6月的一份报道中提到,由于美军作战训练数据库中已有的数据并

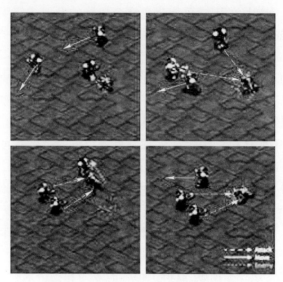

图 5-32 BiCNet 学会的掩护进攻战术

不支持机器学习和其他人工智能算法,对此,美国海军陆战队研制一款专门用于训练、测试未来人工智能应用的推演平台"雅典娜",用以获取测试军事决策的人工智能应用程序的大量数据。它提供了一系列战争游戏,用于收集玩家数据,优化人工智能应用程序。一旦有足够的数据量,"雅典娜"就可以自行模拟现代军事行动,并提出新型战术。

5.3.3 辅助决策技术

信息化战争中,各种军事情报、战况信息骤增,陆战场复杂性和实时性增强,给指挥决策带来了前所未有的挑战,依靠直觉与经验进行决策的优势急剧下降。辅助决策技术,是利用人工智能、大数据分析等技术,对陆战场信息进行智能分析、处理和辅助决策,从而在减少指挥员介入的情况下,提供更优的决策方案和作战计划,使决策走向自动化、智能化,满足快速反应、精确作战的需要。

其中,大数据的应用还体现在知识发现、指挥规则自主学习、指挥筹划计划与作战任务的关联分析等方面,逐步实现对实时陆战场态势、作战体系等数据进行比较、分析、推理,提供自动化的态势评估、目标选择、计划生成、方案评估等处理能力,整体提升陆战场作战指挥决策的合理性、科学性、有效性,形成决策优势,提供从规划、准备、执行到行动回顾的全过程决策支持,帮助指挥官和参谋人员分析军事决策过程、评估机动、后勤、火力、情报及其他作战行动过程,提供加快指挥官规划和发布指令速度的关键技术。

例如,2017 年美国陆军开发了自动规划框架(APF)原型。自动规划框架是一个自动化工作流系统,在任务规划相关的标准图形和地图中嵌入了实时数据、条令数据,为军事行动提供通用的参照系。它将机器擅长的工作交由机器完成,使指挥官能够集中精力进行指挥。借助自动规划框架,指挥官和参谋可通过军事决策程序同步工作或在规定的时间内按任意顺序生成最佳作战计划。自动规划框架使用更通用的人工智能来完成对多域战的理解、规划和执行多域作战任务。

1. 战场信息处理

随着所收集的陆战场情报数据的复杂程度、速度、种类和数量的增加,多源情报分析的效率也需要相应地提高。利用大数据分析技术处理情报信息,能够以更快的速度、更高的效率、更准确的结果和更好的能力来实施海量战场信息和复杂的战场态势的处理,自动识别任务指挥中完成使命所需执行的基本任务清单,帮助分析人员完成复杂的分析任务,更好地从对手相关的信息中发现和解读存在的模式。

战场信息处理技术不是简单地罗列潜在陆战场情报来源,让分析人员自己解决问题,而是整合了多情报源搜索/检索、自然语言处理、推荐引擎、应用分析和问答系统等,提供主动建议、高级分析及人机交互。对目标的高效探测、分类和预警计算,收集提供高质、高量、高时效性的国防情报,面向任务指挥和态势感知需求,从现有指挥所系统(包括参谋系统、传感器及士兵等)中按需获取信息,提供给指挥官合成的数据集,同时提供权威的、一致的数据存储、添加和搜索功能。通过将信息高效地转化为作战人员的认知、知识、思想、能力,达成军事行动敏捷优势。通过获取我军、友军、敌军、中立方和非战斗地点的准确信息,向指挥员提供有价值的战场信息,协助引导情报分析人员找到答案。

美军发布的"数字企业多源开发助手"寻求研发一种交互式问题解答系统,作为虚拟助手帮助分析人员处理海量的复杂情报数据,更好地从对手相关的信息中发现和解读存在的模式,如图 5-33 所示。在该项目中,交互式问题解答中的"交互"包括两个方面:一个是用户与软件进行交互;另一个是不断地响应用户的输入,使得问题更加明确并提升答案的满意度。它不仅可以支持情报分析,还可用于决策制定。该项目的目标是使得任何人员无论技术能力如何,都可以完成复杂的分析任务。

MEADE 项目包含两个重点关注领域:"实时操作员驱动的要点探索与响应"(ROGER)和"交互式分析和情境融合"(IACF)。ROGER 是一个会话式问答系统,研究人员将开发一个分析助手,提供便捷的接口来支持交互式搜索、信息检索并在给定的问题空间中进行分析。它整合了多情报源搜索/检索、自然语言处理、推荐引擎、应用分析和问答系统等,将运行在云或分布式计算环境

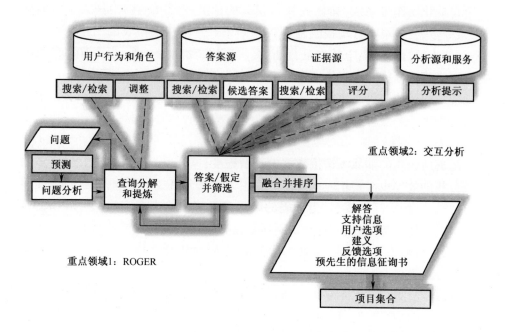

图 5-33 美军"数字企业多源开发助手"MEADE 项目概念视图

中。ROGER 将确定是进一步分析还是已有直接可用的答案。ROGER 充分利用用户的行为和提示信息。

在 IACF 中,研究人员将开发情境融合和预测分析能力,为给定态势找到最好的行动方案。此外,该领域需要研究与 ROGER 的交互方法,所开发来的技术应能够回答 ROGER 驱动的分析性问题,至少包括以下内容:针对多源情报的数据分析;跨多平台或多传感器的情境融合;用户和实体的行为分析;使用结构化叙述或类似的通用语义表达来组织信息;相关软件;提供响应时间、精确度等评价指标。

2. 智能辅助决策

智能辅助决策,将原先由军事和技术人员担负的大量职能,转化为以计算机为中心,自动化、智能化的作战决策过程。辅助决策系统通过对历史作战数据和当前战场信息的分析,生成多种可执行方案;对可执行方案进行推演评估对比,全系统、多维度、简明化的展示评估结果,指挥员根据评估结果确定最终执行方案。

智能决策系统针对跨平台或多传感器情境和数据进行分析,综合考虑以往类似情况下的任务执行效果、当前可用作战力量及环境状态情况等可用于推演、分析的要素,获取用户设定的响应时间、精确度等指标,聚焦态势评估、开发和分析潜在行动方案、识别非预期的风险和威胁,生成执行当前任务的战术模型。通过模型求解与态势预测,给出多套可执行方案,最大限度实现自动决策优化,为给定态势找到最好的行动方案,提高指挥员决策的速度和准确度,确保在敌人之前快速做出反应。

方案评估技术基于当前、未来战场情况以及指挥官意图,提供方案效果评估模型,针对多套优化方案进行计算机支持的在线估计和评估;能够比较当前态势与指挥官计划意图,不断识别风险和机遇,将数据和流程固化为可执行的信息,能够对低级别的分散评估结果进行检查;同时对未来多种可能进行快速并行仿真,以评估是否需要制定决策,并适时提醒需要关注的态势,并预测相应任务的执行效果。

5.4 行动控制

行动控制主要是指各级指挥机构依据作战计划、协同计划和各种规则措施等,督促指导和限定约束部(分)队行动,使其在限定的空间范围,按照约定的时间次序,遵循一定的任务关系和权利义务,相互配合、协调一致地实施作战行动,重在按作战计划、按协同要求组织实施兵力火力行动,实时感知战场态势变化和部队行动偏差,机断灵活调整兵力、调整部署、调整行动。各级指挥机构应贯彻统一指挥、权责明晰的原则,既加强对作战行动的集中统一指挥,又充分赋予下级行动控制和临机处置权力,充分发挥各级主观能动作用。

行动控制的作用机理,如图5-34所示,是基于作战目标,实时监控作战进程,针对战场突发情况,分析研判,制定处置方案,下达执行,推进作战进程实现既定作战目标。在不断监视战场情况变化、分析研判、处置决策、下达执行的闭环运行中实现,各个环节紧密关联、相互作用,构成一个完整的行动控制周期。各级指挥机构构建自由灵活的行动控制链路,将最大限度缩短"感知-判断-决策-行动"周期,提高行动控制效率。

(1)下达执行。调控指令下达后,作战控制要素应当跟踪指令落实,协同作战评估要素采集行动数据、作战目标毁伤数据,对调控效果实施评估,及时向指挥决策要素反馈评估结论,并通报侦察情报要素更新战场态势。

(2)战场情况监视。在侦察情报、信息保障等要素辅助下,对作战行动进程进行全面有重点的监控,主要是掌握敌军作战行动变化、我方作战行动进展及战场环境变化对作战行动的影响。

(3)分析研判。根据掌握的我方作战行动进展情况,在侦察情报、信息保障等要素辅助下,对作战行动进程进行全面有重点的监控,主要是掌握敌军作战行动变化、我方作战行动进展及战场环境变化对作战行动的影响。

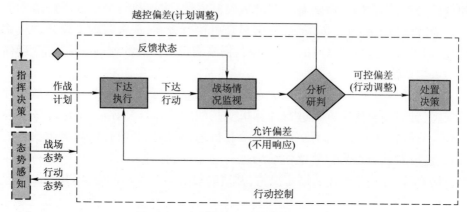

图 5-34　行动控制的作用机理示意图

（4）处置决策。根据偏差影响，主要区分三种情形：①当偏差不大、影响较小时，由作战控制要素按权限处置；②当偏差较大、影响不大时，作战控制要素协助指挥决策要素临机调整行动，进行相应处置；③当偏差较大、影响重大时，指挥员重新定下决心，由作战计划要素辅助制定作战计划。前两种情况，作战控制要素应当及时下达调控指令，明确调控事项、目标、时间、要求等。

行动控制应贯彻统一指挥、权责明晰的原则，坚持集中指挥与任务式指挥相结合的基本指挥方式，遵循现代作战指挥特点规律，充分发挥各级指挥人员的主观能动性，综合运用各种行动控制方法和手段，确保陆上行动控制的精准、灵活、高效。

（1）权责明晰。构建完善行动控制体系，明晰各级行动控制权责和相互关系，既严格按照职权实施行动控制，确保各司其职、各尽其责，又充分赋予各级指挥机构和任务部队临机处置权，做到统分结合、收放有度。

（2）把握关节。始终从全局出发，紧紧围绕实现作战意图和作战目的，扭住对作战全局具有决定意义的关键部位、关键环节，聚焦掌握控制主要作战方向、重要作战阶段、重点打击目标、关键作战行动，及时预见作战重心变化，适时转换指挥关注点，能动地推动作战行动向有利于我方的方向发展。

（3）机断灵活。坚持一切从作战实际出发，做到具体问题具体分析，沉着冷静、审时度势、勇于担当、快速决断、果敢指挥，善于抓住稍纵即逝的战机；坚持客观辩证应对战场情况，活用战法，因情施变、因势利导、因情调控，牢牢掌握战场主动权。

（4）精准高效。充分发挥指挥人员的主动性和指挥信息系统的优长，综合运用先进技术和智能化手段，感知战场态势、计算作战诸元、评估作战效果、传递控制指令，力求感知实时全面、计算准确细致、评估可靠全面、传递迅即直达，提高行动控制的时效性、科学性、准确性和精确度。

5.4.1 多维战场智能监视技术

随着信息化建设的发展,信息获取手段不断增多,信息资源日益丰富,在用户会商研讨时,如果系统可以感知用户的信息需求,自动搜寻、汇集、匹配和推荐所需信息,为用户提供精准、高效的信息保障,则可以使会商研讨更加智能高效,这种技术称为信息自汇聚技术。

针对各类军事信息资源,军事信息自汇聚技术能够识别用户原始需求,经过用户需求挖掘分析、军事知识体系推理及关联查询、多源异构信息汇聚、信息处理与组织运用等处理过程,生成军事信息挖掘汇聚结果。

根据战场态势情报具有信息种类繁杂、内容复杂多样、来源分布广泛等特点,面向不同行动的指挥人员对战场信息关注的角度也不尽相同,如何从繁杂多样的信息中按需、快速地抽取出关键战场信息,是支撑指挥人员高效指挥的重要条件,因此必须突破面向任务的信息智能汇聚技术。现阶段的技术主要有如下几种。

1. 基于信息自汇聚的监视技术

面向任务的信息智能汇聚技术采用文本智能分析和模型驱动的信息需求动态生成方法,实现随用户角色、作战行动、指挥业务、时空上下文变化信息需求的动态感知、准确识别,实现搜索、查询请求的自动生成,如图 5-35 所示。

采用基于混合存储架构的信息索引缓存替换策略、基于分布式计算框架的键值对索引算法、基于 P2P 的多节点协同搜索机制实现对热点信息的高速搜索,对数据库信息的高并发、高效搜索以及全网信息的快速遍历。

采用基于领域特征的分组变权过滤排序算法,实现按不同需求类型动态调整各指标权重,精确计算价值,实现对信心的准确筛选与推荐。

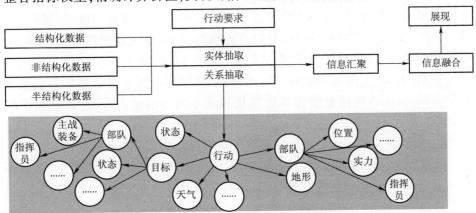

图 5-35 信息自汇聚技术原理图

基于任务、角色的信息智能汇聚技术支撑行动控制软件分系统从海量战场信息中快速地组织关键信息,满足不同任务指挥员的作战需求,为指挥人员精确掌握行动进程、高效有序控制作战行动等提供有效保障。图 5-36 展示了信息自汇聚应用模式。

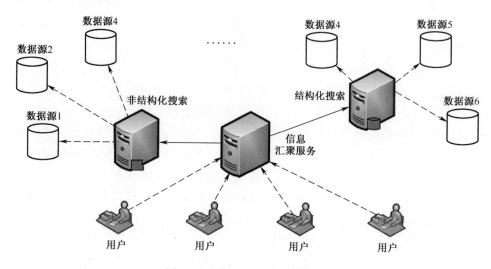

图 5-36　信息自汇聚应用模式

2. 基于信息墙的智能展现技术

研究海量战场信息智能显示技术,加快指挥员掌握战场信息的速度,减少其处理海量信息的负担,需要分析指挥员所需要的信息范围。处于不同的指挥层次、指挥状态的指挥员对战场信息的需求都有所不同,如处于顶层指挥层次时,指挥员往往会将视线放在全局位置,战场中的许多细节开关(如天气效果、光照效果、地形细节等)会被其关闭,而战场的敌我总体态势、敌我兵力损耗显示会被打开,因为这些才是其所关注的重点。而处于底层指挥层次时,指挥员更关注某架装备的任务执行,此时往往会将视点固定在该装备上,跟随其运动,并打开相应的地理人文要素图层,观察该装备在行动过程所遇到的景物、地标点、周围环境等。因此,海量战场信息智能显示技术需要根据席位不同,采用战场信息墙技术智能化显示不同的信息内容,可以从以下角度进行。

1) 多源异质战场信息及作战决策数据的灵活接入和快速集成

支持复杂、多样的信息资源引接机制,能快速集成如静态属性数据、动态情况数据或结构化、非结构化数据等,支持数据访问链接方式多样化,如 REST 风格服务接口、消息中间件、各类型文件系统(支持分布式文件系统)、JDBC、ODBC 等数据库链接方式等,支持动态情况数据的快速接入、展示和实时更新,包括通过监视、侦测、情报手段获得的敌、我、友、中立或不明方在作战空间或可能作战空间活动情况的时态数据,或由指挥活动产生的反映武器平台和部队状态的数据。

2) 基于数据驱动的方式——数据库为中心,显示与数据分离

如图 5-37 所示,展现了信息显示与数据分离。

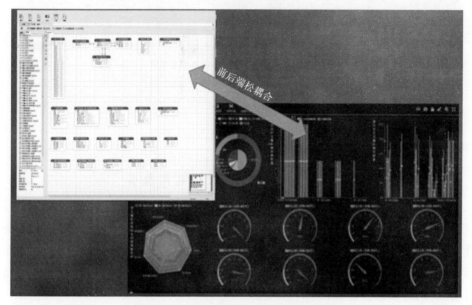

图 5-37　信息显示与数据分离示意图

3) 作战数据资源的多维度可视化展现、灵活的信息墙定制

系统提供了丰富的数据可视化组件,能够对无人-有人作战飞机协同作战规划数据资源及各类分析处理结果定制多维度可视化展现,作战保障人员能够根据作战筹划需要定制数据展示信息墙,用多种维度、多种视角展示本次行动控制的数据准备情况。

每个子专题信息墙可以单独发布与展示,可根据指挥环境中的显示屏设定要求,进行灵活的布局,如图 5-38 所示。

4) 便捷的信息墙可视化服务发布与访问机制

信息墙中仪表盘的各种属性设置完备后,可将其发布成 web 服务。各业务系统研发人员可通过信息墙可视化服务接口查询上述步骤创建并发布的信息墙服务,利用查询服务接口获取信息墙服务的 URL 地址,即可通过该返回的 URL 地址,浏览信息墙内容,或者是将其嵌入业务子系统的相应页面中,用于进行数据可视化展示。

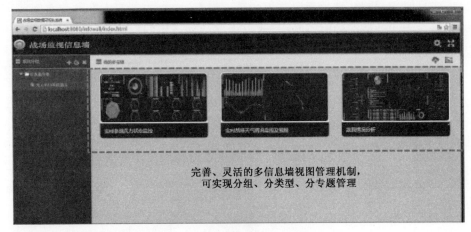

图 5-38 子专题信息墙管理

5.4.2 突发事件临机处置技术

智能、快速任务分配技术基于战场综合态势和指挥员意图,充分考虑装备数量、射程覆盖、制导可行、气象影响等复杂约束条件,允许设置上级意图、武器性能、毁伤效应、耗弹成本、部队实力、作战部署等多种目标准则,进行任务分解和优化分配,生成可以执行的火力方案。如何实现武器的优化分配需要通过最优化理论与方法来解决。其主要有以下技术。

1. 智能任务分配技术

在统一定义和描述不同型号武器平台使用特点基础上,把复杂约束条件下多目标火力分配问题抽象简化为线性规划模型,采用组合规划算法来求解。复杂约束条件通过分层降维的方法,逐层递减变量规模,消除解空间分支。多目标决策简化采用分步规划的方法,把目标函数按照优先级从高到低排列,先取优先级高的单目标函数进行规划,再把目标函数值转化为新的约束条件,然后引入下一优先级的目标函数继续求解,直到所有目标函数都满足。

2. 快速路径规划技术

基于动态网络路径搜索理论,在路径规划中考虑复杂地形对机动性能的影响,路边维修、加油、供水、通信等保障条件,基于地理信息进行路网建模,利用蚁群算法缩短路径搜索时间,支撑部队做出快速而合理的行动方案,以应对复杂战场态势。

针对任务部队机动过程中可能遇到的战场环境的影响因素,分析道桥损毁、路线拥堵、机动沿线气象等各种可能的影响因素,基于海量历史作战机动路径数据,运用 OLAP 分析和统计分析方法,分别从路径最短、时间最少、特情最少等多个维度,建立与机动行动任务相关的历史机动路径排序评估分析模型,为机动路经规划提供候选路径。

针对战场环境复杂多变的特性,考虑实时道桥损毁、机动拥堵、机动沿线气象、特情变化等信息,构建面向实时特情的机动路线影响分析模型,结合地理信息数据、车辆数据、任务时间要求等信息,研究基于气象与灾险情的机动道路关联分析、基于位置和任务的沿线保障设施分析、面向特情的机动路径优选模型构建、机动路径自动规划等技术,能够实现机动路线临机调整,根据战场动态及气象等信息及时规避威胁区域、重新调整机动路径,为作战行动顺利实施提供辅助支撑手段。

3. 基于实时态势的行动方案快速调整技术

基于实时态势的行动方案快速调整技术如图 5-39 所示,过程如下:

(1) 预案存储和管理。同种预案元素集中存储,不同种预案元素分散存储,通过编码将同一预案的不同要素关联在一起。采用人工或自动的方法分析预案要素的重要性,并设置权重。

(2) 在根据否决项对预案进行预筛选之后,依据预案要素和当前态势进行模糊匹配。

(3) 依据最优匹配结果定量给出预案调整建议。

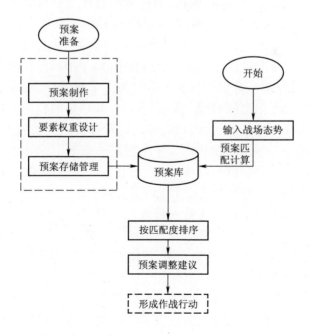

图 5-39 基于实时态势的行动方案快速调整技术

4. 快速火力分配技术

火力分配技术是解决任务规划过程中，依据目标特性确定打击弹药、武器及部队和主要打法的决策问题，即对战场出现的目标，能快速确定合适的打击弹药，并通过弹药确定对应的打击武器及执行部队的建议，以支撑火力打击类任务、行动的规划。火力分配技术的基础是对打击目标的特性、武器弹药的毁伤能力进行量化分析，再根据一定的策略设计分配算法实现目标-弹药-武器-执行部(分)队的关联，如图5-40所示。

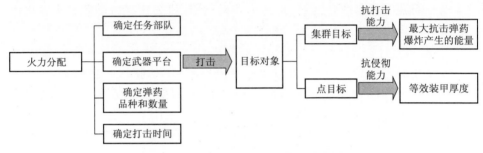

图 5-40 火力分配技术与目标抗毁能力

1) 毁伤能力与抗毁能力统一量化

传统标准目标法是将集群(面积)目标和压制弹药分别量化到标准目标数和标准弹数(千标弹数)两个量纲，将装甲(点)目标和反装甲弹药分别量化到标准坦克数和标准反坦克弹药数(标甲弹数)两个量纲，再通过弹药需求标准建立目标与弹药的数学关系。但是在这个过程中，由于将目标和弹药分别量化到两个量纲中，在建立两个量纲的数学关系时丢失了相关特性，即目标的抗毁能力与弹药毁伤能力上限之间的相应关系，难以反映目标的性质差异和弹药的火力特性。所以需要一种新的包含目标、弹药定量分析的毁伤能力量化方法，将目标的抗打击能力与弹药的毁伤能力量化到同一量纲中，不仅能通过目标、弹药、武器的客观参数实现目标、弹药、武器、毁伤任务量的毁伤能力量化，而且能考虑目标的抗毁能力与弹药毁伤能力上限的关系。

毁伤的本质是将弹药通过爆炸获得或本身具有的能量直接或间接作用在目标上形成相应的毁伤效果。根据弹药学和战斗部结构理论，通常将常规弹药按战斗部类型分为杀伤爆破、动能穿甲、聚能破甲、破片杀伤和其他特种类型弹药。通过对毁伤理论和弹药学的研究，可以对杀伤爆破、动能穿甲、聚能破甲三类常见弹药战斗部类型进行毁伤能力量化。其中杀伤爆破类战斗部一般用于压制弹药，用于打击集群(面积)目标(又称压制类目标)，根据其弹药的爆炸产生的能量，将其毁伤能力量化为杀伤力；动能穿甲、聚能破甲类弹药战斗部用于反装甲弹药，一般用于打击装甲车辆、坚固点目标等装甲(点)目标，根据弹药对等效轧制均质装甲钢(RHA)的侵彻深度,将其毁伤能力量化为侵彻力。

对于集群(面积)目标,战场上常见的工事阵地按抗击敌火力毁伤的能力分为不同抗力等级,分别对应不同装药量的弹药。通过对工事、阵地、建筑物等典型集群(面积)目标的易损性研究,可将目标抗毁能力以最大抗击弹药的爆炸产生的能量作为衡量标准,量化为抗打击能力。

对于装甲(点)目标,通过对坦克装甲车辆、工事等典型装甲(点)目标的易损性研究,将其防御能力量化为等效轧制均质装甲钢(RHA)的厚度,一般取装甲(点)目标防御能力最强方向的装甲量化为防御能力(对坦克装甲车辆通常取炮塔正面等效装甲厚度,无炮塔的装甲车辆取车体正面首上等效装甲厚度,工事取防御正面侧壁厚度),并以此为基准量化为其抗侵彻能力。

通过将压制弹药的毁伤能力和集群(面积)目标的抗毁能力量化为以爆炸能量(兆焦耳或千克·TNT)为单位的统一量纲;将反装甲弹药的侵彻能力和装甲(点)目标的抗侵彻能力量化以 RHA 装甲厚度(毫米)为单位的统一量纲,方便分析计算。同时,该方法支持对任意一种弹药、目标的量化,适应未来新研制的弹药及战场上出现的新种类目标。

2) 目标分配模型

各类武器弹药对目标的打击效果要受多种因素的影响,通过毁伤能力与抗毁能力统一量化可以计算毁伤目标的打击任务量和武器弹药的毁伤能力,目标分配模型算法主要从以下几方面进行弹药优选,以确定目标的打击弹药,再通过打击弹药关联打击武器及火力打击单位,如图 5-41 所示。

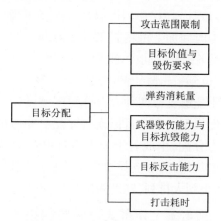

图 5-41 打击目标分配优化因素

(1) 攻击范围限制:判断敌方目标位置与我方火力打击部队射击位置的距离是否满足攻击范围限制。对炮兵部队,主要计算炮阵地位置到敌目标的距离是否超出武器射程;对在机场待战的航空兵部队,主要计算机场到敌目标的距离是否超出飞机作战半径与机载武器射程之和;对已在空中待战的航空兵单位,主要计算从空中待战阵位飞行到射击阵位(空中待战阵位到敌目标的距离减去机载武器射程)后的剩余油量是否满足返航要求。

(2)目标价值与毁伤要求:根据目标体系价值分析的结果,得到目标综合价值与毁伤要求。

(3)武器毁伤能力与目标抗毁能力:根据毁伤能力与抗毁能力统一量化方法的计算结果得到我方武器弹药的毁伤能力和敌方目标的抗毁能力。分配算法计算时,我方武器弹药的毁伤能力必须大于敌目标的抗毁能力。

(4)弹药消耗量:根据目标毁伤要求、武器毁伤能力和目标抗毁能力,计算达到预期毁伤要求弹药的消耗量,判断是否超出打击单位的剩余弹量携行量。

(5)目标反击能力:根据目标体系价值分析的结果,得到目标关联的武器装备型号,再根据武器型号得到目标关联武器的射程和射击方向。分配算法计算时,优先选用射击方向与敌反击方向不同的武器弹药,或在射击方向相同的情况下,优先选用射程超过敌反击射程的弹药。例如,打击敌某个炮兵阵地目标时,应优先选择空对地弹药,或射程较远的炮弹,即优先考虑航空兵或射程优于敌方的炮兵进行打击,以避免敌方反击。

(6)打击耗时:根据武器射速和弹药消耗量计算射击时间,根据弹药平均飞行速度(条件不允许则取弹药初速)和到目标的距离计算弹药飞行时间,再加上打击前的准备时间(火力反应时间)即为打击耗时。其中炮兵的打击准备时间根据作战标准计算,火力反应时间以下达射击口令到完成火力单位完成射击前准备工作为准(一般取计划内 20s,计划外 40s);在机场待战的航空兵单位按机场飞行到射击阵位的时间加上机场起飞准备时间(一般按待战等级分 1min、3min、15min 三种)和起飞爬升时间(一般取 5min)计算;已在空中待战的航空兵单位,按从空中待战阵位到射击阵位的飞行时间计算。

依据火力分配原则能够支撑两种火力分配模型设计,包括多个目标逐个分配和单个目标优选分配模型。多个目标逐次分配主要适用于火力类任务规划,支撑对多个目标的火力分配,生成若干个火力打击行动;单个目标优选分配主要适用于临机目标打击规划,能够支撑对单个临机时敏目标规划出若干个打击方案,并按打击耗时从小到大排列,辅助指挥员规划最优打击方案。

5.4.3　分布式协同控制技术

目前陆军协同作战多借助于指挥控制信息系统进行协调,通过指挥中心的统一调度,实现集中式协同。然而,随着陆军作战任务的转变以及作战态势趋于复杂化的程度不断提高,集中式协同已不能满足协同作战对自主重构、抗毁能力的要求。为此,具有自主协同、柔性重组能力的分布式协同控制模式被军事运筹人员提出以适应未来陆军作战的需要。

1. 任务协同控制技术

多平台协同指挥技术主要用于解决目前陆军多武器平台遂行作战任务中相互协同能力不足且依赖于作战指挥中心，缺乏灵活、自主协同的能力，重点突破传统基于中心的集中式指挥对决策控制效率及柔性的限制，通过构建任务式协同控制，结合装甲、炮兵、防空、陆航等武器平台的特点，实现多武器平台间的自主协同、柔性控制，实现传统集中式控制向任务式控制的跨越。

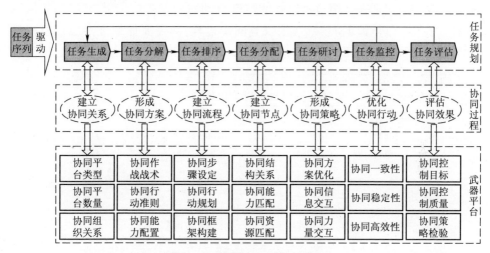

图 5-42　任务式协同控制模型

如图 5-42 所示，按照陆军作战任务的特点，作战任务可分解为任务生成、任务分解、任务排序、任务分配、任务研讨、任务监控和任务评估 7 个阶段，将其分别映射到建立协同关系、形成协同方案、建立协同流程、建立协同节点、形成协同策略、优化协同行动和评估协同效果 7 个协同要素，并分别形成各武器平台在各协同阶段的行动准则，实现"任务-协同-平台"三者间的深度耦合，形成具有层次化特点的任务模型。该任务式协同模型中，通过对任务颗粒度和资源能力的描述，构建任务数据库和作战资源数据库，实现对各分布式协同平台的统一管控，通过以完成作战任务为导向，驱动协同控制各要素的同步更新。在任务的趋势下，各协同平台在既定的协同组织关系下进行自主重组，资源优化配置。

2. 协同行动信息共享

通过协同行动信息共享技术，实现分布式作战节点间的作战数据、情报数据的及时共享，为指挥机构实现网络化作战行动协同提供支撑，提高作战行动控制的精确性和指挥效率，主要包括协同控制机制和基于协同空间的协同信息共享，如图 5-43 所示。

协同控制是指协同过程中群体成员的关系（加入或退出）、协同行为的产生和描述、角色冲突或协作行为冲突等。对于需要高度并行修改共享数据的协同应用，采用分布式锁管理器技术实现对每一个信息体的保护，锁同时只能被一个成员所占有，占有锁的成员可以更改信息体的信息，其他成员则只能查看信息体的内容。

基于协同空间的协同信息共享是指将需要共享的数据放在应用协同空间，通过协同空间实现在一组节点之间的数据自动同步。通过应用协同空间，协同应用不用关心具体数据的发送、接收等同步过程，只需要像处理本地信息一样处理信息体就能自动完成系统同步过程。

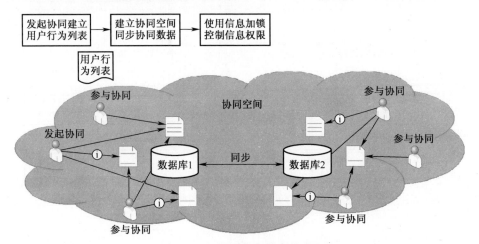

图 5-43　协同信息共享技术

3. 战术协同流程建模

针对作战中的典型战术分队、武器平台等作战资源的任务特点、运用方式、协同机制，研究基于工作流的战术协同流程建模技术，加强战术分队之间的策应、支援和配合，实现快速高效战术协同。

建立典型战术协同作战任务集合，将典型作战任务分解为协同战术行为（作战序列/任务单元），通过典型战术分队/武器平台协同任务的基本行为进行描述，实现从抽象协同作战任务到单元具体协同作战行为的分解细化和具体描述，建立典型战术协同的作战流程活动集合。

通过时态约束、资源约束和参数依赖的表达及处理方法约束工作流活动和转移，构建战术协同流程控制规则体系，提高战术协同流程控制效率。

基于战术协同流程控制规则体系和战术协同的作战流程活动集合，采用事件驱动方式，滚动推进战术协同指控流程，支持典型战术分队和武器平台进行多任务管理,应对战场情况的各种变化。

5.5 综合保障

5.5.1 支援保障技术

未来战争将是智能化战争,后勤保障对象主要由智能化作战装备组成,信息化战争"以快制慢"的制胜机理将被智能化战争"以灵制笨"的制胜机理所取代,传统后勤保障的"供、救、运、修"职能需要不断调整,要求后勤保障必须适应智能武器装备的发展,超前预想,聚焦前沿,推进后勤信息化向智能化方向发展。

美国国防部后勤局通过推行大数据战略,期望大幅提高数据实时融合效率,让后勤分析人员在更短时间内通过各种渠道搜集数据,再对汇总数据进行分析,以确定有效的后勤保障方案。天睿公司为美军提供"联合数据架构"系统的综合性大数据技术解决方案,该系统具有预测分析功能,可预判武器装备中哪些零部件何时出现故障,在零部件发生故障前向维修技师预警,告知技师将其拆除;并且拆除位置非常方便技师修理和更换零部件,确保合理利用库存零部件资源。

美国陆军全球作战保障系统(GCSS-A)提供近实时的精确物资管理信息和战备结果,使得指挥官能够观察到整个战场,看见哪里会出现风险和问题以及哪里需要决策。从2012年开始部署时起,GCSS-A就一直尽力地实现扁平化并整合陆军的流程。GCSS-A采用单一的综合数据库,为补给、可追究性、维护和财务等提供近实时信息,实现了更加清晰的战备图,提升了战备能力。图5-44展示了美军持续保障战备模式概要。

美国陆军装备司令部、国防后勤局和美国运输司令部等战略级后勤组织,其职责是确保陆军在战术级成功完成任务。GCSS-A的综合化能力以一种可负担的、清晰的方式实现了"唯一的事实",这是陆军之前从战略级到战术级都从未有过的。现在,每位指挥官、操作员都能看见某个装备或零部件的同一状态,可以全面了解装备与为该装备提供维护的系统的数据、维护记录、可维修性(适用性)、补给和可追究性。具备完全可视性有助于指挥官规划未来的需求和形成战备能力。

GCSS-A的处理速度很快。单一的数据库能够迅速处理和更新零部件交货、工作次序与维护时间安排。车辆调配人员不再需要与补给保障机构(SSA)协调输入的数据。当将物品发放给用户时,授权存货清单就自动补充。补给军士订购零部件或装备,在该零部件或装备到达补给保障机构的仓库时,补给军

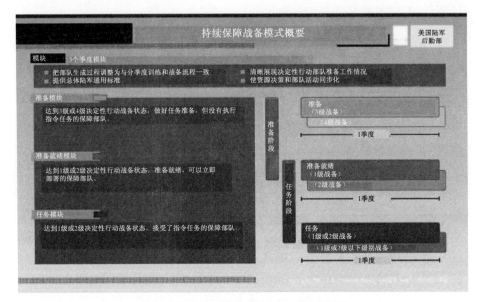

图 5-44 美国持续保障战备模式概要

士的屏幕上会显示一条提醒信息。通过使用 GCSS-A 的装备情况报告（ESR），维护控制官能够更好地对其资源的有效使用进行规划。装备情况报告能够提供装备状况和零部件可用性的实时视图。发动机维护人员能够自动接收即将到来的维修和检查需求的通知。操作员和机械装备资格和许可证记录保存在 GCSS-A 中，因此，士兵每次到新的工作地点后，无须再次生成其资格和许可证信息。这仅仅是 GCSS-A 实现的许多物资管理改进的一小部分。陆军联合保障司令部制定了总体培训战略，包括从战术到管理层面的教育和认证。通过开发一个类似于真实 GCSS-A 系统的实时训练环境来改善个人的训练，该训练环境提供实际操作练习、教学短片和故障排除功能。培训方面的另一个亮点是重建了位于弗吉尼亚州 Fort Lee 的补给保障机构（SSA）培训基地，建成一个全功能的"目标 SSA"基地。新兵、准尉、士官和军官使用最新的装备和 GCSS-A 软件进行训练。

GCSS-A 共用作战图将包括武器系统的作战能力、工作单已经打开时长的信息、部件从订货到交付时长视图、战备数据、客户等待时间以及其他重要的趋势和指标，以帮助领导者了解战备风险和目标。当前正在对这一能力进行有限用户评估。GCSS-A 未来计划增加的能力包括跟踪弹药、燃料和运输，从而获取更全面的战场后勤共用作战图。GCSS-A 将完全融入任务指挥系统，清晰地了解战场态势并为作战提供支持。未来作战部队和保障部队领导人都可以在联合作战指挥平台上高效、无缝地使用 GCSS-A 后勤状态报告表。图 5-45 展示了美军物资通用操作视图(M-COP)。

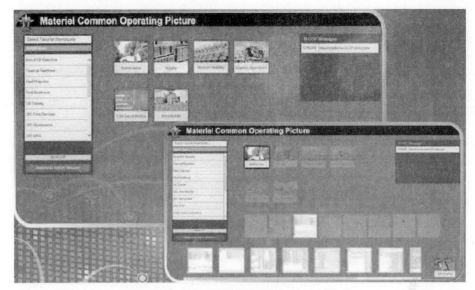

图 5-45　美军物资通用操作视图(M-COP)

此外,美军还提出了联合后勤企业(JLEnt),以"国家军事战略"和未来联合作战环境为基础,通过全球性、跨领域和多功能的后勤解决方案应对对手的挑战。这些解决方案抛弃传统方法,通过全球整合更高效地管理短缺资源并平衡能力、性能和战备。联合后勤企业是一个为实现共同目标,由后勤提供者构成的全球一体化网络。该企业当前的目标是投送和维持军事力量,实现全球到达,并为联合部队指挥官提供全方位的、灵活的、响应迅速的备选方案。

联合后勤企业拥有后勤的数据仓库。数据是提高战备能力、降低管理有限资源的相关风险和保障联合部队的关键使能要素。数据的访问、分析和保护成为增强竞争优势、降低行业风险并为该企业提供支撑的力量倍增器。增强对该企业中原始数据的分析有助于提高联合部队的战备能力,改进从工业基地到需求地的后勤保障,从而增强国家的战略优势。

联合后勤企业利用机器学习技术帮助解决新兴的数据科学领域内的复杂问题,使该企业能够做出更快、更准确的决策,预测保障部队的位置,建立关键基础设施,有效提供后勤,并提高该企业的响应速度和敏捷性。加强数据的分析将使该企业能够按照所需的精确数量按时交付正确的物品。大数据技术在加速后勤战备的转变并为联合部队和美国盟友提供支持方面提供了最大的潜力。

智能后勤保障在美军近几场局部战争中已有所体现,如无人化运输车、无人机前送、战场救护机器人、炒菜机器人、无人值守洗衣车、无人值守厨房、无人面包加工方舱等优势明显,其应用已从传统的物资装卸搬运、战场伤员救治和运输补给等领域拓宽到核生化探测侦检、工程保障和自主加油等勤务领域,功能上由单一功能向多功能复合发展,使用空间也从以地面为主向空中和水上、水下拓展。

参考美军智能保障系统可以看出,随着云计算、物联网、大数据技术及新一代人工智能技术不断应用于军事保障领域,智能化后勤装备能成建制地对作战部队进行精确保障,实现数据流程与后勤保障流程无缝链接并相互驱动,构建全方位遂行保障任务的"侦保一体"的动态体系,在完全无人干预的情况下执行作战和保障任务。

5.5.2 军事物联网技术

1. 军事物联网概念

军事物联网就是将军事设施、战斗装备、武器装备、战斗人员与军用网络结合,从而实现物与物、人与物、人与人互联的智能化、信息化网络。从概念上说,网络中的每个要素(如武器装备、单兵、指挥员、后勤物资等)都是网络节点,所有要素通过物联网技术融合在军事信息网中,将军事行动转为由信息辅助决策,再由决策指挥行动。军事物联网将物联网的物联深化发展为物控,这是物联网应用在军事领域的必然方向,符合军事信息化建设的实际需要。

2. 美军军事物联网应用

美军目前规划以现行的军用网络基础设施为中心,把陆军、海军、空军与国土安全部门所收集的信息通过网络连接的方式传送至军方信息中心或云端作战中心进行分析与存储,然后再利用信息分析的结果进行相关军事行动。陆军、海军、空军与国土安全部门可以看成被连接的对象,采集信息与情报,通过网络连接,将采集的信息与情报进行存储与分析,方便终端使用者(美国国防部)依据这些信息与情报以及结果进行后续动作与指令。

据美国国防部的规划,美军物联网系统将会被应用在飞机、地面车辆、船舰、太空飞行器及其他武器系统。无论这些武器系统的大小,是否需要人工操控,都可以进行物联网系统的连接。美军认为未来战场部队装备的完好性、安全性与机动性是决胜的关键要素之一,利用物联网系统,各式军用卡车和装甲车辆可以装载各式车用传感器,通过传感器的监测,可以清楚了解每台车辆的油料数量、轮胎压,甚至是发动机的寿命。通过智能型手机的软件连接,可以显示各车辆的状况,提早警示何时需要补充油料,或是哪一台车辆的轮胎压异常,需要进行维修与更换。也可以通过计算机的连接,知道上述车辆的油料更换与轮胎检修是由哪位士兵负责,当发现任何状况时,通过将对象收集的信息与需求传递给负责人员,即可迅速完成所需工作,减少在战场上因为车辆与部件疏于保养或维修造成士兵伤亡的风险。此外,许多生物型传感器也可以佩戴在战士的军装上,实时测量每一位士兵的生理体征状况,如体温、心跳、血压与肾上腺素等指标,并且可以警示有状况的战士与所处位置,当医护人员收到上述警示信息时立即前往救护。早期的救护可将伤亡降至最低,这样可以大幅提高战场的战斗效率与成功几率。

在国防使用环境中,军事物联网可以应用在人员、环境观察、武器系统、自动化系统、后勤供应保障与设施管理等方面,如表 5-3 所列。

表 5-3 美军军事物联网应用领域

应用领域	人员	环境观察	武器系统	自动化系统	后勤供应保障	设施管理
	战术通信、生理监控	定位系统、数字地图、部队追踪、危险侦测	引导系统、无人系统	感测预防、机器人应用	预测维修、供应管理	能源管理、废弃物管理

(1) 人员应用方面包括战术通信与生理监控。
(2) 环境观察应用方面包括定位系统、数字地图、部队追踪与危险侦测。
(3) 武器系统应用方面包括引导系统与无人系统。
(4) 自动化系统应用包括感测预防与机器人应用。
(5) 后勤供应保障应用包括预测维修与供应管理。
(6) 设施管理应用包括能源管理与废弃物管理。

3. 军事物联网技术体系

物联网技术体系包括感知层技术、网络层技术、应用层技术和公共技术,如图 5-46 所示。

1) 感知层技术

感知层是物联网的基础,主要用于采集物理世界中发生的物理事件和数据,包括各类物理量、标识、音频、视频等数据,解决人类世界的数据获取问题。主要通过各类信息采集、执行设备和识别设备,采用多种网络通信技术、信息处理技术、物化安全可信技术、中间件及网关技术等,实现物理空间与信息空间的感知互动。

感知层由具有感知、识别、控制和执行等能力的多种设备组成,一般包括数据采集、短距离通信与协同信息处理两部分。其中,数据采集主要包括条形码技术、射频识别技术、传感器技术;短距离通信与协同信息处理主要包括 Zigbee 技术、蓝牙技术、WiFi 技术等。

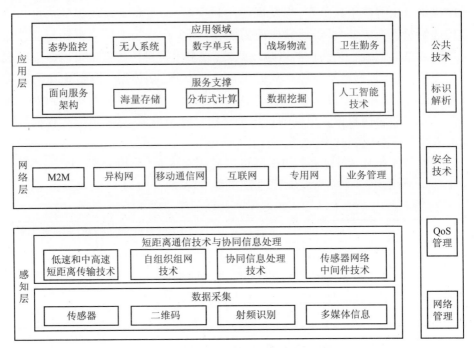

图 5-46 物联网技术体系

（1）数据采集。

条形码是一种信息的图形化表示方法，可以把信息制作成条形码，然后利用扫描设备将其中蕴含的信息输入到计算机中。一维条形码将宽度不等的多个黑条和空白，按一定的编码序列排列，表达一组信息的图形标识符；二维码在二维空间水平和竖直方向存储信息，优点在于信息容量大、译码可靠性高、纠错能力强、制作成本低、保密与防伪性能好。

射频识别技术是一种利用射频信号自动识别目标对象并获取相关信息的技术。与条形码技术相比具有很多优点：一是可识别单个具体的物体，并不是像条形码那样只能识别一类物体；二是采用无线射频，能够透过外部材料读取数据，而条形码必须依靠激光技术读取物体表面的标识信息；三是可以同时对多个物体识别，而条形码只能一个一个地读取；另外还具备普通条形码所不具备的防水、防磁、耐高温、读取距离远和标签数据的可重复读写等特点。

射频识别是物联网最关键的技术之一，是一种非接触式的自动识别技术，可识别高速运动物体并可同时识别多个标签，操作快捷方便，如图 5-47 所示。射频识别主要由三部分组成。

① 标签：由耦合元件及芯片组成。每个标签具有唯一的电子编码，依附在物体上用于目标识别。

② 读写器：读取/写入标签信息的设备。
③ 天线：在标签和读取器之间传递射频信号。

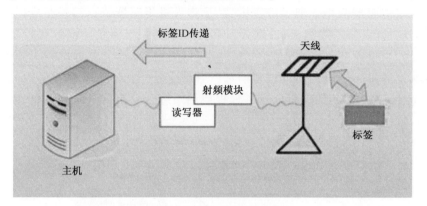

图 5-47 感知层射频识别技术

传感器能感受到被测量信息，并能将被测量信息按一定规律变换成电信号或其他所需形式的信息输出，满足信息的传输、处理、存储、显示、记录和控制等要求。物联网中的传感器节点是在传感器的基础上增加了协同、计算、通信功能，构成具有感知、计算和通信能力的传感器节点。

（2）短距离通信与协同信息处理。

Zigbee 技术是一种近距离、低复杂度、低功耗、低速率、低成本的双向无线通信技术。其主要适用于自动控制和远程控制领域，可嵌入各种设备。

WiFi 是一种可以将个人计算机、手持设备（PDA、手机）等终端以无线方式互联的技术。其主要特点为无线电波覆盖范围广、传输速度快、技术准入门槛较低。

蓝牙技术是一种支持设备短距离通信（一般 10m 以内）的无线电技术，能在移动电话、PDA、无线耳机、平板终端等相关外设之间进行信息交换。其特点是稳定、全球可用、设备范围广、易于使用。

2）网络层技术

网络层将感知层获取的信息准确传输给应用层，主要包括无线传感器网络技术、移动通信技术和互联网技术。经过 10 余年的快速发展，移动通信技术和互联网技术发展较为成熟，基本能够满足物联网数据传输需求。下面重点阐述无线传感器网络技术。

无线传感器网络的每个节点配备一个或多个传感器、无线电收发器、微控制器和电池。传感器采用不同类型的探测单元，如声音传感器可以探测枪、炮声；振动传感器可以通过地面振动，探测装甲车辆的行踪；电磁传感器可以发现战场上的电磁辐射源；红外传感器主要探测热敏目标。这些传感器生成的模拟信号，经过模数转换器转换成数字信号后，传输到处理器单元。

无线传感器网络的典型应用模式，是将大量传感器节点部署在战场上，形成所需的检测区域，如图 5-48 所示。其中一个网关节点负责向远程控制站发送信息。当目标进入监测范围，首先发现目标的传感器节点通过网关，向远程控制站发送目标在 T_1 时刻的位置信息。当目标进一步深入时，其他节点先后发送目标在 T_2、T_3 时刻的位置信息。远程控制站综合分析这些位置信息，为精确打击目标提供基础。

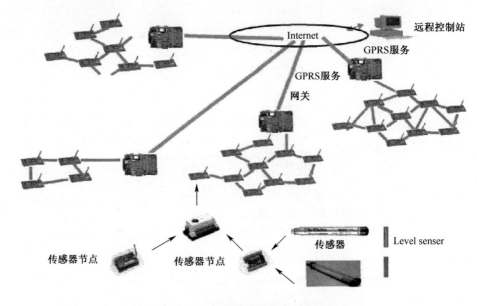

图 5-48　无线传感器网络结构图

无线传感器网络包括 4 类基本实体对象：目标、汇聚节点、传感器节点和感知现场。大量传感器节点随机部署，通过自组织方式构成传感网络，协同形成对目标的感知现场。传感器节点检测的目标信号由本地经简单处理后，通过临近传感器节点，多跳传输至汇聚节点。用户和远程任务管理单元通过外部网络，如互联网、卫星通信网络、移动通信网络，与汇聚节点进行交互。用户既可以通过无线传感器网络获取感知现场的目标信息，也可以对传感器网络进行配置管理，从而完成监测数据的收集和监测任务的发布。由此可见，其信息获取、传递和预处理功能在信息化战场上可以发挥巨大的潜力。

3）应用层技术

该层主要包含服务支撑平台和应用服务，如图 5-49 所示。服务支撑平台根据底层采集的数据，形成与业务需求相适应的、实时更新的动态数据资源库；

应用服务把感知和传输的信息进行分析和处理,做出控制和决策反应,实现智能化的管理、应用和服务。

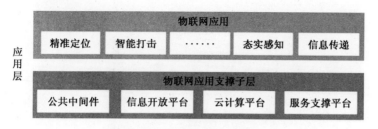

图 5-49 物联网应用层技术

4) 公共技术

公共技术与物联网技术架构的三层都有关系,包括标识解析、安全技术、网络管理和 QoS 管理。

(1) 信息和隐私安全技术:包括安全体系架构、网络安全技术、隐私保护技术、认证与访问控制技术、安全管理技术等。为实现对物联网广泛部署的"智能物体"的管理,需要进行网络功能和适用性分析,开发适合的网络安全协议和管理协议。

(2) 标识解析技术:对物理实体、通信实体和应用实体赋予的,或其本身固有的一个或一组属性,并能实现正确解析的技术。物联网标识解析技术涉及不同的标识体系、不同体系的互操作、全球解析或区域解析、标识管理等。

4. 面向军事应用的典型物联网技术

1) 态势管控

军事物联网中的武器装备通过智能芯片和广域网络组成一个大型传感器矩阵,它可以及时向指战员提供实时的战场信息,包括通过车辆、无人机、空中、海上及卫星,得到的高分辨率地图、三维地形特征、多重频谱图形等综合信息。智能传感器矩阵在物联网平台中的交互,可以搜集、分析、判断敌我双方武器装备的坐标、战场态势、敌方威胁等战场信息。以位置等环境相关信息为背景,以及由其他传感器输入的信息相互关联,可在交战网络中展示开火、武装行动、爆炸等真实事件。智能传感器矩阵还可以实现核、生物和化学攻击的识别分析等高度智能化功能。例如,诺斯罗普·格鲁曼公司生产的最新型"蝎子"Ⅱ战场传感器能探测到 100m 外的车辆和 25m 之外的行人,如图 5-50 所示。

2) 装备管理

建立联合战场军事装备、武器平台和军用运载平台的装备管理物联网,可以动态感知、实时统计分析车辆、武器、平台等装备信息,可以实现装备的定位、分布、聚集地、运动状态、使用寿命和周期、装备完好率和保养等信息的管控,使

图 5-50 诺斯罗普·格鲁曼公司的"蝎子"Ⅱ战场传感器

武器装备在物联网的宏观监控中实现智能管理。武器装备管理的物联网支持"从散兵坑经仓库到生产线"的全程管理、军用物资筹划与生产的全局控制,以及"从生产线经仓库到散兵坑"的供应链控制。对车辆和武器平台等定位、分布与聚集地、运动状态等信息随时掌握,适时适地地对武器装备(车辆)进行智能调度和动态管控,最终实现装备管理的智能化。装备"电子档案"系统可以智能地对整个单位内所有武器装备及其存放场所进行信息自动识别、采集、存储、上传,对装备全生命周期信息实现快速查询、统计、分析、预测,支撑战场武器平台状态转换、指令执行、信息反馈等应用。

3) 智能维修

武器装备维修的智能化,即在物联网中建立军事装备的完好率和寿命周期等维修信息智能平台,可以实现待修装备的定位、分布、维修地点、维修人员、使用寿命和周期、装备完好率和保养等信息的管理以及武器装备的宏观监控。通过物联网动态感知、实时统计分析车辆和武器平台等武器装备的损伤评估,分析军事装备、运载平台等损毁、维修和报废等全寿命周期状态的装备信息。在基于状态分析的维修预测方面,在事件发生前,通过传感器使用系统状态指示器来预测功能性故障并采取相应的行动。这些传感器能根据周期间隔、使用时间、里程等的累积来进行预定,或者基于特定的器件退化或失效动态地预定。基于状态分析的维修预测能力可以提高武器系统寿命周期内的可靠性。

4) 数字化单兵

集作战、机动、信息、防护和生存能力于一体的数字化单兵作战系统将单个士兵视为一个"有人"物联网终端,已成为当前各国陆军装备的发展趋势。美国、英国、法国、德国等纷纷根据未来作战需求着手研制最先进的数字化单兵系统,以大幅增强未来单兵的战斗能力,图 5-51 展示了法军 FELIN 单兵作战系统。在单兵战斗装备方面,可以提高单兵感知能力和人装一体化水平。单兵位置等战场信息可以通过有线或无线的方式,上传给战斗级物联网,可以使指挥员即时了解现场态势情况,便于做出正确判断和决策;借助体域网技术,可以将携带装备、单兵防护、服装、医疗,甚至包括人体生理特征等信息接入军事物联网,实现智能感知与防护、人性化伴随保障。在单兵通信与网络能力方面,可以将单兵位置和监控图像等战场信息通过无线网络传输给行动分队其他成员和指挥中心,实现信息共享;同时,单兵协同作战中,通过即时的点对点或点对多点的语音、视频通信,实现单兵侦察、信息共享。

图 5-51　法军 FELIN 单兵作战系统

5. 军事物联网技术趋势

1) 大力发展后勤传感装置

美军重点开发三个项目:①后勤装备系统预知预告。在后勤装备中嵌入各种故障自动诊断和预报传感器。这些微型传感器可以对后勤装备实施不间断的监控,对自己进行诊断,并把故障隔离在可以更换的组件中。②个人信息预知预告。美军的个人信息载体存储装置,可以存储士兵的医疗记录、财务状况及其他个人信息。同时,美军配备有信息化士兵系统,包括一体化头盔分系统、单兵电脑和无线电分系统、武器分系统、防护分系统、微气候冷却系统等。③战场保障环境预知预报。主要包括一体化战场可视系统和信息化处理系统,以及微型飞行器等,能及时掌握沙漠、寒区、丛林等作战地域的道路、水文、地形地貌等情况,增强保障的适应性。

2) 打造后勤自动识别系统

美军重点开发三个项目:①光储卡及其判读器。光储卡也称自动货单系统卡,其外形像一个信用卡大小的自动识别技术元件,能够提供有关补给和运输的电子信息。②条形码及其判读器。条形码就是有序排列的线条组成的带状图形,通过激光或光线进行判读,把集装箱所装物资的品种等数据传输到数据库进行处理。③MEMS-RFID 自动感应技术。微机电(MEMS)是一种具有毫米级尺寸和微米级分辨力的微细集成技术,基于该技术的传感器,能够感知和收集各项细微的环境变化并做出及时的反应,当物品的存储温度、湿度超过规定值或受到的震动超过安全值时,微机电传感器会自动报警。

3) 推广并行网络计算技术

美军认为,单纯的 RFID 标签或传感器的应用并不是真正的物联网应用,关键是要抓好作为物联网中枢神经的智能信息网络的开发,从而高效利用 RFID 标签与传感器获取的海量信息。目前,美军正加快研究云计算等新兴的物联网技术,通过云计算,网络服务提供者可以在数秒之内处理数以千万计甚至亿计的信息,达到和"超级计算机"同样强大效能的网络服务。

4) 研发智能决策支持系统

未来以主动感知、回馈控制为特征的物联网应用必将对海量数据的分析优化、智能终端等技术提出新的要求,而智能决策支持技术以战场信息和科学分析算法为基础,为军事保障决策者快速、灵活、直观地呈现可供选择的决策方案。人工智能的引入,产生了智能决策支持系统,其核心思想是将人工智能技术与其他相关技术相结合,使决策支持系统具有人工智能行为,更充分地利用人的知识。智能决策支持系统既充分发挥了传统决策支持系统中数值分析的优势,又充分发挥了专家系统中知识及知识处理的特长;既可以定量分析,也可以定性分析,因而智能决策支持系统已成为决策支持系统发展的主流方向。在军事保障领域里,智能决策支持系统具有很强的生命力,将智能决策支持系统与物联网技术相结合,将是辅助后方指挥员迅速、准确、高效地实施决策的强有力工具和手段。

5.5.3 资源管理技术

随着作战过程的逐步精细化,实现对战场资源的统一管理成为了指挥信息系统平台必不可少的重要功能。虚拟化技术是最为重要的资源管理技术。

陆军指挥车等机动作战装备相比固定指挥所,计算、存储、网络等硬件资源受限,固定指挥所资源管理方式难以满足机动作战装备硬件环境和作战使用模式需求,需要对资源管理技术进行轻量化定制,如图 5-52 所示。一是资源管理软件部署轻量,通过性能优化、最优参数自适应匹配等手段,资源管理软件能够轻量化部署,本身运行和管理开销小,且开设时间短;二是资源管理软件支持小规模集群部署,适配小规模集群部署,且支持控制节点和业务节点混合部署,进一步提高资源利用率;三是支持扁平化的网络,相比固定指挥所环境资源管理,网络层网络层复杂度较低;四是软件应用流程更加精简,降低对运维人员专业水平的依赖。

　　虚拟化是指通过虚拟化技术将一台计算机虚拟为多台逻辑计算机。在一台计算机上同时运行多个逻辑计算机,每个逻辑计算机可运行不同的操作系统,并且应用程序都可以在相互独立的空间内运行而互不影响,从而显著提高计算机的工作效率。

　　虚拟化位于下层的软件模块,通过向上一层的软件模块提供一个与它原先所期待的运行环境一致的接口方法,抽象出一个虚拟的软件或硬件接口,使得上层软件可以直接运行在虚拟环境上。虚拟化技术主要用来解决高性能的物理硬件产能过剩和老的旧的硬件产能过低的重组重用,透明化底层物理硬件,从而最大化地利用物理硬件,简单来说就是将底层资源进行分区,并向上提供特定的和多样化的执行环境。

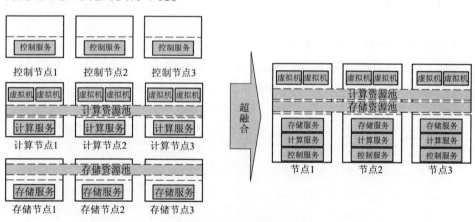

图 5-52　轻量级资源管理

虚拟化技术主要分为以下几个大类。

1. 平台虚拟化

　　平台虚拟化是针对计算机和操作系统的虚拟化,又分成服务器虚拟化和桌面虚拟化。服务器虚拟化是一种通过区分资源的优先次序,并将服务器资源分配给最需要它们的工作负载的虚拟化模式,它通过减少为单个工作负载峰值而储备的资源来简化管理和提高效率。桌面虚拟化是为提高人对计算机的操控力,降低计算机使用的复杂性,为用户提供更加方便适用的使用环境的一种虚拟化模式。平台虚拟化主要通过 CPU 虚拟化、内存虚拟化和 I/O 接口虚拟化来实现。

2. 资源虚拟化

资源虚拟化是针对特定的计算资源进行的虚拟化,如存储虚拟化、网络资源虚拟化等。存储虚拟化是指把操作系统有机地分布于若干内外存储器,两者结合成为虚拟存储器。网络资源虚拟化最典型的是网格计算,网格计算通过使用虚拟化技术来管理网络上的数据,并在逻辑上将其作为一个系统呈现给用户,它动态地提供了符合用户和应用程序需求的资源,同时还将提供对基础设施的共享和访问的简化。

3. 应用程序虚拟化

应用程序虚拟化包括仿真、模拟、解释技术等。Java 虚拟机是典型的在应用层进行虚拟化。基于应用层的虚拟化技术,通过保存用户的个性化计算环境的配置信息,可以实现在任意计算机上重现用户的个性化计算环境。服务虚拟化可以使业务用户能按需快速构建应用的需求,通过服务聚合,可屏蔽服务资源使用的复杂性,使用户更易于直接将业务需求映射到虚拟化的服务资源。

4. 表示层虚拟化

表示层虚拟化在应用上与应用程序虚拟化类似,所不同的是表示层虚拟化中的应用程序运行在服务器上,客户机只显示应用程序的 UI 界面和用户操作。表示层虚拟化软件主要有微软的 Windows 远程桌面(包括终端服务)、Citrix Metaframe Presentation Server 和 Symantec PcAnywhere 等。

陆军战术级作战需要定制轻量化资源管理,目前可采用计算存储网络超融合的架构设计方法,如图 5-53 所示,而无须配置单独的存储服务器或者存储设

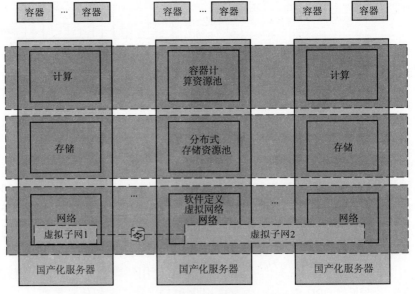

图 5-53 虚拟化超融合架构

备,从而减少机动指挥车辆内设备占用空间。另外,若采用分布式存储架构,可以将分布式存储部署在计算节点和控制节点上,实现控制节点、计算节点、存储节点使用同一批服务器。分布式存储将服务器上的零散的本地存储资源整合起来,形成统一存储资源池,用于保持镜像、虚拟机上的数据。

5.6 赛博对抗

随着世界各国加强对赛博空间主导权的争夺,赛博空间日益成为国家间对抗的热点,日本等大国都提出了网军建设的口号和目标,美国更是提出了发展赛博威慑能力的思想,明确对敌国的关键基础设施、天基系统等发动赛博攻击,使得国际赛博空间安全形势日益恶化。

赛博空间是全球信息环境领域中五个互相依赖领域中的一个,其他的四个分别为空中、陆地、海洋和太空自然领域。就像空中作战依靠空军基地或陆地上和海上领域里的船只一样,赛博空间作战(CO)依靠一个相互依存的IT基础设施网络,包括互联网、电信网、计算机系统以及嵌入式处理器和控制器,以及跨越和通过这些组件的内容。赛博空间作战(CO)依靠驻留在物理域的链路和节点,执行在赛博空间和物理领域所经历的功能。

5.6.1 赛博空间

赛博空间由许多不同和经常重叠的网络、这些网络上的节点(任何设备或与因特网协议地址或其他类似标识符的逻辑位置),以及支持它们的系统数据(如路由表)构成。虽然不是所有的节点和网络都可以进行全球范围内的链接或访问,赛博空间还是继续变得日益联系紧密。通过使用访问控制、加密、不同的协议或物理分离可以有目的地将网络分离或划分。除物理分离,这些方法中没有一种可以消除潜在的物理连接;相反,它们会限制访问。赛博空间作战(CO)访问可能会受到法律、主权、政策、信息环境或操作限制的影响;然而,对这些限制的调整适应却不一定能够实现对目标的访问。

可以从三个层次对赛博空间进行描述:物理网络、逻辑网络和赛博行为体(图5-54)。赛博空间作战(CO)可以在每一个层次上执行。

(1)赛博空间的物理网络层由地理成分和物理网络组件构成。它是数据传输的介质。地理成分就是网络元素存在于陆地、空中、海上或空间的位置。虽然在赛博空间很容易以接近光速的速度跨越地缘政治的界限,但是仍然存在与物理领域相连的主权问题。物理网络组件由支持网络的硬件、系统软件、基础设施(有线、无线、有线链路、EMS链路、卫星以及光学设施)和物理连接器(电线、电缆、射频、路由器、交换机、服务器和计算机)构成。然而,物理网络层使用

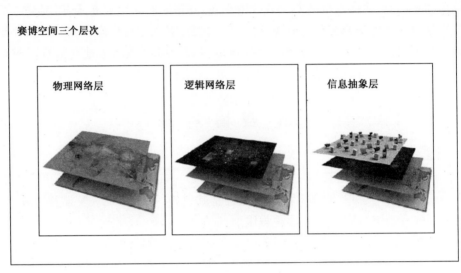

图5-54 赛博空间的三个层次
（物理网络层、逻辑网络层和赛博行为体层）

逻辑结构作为安全（如信息保障）和完整性（如通过赛博空间隧道的虚拟专用网络）的主要方法。这是信号情报（SIGINT）的主要目标，包括计算机网络开发（CNE）、测量和信号情报、开源情报和人力情报。这是用来确定管辖权和权力应用的第一个参照点。它也是地理空间情报的主要层次，在赛博空间地理空间情报有助于有用的数据定位。

（2）逻辑网络层由网络的一些元件组成，它们以一种从物理网络提取出的方式彼此相连，也就是形式或关系不依赖于个体、特定的路径或节点。

一个简单的例子就是在多个物理位置上托管在不同服务器上的任何一个Web网站，在这些位置上所有内容都可以通过一个单一的统一资源定位符（URL）来进行访问。例如，国防知识在线存在于物理域中多个位置的多个服务器上，但是在万维网上它被表示为一个单个的URL。关于逻辑层的一个更复杂的例子是美国国防部的不安全因特网协议路由器网络（NIPRNET）。

（3）信息抽象层代表赛博空间内逻辑网络抽象的更高层次；它采用了适用于逻辑网络层的规则来开发赛博空间内个人或实体身份的数字表示。

信息抽象层由网络上的实际人群构成。信息抽象层可能相当直接地与实际的人或实体联系在一起，掺入一些个人或企业的数据、电子邮件和IP地址（多个）、网页、电话号码等等。然而，一个人可以具有多个赛博空间数字身份，这些身份的真实程度可能不同。一个数字身份可以有多个用户。因此，在赛博空间内进行责任归属和定位是困难的。由于数字身份可能很复杂，再加上许多虚拟位置元素，它们通常不会与一个单一的物理位置或形式相联系，就要求联合部队具备显著的情报收集和分析能力，以获得对某个赛博数字目标足够的洞察力和态势感知(SA)，来实现有效的定位，并产生联合部队指挥官(JFC)所想要的效果。

5.6.2 赛博态势理解

在美国陆军正在开展的未来战争多域战概念研究中，如图 5-55 所示，试图将包括陆地、空中、太空、赛博和海上在内的各域同步到一个完整的战斗计划中。任务指挥系统能够为指挥官提供地面和空中环境图像，然而，随着美国陆军及联合部队转向多域战，需要能够充分了解作战环境的新工具。

图 5-55　美军多域战概念态势图

美国陆军网络数字卓越中心官员表示，美军现在所缺乏的是对赛博空间的全面了解。在多域战中，如果指挥官不了解整个战场空间，就无法制定决策，因此有必要开发系统来理解赛博空间(广义的赛博空间包括网络、电磁频谱、空间甚至是社交媒体环境)。

美国陆军 2020 年发布的赛博态势理解(cyber SU)计划开展了原型设计。通过该计划生成的工具，指挥官将能够查看和了解在其管辖下的非物质战斗空间所发生的事件，这种功能可能会在作战期间产生巨大影响。例如，除了主要指挥或通信网之外，在一般旅级战斗队中至少有 7 个不同的网络，通信人员通常能够很好地处理主要网络，但其他的则无暇顾及。这为对手敌开了方便大门，如果他们可以利用这个网络的一部分并进入到最重要的网络，就能收集敏感信息或关闭网络。

赛博态势理解工具中的一个构件可将所有网络上的数据汇集在一起，为指挥官提供更完整的战场空间图像,其中包括广义的赛博域。不仅如此,从概念层面来看,赛博态势理解工具的能力构想是能够从战斗空间内各类传感器中提取信息,提供更多关于对手行动的情报。

美国陆军尚未将赛博空间观察到的活动关联起来,以了解对物理空间可能意味着什么。借助赛博态势理解工具,工作人员能够告诉指挥官赛博空间中的事件对任务可能产生的影响,并额外提供比较典型的情报,如从面临的拒绝服务攻击推断对手即将发动攻击并可能在何处发生。

5.6.3 赛博欺骗

赛博欺骗可以有多种不同的表现形式,使得攻击者难以弄清楚所攻击系统的细节信息。

美国陆军卓越网络中心(Army Cyber Center of Excellence,图 5-56)通过测试赛博空间欺骗能力,认为"这种能力可以用来提供早期预警、虚假信息、混淆信息、赛博延迟或以其他方式阻碍赛博攻击者"。通过使用一种基于传感器的人工智能来"学习网络架构和相关行为",从而实现"拒止、中立、欺骗和重定向赛博攻击"。

图 5-56　美国陆军卓越网络中心负责研究赛博欺骗技术

美国国防高级研究计划局(DARPA)一直在投资一个赛博欺骗项目,该项目通过伪装、隐藏和欺骗攻击者来保护赛博系统。其理念是"对基础设施和其他企业资源(如交换机、服务器和存储器)进行虚拟复制以混淆敌人视听。诱饵文件系统可以混淆攻击者,从而大大降低他们攻击的成功率。"

这个项目并不是一个独立的系统。它是一个更大的情报、军事和安全网络项目的一部分,该项目的军事和安全部分有一个"移动目标主题",该主题可以随着时间的推移不断变化。

虽然有大量的企业使用赛博欺骗工具和战术。但是,在军事领域,欺骗性技术的应用仍然滞后。2016年,美国空军研究人员戴夫·克里梅克(Dave Climek)、安东尼·马切拉(Anthony Macera)和沃尔特·蒂勒宁(Walt Tirenin)在一篇论文中称:"纵观历史,军方一直将欺骗作为一种反情报机制,但迄今为止,它在赛博空间的战术和战略中应用得最少。现代军事规划者需要拥有一种超越目前赛博欺骗技术水平的能力。"该文章发表在《安全和信息系统杂志(Journal of Security and Information Systems)》上。

2018年8月27日,美国陆军卓越网络中心在一份机构声明中表示,该中心正在测试赛博空间欺骗能力,"这种能力可以用来提供早期预警、虚假信息、混淆信息、赛博延迟或以其他方式阻碍赛博攻击者"。美国陆军补充说,通过使用一种基于传感器的人工智能来"学习网络架构和相关行为",从而实现"拒止、中立、欺骗和重定向赛博攻击"。该声明强调要使用自主设备实现赛博防御能力。

5.6.4 赛博武器和电子战

2018年在位于加州欧文堡陆军国家训练中心举行的一次训练演习中,美国陆军运用赛博武器和电子战(EW)技术成功挫败一起模拟的坦克攻击。此次演习体现出陆军对电子战和赛博防护技术的迫切需要。

在演习中,这些被攻击的坦克不得不停下来,士兵下车,脱离防护,机动性降低。演习使用的赛博武器专门针对坦克车组人员的电台和无线通信系统。赛博战包括干扰通信信号和黑客对网络的渗透,通过这些手段可以禁用或操纵对方网络,以便从其网络内部中继虚假信息给指挥官。美国陆军在此次演习中也演示了这些能力。

该演习还探索了赛博战的另一方面:渗透民用网络,以便控制民众,入侵领土。比如在一场演习中,一名指挥官受命占领一座模拟的城市,并在该城市现有网络中开展远程赛博活动,利用该网络,再接管城市中的设备。

类似的演习有助于确定在战场实现上述效果所需的技术和装备。陆军快速能力办公室领导研发的新型电子战和赛博防护工具包,既能够车载也能由士兵携带,其中包含由软件控制的传感器,可识别并分析电磁信号。软件包还具有进攻性电子战能力,比飞机反导系统现在使用的干扰器更高效。

在伊拉克和阿富汗的激战中,装备电子战技术的飞机帮助压制了敌军地面作战人员的电磁信号传输。然而,在针对技术较为先进的敌军开展的大型作战中,这些飞机将忙于干扰其同类型飞机的信号,己方地面部队将独自应对。这就是小型和便携式赛博电子战工具包具备重要潜在价值的原因所在。图5-57展示了赛博空间电子战概念。

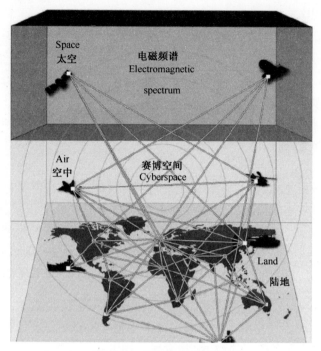

图 5-57 赛博空间电子战

美军还将工具包在罗马尼亚、匈牙利和保加利亚举行的"军刀护卫者(Saber Guardian)"演习中进行作战测试。

工具包重点关注电子战攻击性和防御性技术,但它只是另一项大工程的一部分,那就是实现电子战和赛博防护能力并获取 GPS 备选方案。

GPS 备选方案包括国防部高级研究计划局(DARPA)的可适应的导航系统(ANS)和"对抗环境下空间、时间和方向信息"项目,该项目基于使用极远程信号、自给型战术时钟和数据共享来克服电子战攻击。

可适应的导航系统项目使用冷原子干涉测量(cold-atom interferometry)技术来确定位置和时间,无须与卫星之间进行可被敌军电子战干扰的电磁信号传输。可适应的导航系统传感器装有原子云,软件算法通过测量原子云的加速度和旋转来计算位置和时间。

可适应的导航系统还能利用电台和电视的商用电磁发射以及雷击的自然电磁发射。冷原子干扰测量数据与这些偶然发射数据结合,使可适应的导航系统有可能成为在 GPS 拒止环境中更准确、更多用途的测量系统。

此外,雷声公司也在为陆军开发电子战部队 EWPMT 指挥和控制软件,如图 5-58、图 5-59、图 5-60 所示。EWPMT 是美国陆军的电磁作战管理解决方案,是同类产品中的首创工具,可以规划、管理和控制电磁频谱中的传感器和系统,提供有关在拥挤的信号环境中发生的情况的重要信息。

图 5-58　美军 EWPMT 指挥和控制软件 1

EWPMT 使陆军可以自由添加新功能和算法,以便管理日益复杂的电磁频谱。使用开放式体系结构,可以与其他军事部门共享。开放式体系结构还允许该工具在多域操作中执行网络效果。

图 5-59　美军 EWPMT 指挥和控制软件 2

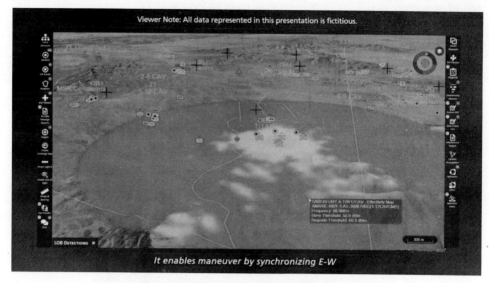

图 5-60　美军 EWPMT 指挥和控制软件 3

该软件致力于在战术环境中防御威胁。EWPMT 的移动版支持在即使没有主机服务器或与外部数据的可靠连接，也可以让操作员控制现场信号。

5.6.5　赛博子弹

2018 年 3 月 27 日在阿拉巴马州亨茨维尔举行的美国陆军协会（AUSA）全球力量研讨会上，雷迪斯公司展示了部队如何通过安装在大型 MQ-1C 灰鹰无人机上的干扰吊舱来窃取 IP 地址、拦截通信，甚至操纵敌方信息。该吊舱可以对所有本地评估点进行扫描，使操作人员获得该区域内的网络信息，并尝试进入可能感兴趣的网络。利用所谓的暴力攻击，美军可以获得密码进入网络内部，看清网络中的所有设备和数据。该公司描绘了使用该设备的作战场景：如图 5-61 所示，当作战小队从巡逻的无人机持续收集 Wi-Fi 网络和 IP 地址信息 24h 后，可以将这些地址输入陆军分布式通用地面系统（DCGS-A），进而判别出哪些 IP 地址或网络更为重要。

这种能力与伊拉克战争期间使用的以及目前安装在大型无人机平台上的信号情报吊舱类似，后者可以拦截飞机下方的手机语音呼叫信号。伊拉克战争期间，国家安全局的黑客们会侵入叛乱分子的手机和电子设备，向空中飞行员提供叛军的位置，以便实施精确定位打击。黑客也会进一步通过伪装成可信来源的设备向叛乱分子发送假消息，告诉战斗人员在某个地点会面，然后由美军飞机对该目标实施打击。特种作战部队还利用赛博技术渗透叛乱分子常去的网吧，并上传可以识别键盘输入信息或暗中激活网络摄像头的软件，让士兵能

图 5-61　美军使用雷迪斯(Leidos)的"赛博子弹"

够清楚地识别目标,如图 5-62 所示。

图 5-62　美军开展大量赛博任务为俘虏或消灭恐怖分子提供支持

伊拉克战争期间和现在的作战行动之间的主要差异在于信号情报。这种工具现在针对 Wi-Fi 网络和连接到网络的设备,拦截其中的数据信息而非语音信号。当时通常是高度秘密的机构开展这些行动,而现在的目标是将这种能力提供给旅指挥官。

战术边缘的电子战和赛博融合可为战术指挥官提供更大的灵活性。这种能力为陆军旅级战斗队指挥官提供了进攻性电子攻击和支援能力。

参 考 文 献

[1] 牛钊,马涛. 美军陆军战场无线网络发展分析[J]. 飞航导弹,2009(7):63-68.
[2] 张永池,赵丽. 一体化卫星通信网络管理平台设计[J]. 通信系统与网络技术,2019,45(1):30-34.
[3] 刘伟. 战区联合作战指挥[M]. 北京:国防大学出版社,2015.
[4] 徐晶,张译方,梁璟. 基于元数据的定制情报共享技术[J]. 电子信息对抗技术,2020,35(1):80-83.
[5] 梁振兴,左琳琳,马雪峰,等. 联合信息环境-新世纪美军全球一体化作战的基石[M]. 北京:国防工业出版社,2018.
[6] 张余清,刘志远. 美国军事物联网及应用[J]. 物联网技术,2017(2):108-110.
[7] 冀鸣,朱江,曹雄,等. 基于云计算的存储虚拟化技术研究[J]. 网络安全技术与应用,2017(03):84-86.
[8] 王欣,周晓梅. 云计算环境下大数据合理分流技术研究与仿真[J]. 计算机仿真,2016,33(3):292-295.
[9] 周明君,刘洪. 基于大数据的数据分析[J]. 科技传播,2019(8):139-140.
[10] 朱建平,章贵军,刘晓葳. 大数据时代下数据分析理念的辨析[J]. 统计研究,2014,31(2):10-19.
[11] 陆宏亮. 赛博-物理空间中数据分布式聚合与大规模处理关键技术研究[D]. 长沙:国防科技大学,2016.
[12] 李云涛,柯宏发,唐跃平,等. 外军赛博空间作战装备分析[J]. 航天电子对抗,2014,31(2):15-19.
[13] 岑小锋,谢鹏年. 赛博安全与赛博对抗技术[J]. 国防科技,2016,37(2):23-29.
[14] 覃雄派,王会举,杜小勇,等. 大数据分析-RDBMS与MapReduce的竞争与共生[J]. 软件学报,2012,23(1):32-45.
[15] 安海磊. 高速数据采集存储系统设计[D]. 成都:电子科技大学,2013.
[16] 周天君. 基于Hadoop的网络海量数据采集及处理平台开发[D]. 北京:北京邮电大学,2012.
[17] 王海豹. 基于Hadoop架构的数据共享模型研究[D]. 北京:北京工业大学,2013.
[18] 邵晓慧,季元翔,乐欢. 云计算与大数据环境下全方位多角度信息安全技术研究与实践[J]. 科技通报,2017,33(1):76-79.
[19] 陈嘉勋,肖兵,刘凤增. 基于Agent的建模与仿真技术在军事系统中的应用综述[J]. 情报交流,2019(8):71-76.
[20] 马建威. 军事信息利用过程中的信息精准服务关键技术研究[D]. 长沙:国防科技大学,2012.
[21] 汪跃,唐志军,车德朝,等. 战场态势一张图技术综述[J]. 指挥信息系统与技术,2020,11(1):12-17.

第6章
外军典型系统分析

目前世界军用指挥信息系统的发展水平以美国、俄罗斯及欧洲的英国、法国、德国等军事强国为典型代表,各国在加强自身的同时,也在相互学习、借鉴发展经验和教训,从中得出有益的启示,促进本国陆军指挥信息系统的发展建设。下面以美国、俄罗斯、法国、英国等国陆军典型指挥信息系统为例进行简要介绍。

6.1 美国陆军作战指挥系统

6.1.1 ABCS组成及发展应用

1. 系统组成及功用

ABCS是美国陆军根据数字化建设需要为整个陆军研制的指挥控制系统,研制成功后首先装备数字化试点建设部队第4机步师试用。到2009年底,陆军现役师部和旅战斗队都已装备了ABCS 6.4,初步实现了其1995年1月制定的"2010年实现全陆军数字化"的建设目标。

ABCS由3个层次、11个子系统组成,如图6-1所示。

第一层次是GCCS-A,取代陆军全球军事指挥控制系统(WWMCCS)的陆军全球指挥控制系统(Global Command and Control System,GCCS),作为陆军的战略与战役指挥控制系统,主要编配军及军以上指挥机构,实现陆军与美军全球指挥控制系统直到国家指挥总部的互联互通。

第二层次是升级后的第二代陆军战术指挥控制系统(ATCCS),提供从军到营的指挥控制能力,主要包括机动控制系统(MCS)、防空反导计划控制系统(AMDPCS)、全源分析系统(ASAS)、战场指挥与勤务支援系统(BCS^3)、高级野战炮兵战术数据系统(AFATDS)等5个核心指挥控制系统和数字地形支援系统(DTSS)、综合气象系统(IMETS)、战术空域一体化系统(TAIS)、综合系统控制系统(ISYSCON)等4个为上述核心指挥控制系统提供相关数据支撑的通用作战支援系统。

第三层次是21世纪部队旅及旅以下作战指挥系统(FBCB^2),它也属于核心指挥控制系统,为旅和旅以下部队直至单平台和单兵提供运动中实时、

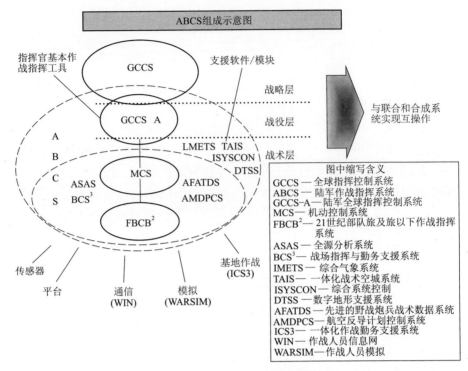

图 6-1 美军 ABCS 分层示意图

近实时态势感知与指挥控制信息,该系统首次使营、连指挥官能够在地面机动车辆上制定作战计划、确定补给路线、下达作战任务、跟踪友军及敌军行动。

这 11 个子系统通过战术互联网融合成由各功能系统合成的陆军 C^4I 系统,如图 6-2 所示。

ABCS 通过及时显示各种格式类型的信息,包括话音、数据、图形、图像和视频,创建一个作战空间的 COP,可增强指挥官对作战空间的可视化程度。指挥官可以随时随地察看 COP。ABCS 为多个不同地点的指挥官/参谋人员提供完全的交互。此外,指挥官及其作战参谋可以通过 ABCS 完成下列任务。

(1) 接收或识别任务需求。
(2) 确定指挥官的信息需求。
(3) 获取和分发信息,以取得态势感知。
(4) 分析和协作,以理解态势。
(5) 应用态势理解设想成功的最终状态。
(6) 描述达到最终状态的方法和企图。
(7) 指挥下属行动,实现企图并达到最终状态。

第6章 外军典型系统分析

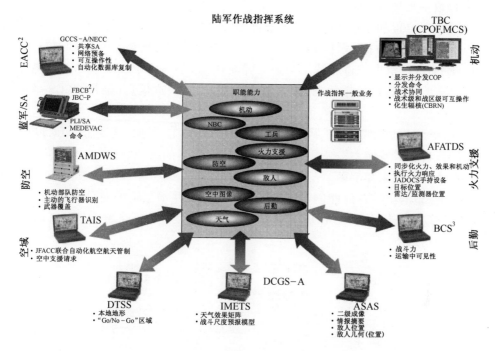

图 6-2　美军 ABCS 组成结构

（8）根据需要引导/监视活动。
（9）根据需要修订/发布简令（FRAGO）。
（10）执行并评估——连续修订/进行运行时评估。
（11）发布指令、作战结果或新任务等简令。

ABCS 使联合部队指挥官能够执行作战指挥,并为其提供了解敌方、我方和地形（包括空中和地面的）所需的功能。此外,它还为联合部队指挥官提供指挥和协同其支持的指挥官的功能。ABCS 使联合部队指挥官能够先敌发现、先敌了解、先敌行动并果断结束,这些都是战术成功的手段。通过提供这一关键能力,ABCS 还将使联合部队指挥官能够掌握和维持战术优势,进而从中获益。

为确保部队的理解一致,ABCS 将提供后续能力实现指挥官与其参谋人员、指挥官与友邻和下级指挥官的协作。指挥官所需的功能由 ABCS 以指挥官的应用形式提供。该应用是指挥官查看作战态势、描述意图以及指挥下属按其意图行动所用的唯一信息源和协作工具。最后,ABCS 将为作战参谋提供部队集结及同步所需的功能。

ABCS 的关键在于它是一个互操作的系统之系统。基于公共地形数据

(来自数字地形支持系统(DTSS)),指挥官能在 ABCS COP 上显示多种信息,包括:我方位置和图形控制手段(来自 MCS 和 FBCB^2)、敌方部队和装备(来自 ASAS);气象数据(来自 IMETS)、火力支援控制手段、射程扇区和目标(来自 AFATDS);空中航迹和战术弹道导弹航迹(来自 AMDPCS);我方空域控制手段(来自 TAIS)、后勤状态(来自 CSSCS)和联合资产信息(通过 GCCS-A 获得)。

COP 将提供计划文档、状态报告的访问以及空中、导弹、核生化(NBC)攻击的及时、自动告警能力。公共图像也包含其他陆军部队、联合或盟国部队以及敌方、中立方或未知部队。ABCS 为 COP 都提供了统一和共享的数据基础,因此不同位置的士兵有可能创建同样的 COP 显示,并根据需要对公共图像进行剪裁。指挥官使用 ABCS COP 来指挥部队作战,以及根据战场情况进行调整,如图6-3所示。

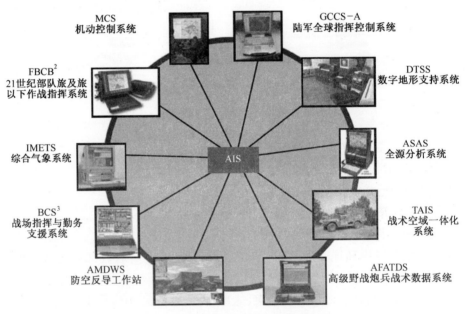

图6-3 ABCS 6.4中的信息服务器(AIS)

指挥官将使用指挥官应用作为他们主要的作战指挥工具。该应用将为从营级到军级的指挥官提供执行作战指挥所需的功能。指挥官在利用 COP 增强下属对其意图理解的同时,还通过 ABCS 向下属发布执行信息(命令和计划),实现对部队的控制。ABCS 使指挥官能够快速达到部队和功能同步,降低了复杂作战中因同步问题可能造成的损失。

ABCS 战场自动化系统收集、处理、存储、分发、共享和显示组成公共图像的数据。为共享公共图像,通信系统必须传送 ABCS 数据。

ABCS 的作战需求是在士兵间交换信息,如图 6-4 所示。生产者和消费者用节点 A 和节点 F 表示,指挥官需要将信息从节点 A 传递到节点 F。战场自动化系统只负责执行部分数据传送,它负责节点 A 和节点 B 的接口和处理,以及节点 E 和节点 F 的处理和显示。通信系统执行 ABCS 内数据的传送。通信网络负责传送数据,从节点 B 的战场自动化系统处理器完全输出数据,直到数据完全进入节点 E 的战场自动化系统处理。

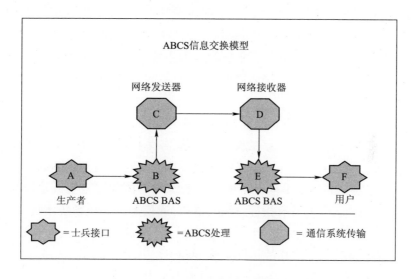

图 6-4　ABCS 信息交换模型

ABCS 使用多种通信系统来传送数据。这些通信系统可能包括单个指挥所内的局域网、战术区域公共用户系统(ACUS)、商用电话网,或由这些系统组成的混合系统。可用带宽和估计消息长度的技术限制也将影响 ABCS 交换信息的能力。例如,交换军作战计划和现场报告所需时间的差异就是因为这种预知的等待时间。为评估信息质量,ABCS 作战需求文件标准反映了系统之系统对整个交易的作战需求(A 到 F 以下)。战场自动化系统作战需求文件必须根据它们预期的通信系统延时是否支持它们的系统,来计算自己的性能标准。战场自动化系统性能评估的唯一依据是(节点 A、B 以及节点 E、F 处)战场自动化系统执行的处理,而非其他 C^4ISR 系统。

2. 主要发展过程

20 世纪 70 年代到 80 年代,美军提出了 C^3I 的概念,以实现指挥、控制、通信和情报在作战流程上的有效集成。随后,美国陆军各兵种相继开展了 C^3I 系统研制(如防空兵 C^3I 系统是美国陆军第一个 C^3I 系统)。然而,各军兵种之间仍处于树"烟囱"阶段，相互独立发展，难以联通。

在此情况下，1979年，美国陆军不得不对研制计划进行了修改，又提出了研制"陆军指挥控制管理计划"（AC^2MP），重新确定了陆军研制战术C^3I系统的基本原则和方针。不过，1982年美国陆军提出2000年空地一体战理论后，该计划又做了进一步的调整，改为"陆军指挥与控制系统"（ACCS）计划，后来又发展为"陆军战术指挥控制系统"（ATCCS）计划，为美国陆军研制一个高度集成化的综合性战术C^3I系统进行了全面规划。根据该计划，20世纪80年代中至90年代初，在作战指挥控制系统领域开发了"机动控制系统"（MCS）、"前方地域防空指挥、控制和情报系统"（$FAAD\ C^2I$）、"战斗勤务支援控制系统"（CSSCS）、"阿法兹"高级野战炮兵战术数据系统（AFATDS）等一系列专业兵种子系统，并且实现了它们之间的初步集成，构成了陆军第一代真正的战术C^3I系统。

然而此时，各系统之间互联互通能力极为有限。因而在海湾战争中，美军发现军用信息系统在结构上存在着严重问题，各军兵种之间互不联通的"烟囱"式结构已成为制约美军战斗力提高的关键性因素。这一时期，美国陆军也根据"武士C^4I计划"，开始着手进行指挥信息系统的一体化综合集成建设与改造，力图使各军兵种运行的所有指挥、控制、情报、通信和计算机系统实现最大限度的互联互通和互操作，最终达到一体化的目标。在这一时期，美军构建新一代战区级C^4I系统——陆军作战指挥系统（ABCS）。

从20世纪90年代起，经过十多年的不懈努力，美国陆军在ABCS系统的集成建设中克服了重重困难，不断取得进展和突破，逐渐完成了各个子系统的研制、装备和互联互通。到2004年，美国陆军装备了6.4版本软件的陆军作战指挥系统（ABCS 6.4）后，各子系统终于完全实现了互联互通，使陆军的指挥、控制、通信和情报系统实现了横向一体化综合集成，对外也通过美军全球指挥控制系统（GCCS）实现了与美军其他各军种及战区司令部的互联互通，基本实现了陆军一体化作战指挥控制信息系统的综合集成目标。

ABCS的发展是提供一个可根据任务、意图和梯队裁剪的，而且可以在一系列硬件和通用软件上运行的系统。

图6-5描绘了ABCS的演化发展。ABCS将在先前装备和开发的各种C^4ISR系统之外构建一个互操作的系统之系统。目前，现有的指挥所基础设施支持大部分ABCS战场自动化系统。随着ABCS的演变发展，这些支持系统也必须继续进行开发。ABCS需求还涉及对通信和电力供给灵活性方面的需求。

同时，不断地采用新技术引入ABCS系统。如美国陆军2013财年为8个旅

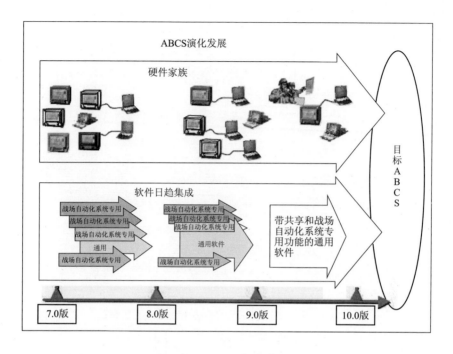

图 6-5　ABCS 的演化发展

战斗队装备了经过第三次网络集成鉴定的名为"能力组件 13"的一系列联网设备,包括任务指挥软件和战术级作战人员信息网(WIN-T)"增量"2 系统等。"能力组件 13"有机融入现役陆军作战指挥系统(ABCS),升级或取代其相关分系统,进一步将其建成融合式一体化 C^4ISR 系统,提高现役旅战斗队的一体化联合作战能力。

3. 系统作战使用

ABCS 支持从主要战区作战到人道主义行动的全谱作战,并能用于卫戍部队作战。凭借 COP 的收集、处理、存储、分发、共享和显示数据的能力,ABCS 可实现 JV 2020 和 AV 2010 所描述的网络使能环境下的以执行为中心的作战。COP 共享从各个战场功能领域中提取的,以及传递给单个用户的信息。ABCS 由根据任务、目的和梯队(士兵到军级)剪裁的综合应用系统组成。各级梯队,从集团军级司令部到军级、师级、旅级和营级的指挥所,均可以使用 ABCS 公共图像。虽然 ABCS 主要是配给指挥所的,但公共图像具有极高价值,必须延伸供给部队的前方梯队。通过 $FBCB^2$ 和"陆地勇士",公共图像可延伸到旅、营、连级的士兵。ABCS 将装备到各类陆军部队中,包括重型和轻型部队,以及陆军转型部队。ABCS 支持目标部队以执行为中心的指挥控制需求。ABCS 在陆军 C^2 节点上的分配如图 6-6 所示。

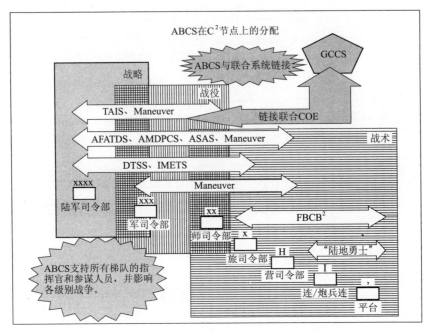

图 6-6　ABCS 在陆军 C^2 节点上的分配

ABCS 分布在部队的每个梯队中,并通过区域公共用户系统(ACUS)和 GCCS-A 连接联合部队、其他政府机构,以及盟军部队。ABCS 战场自动化系统广泛分布,为各梯队用户提供了共享 COP 的机会。作战指挥官的 ABCS 位于集团军、军和师级的机动式和半固定式指挥所中。GCCS-A 使作战指挥官能够访问来自联合环境的公共图像信息和来自下级梯队的战术级信息。军到营级的战术指挥官操控装有战场自动化系统(主要是 AFATDS、AMDPCS、ASAS、CSSCS 和 MCS,以及分配十分有限的 DTSS、IMETS 和 TAIS)的机动式指挥所,以便执行整个战场功能领域的指挥与控制。

虽然 GCCS-A 是通过区域公共用户系统(ACUS)与联指共享数据的主要手段,但战术指挥官也从战场自动化系统与联指系统之间的横向联合互操作性中获益。与联指系统的这种横向连接实现了态势感知的增强、空域与火力的协调,以及情报和告警的共享。$FBCB^2$ 和"陆地勇士"使前方区域的战士能够接收共用图像数据。它将减轻所有指挥官和参谋人员承担的功能,强调随时随地的控制。在第 3 章中图 3-7 给出了 ABCS 的作战概念图(OV-1),该作战概念图描述了 ABCS 与定位设备、战术通信与互联网系统、陆军、联合部队、盟军部队,其他政府机构以及传感器(车载/机载/舰载)之间的互操作性和联通性。

6.1.2 陆军全球指挥控制系统

GCCS-A 是美国陆军的战略和战役指挥控制系统,它将联合全球指挥控制系统(GCCS-J)无缝隙地延伸到陆军的军和军以下部队。

GCCS-A 为部队部署的整个行动提供支援,从动员到部署,从部队运用到维持后续行动。该系统能够完成陆军战略指挥控制的基本需求:软件、硬件、执行联合作战计划和实施系统的数据库以及支援联合司令部和联合参谋部、联合军种系统的数据库。系统为陆军指挥官提供分析行动进程,制定、管理和支援陆军战场参联会战争计划的能力,报告陆军行动状态,实施动员、部署、运用以及为陆军部队支援常规联合军事行动的后勤支援能力。陆军全球军事指挥控制信息系统是一项主要针对美国军事力量进行作战和实施行政指挥控制的国家网络系统。

图 6-7 展示了 GCCS-A 指控终端,它能够接收来自全源分析系统(ASAS)的敌方和我方态势消息,为最高陆军指挥级提供综合的敌我态势图,即共用战术图(CTP);接收机动控制系统(MCS)发送的我方态势图;协调陆军电子战支援的即时请求;接收各种来源的空中和导弹态势感知、我方联合部队信息、情报信息以及天气数据;提供及时的态势感知和部队规划信息,使参谋能够支持当前和未来的作战行动;还能够快速收集、存储、分析和分发关键的人事、后勤、医疗和财政信息,并用于计划和决策制定活动。

图 6-7 GCCS-A 指控终端

6.1.3 美国陆军战术指挥控制系统

陆军战术指挥控制系统(ATCCS),提供从军到营的指挥控制能力,主要包括机动控制系统(MCS)、防空反导计划和控制系统(AMDPCS)、战场指挥与勤务支援系统(BCS³)、"阿法兹"高级野战炮兵战术数据系统(AFATDS)、战场指挥与勤务支援系统(BCS³)、全源情报分析系统(ASAS)等5个核心指挥控制系统和战术空域一体化系统(TAIS)、综合气象系统(IMETS)、数字地形支援系统(DTSS)、综合系统控制系统(ISYSCON)等4个为上述核心指挥控制系统提供相关数据支撑的通用作战支援系统。主要包含的系统如下。

1. 机动控制系统(MCS)

(1) 作用:该系统是一种用于从军级到营级机动部队的中央指挥与控制系统。所有司令部和营级部队主要指挥所内配备2套机动控制系统,其中一套用于产生和发送命令和信息,另一套用于显示友军和敌方的态势信息。

(2) 构成:该系统主要由1个计算机工作站组成,用于收集和综合来自下级和陆军战术指挥控制系统战场功能区域信息,如图6-8所示。系统使用3种型号的计算机和可相互兼容的Ada语言。系统的战术计算机系统(TCS)具有计算、合成、编辑、文件编排、数据库管理和经过陆军战术通信设备传送、接收话音或数字信息的能力,其终端能打印文本或图像。

图6-8　机动控制系统构成

(3) 功能:该系统是作战参谋机构用来监控当前战斗并计划未来战斗的陆军作战指挥系统。它可横向和纵向综合信息,提供友方和敌方部队位置的通用图像(COP),赋予指挥官和参谋机构收集、整理和利用近实时战场信息以及展示战场的能力。系统的分析工具可使战术规划人员与友军一起转移兵力和集中兵力。

2. 防空反导计划和控制系统(AMDPCS)

(1) 作用:该系统是美国陆军防空系统的支柱,可提供火控、通用防空与反导、战斗空间态势感知,以及可互操作的联合战场管理与指挥、控制、通信、计算机和情报(BM/C^4I)能力。该系统以空域管理(ADAM)单元的形式装备到旅战斗队和战术指挥所,如图6-9所示。

图6-9 装备AMDPCS系统的美国陆军战术指挥所

(2)构成:该系统由一系列的模块化可重组方舱、防空与反导软/硬件、标准化自动数据处理设备和通信成套设备组成,如图6-10所示。其中,防空与反导硬件包括火力指挥中心(FDC)、通信软篷车、情报/作战与训练当前作战软篷车、情报/作战与训练未来作战软篷车、人事/后勤软篷车、防空与反导工作站;软件主要有导弹防御工作站和防空系统集成软件。

(3)功能:该系统通过各级防空部队和陆军指挥机构配备的防空与导弹防御工作站提供防空和导弹防御计划和空中态势信息。这些工作站以数字方式与各种防空武器系统和空中监视网联通,为ABCS提供师、军级的空中战术态势信息,并可与美国空军和海军战区作战管理系统的空中计划分支系统互联互通。工作站可以利用联合作战司令部、陆军作战指挥系统网络、国家情报资源、

图 6-10　美国陆军 AMDPCS 系统组成

全源信息中心和战术、战略传感器,利用陆上、空中和空间传感器的探测数据以及指挥官和参谋人员的自动化计划数据信息显示整个战区的作战态势,并利用战术和专用通信设备以近实时的方式发布动态信息。工作站是美军"爱国者"导弹营、连的防空与反导计划系统的软件平台,使"爱国者"导弹能加入陆军作战指挥系统。

3. "阿法兹"高级野战炮兵战术数据系统(AFATDS)

(1) 作用:该系统是供美军炮兵部队使用的机动式自动化火力支援指挥控制系统。它能对所有地面、空中和海上自动化控制,协助指挥官监督火力支援作战,发布指令,选择最佳火力平台和弹药组合,摧毁战场目标。该系统可执行 436 种火力支援任务,并能与德国、英国和法国的炮兵火力控制系统相连。

(2) 构成:该系统的硬件设备有高分辨率显示器、不间断电源、GYK-37 轻型移动式计算机终端、增强型定位报告系统、"辛嘎斯"电台和通信线路,"阿法兹"使用的软件为 6.4 版软件。

(3) 功能:该系统是军以上到炮兵连范围内陆军战术指挥控制系统和陆军作战指挥系统的火力支援节点。它能完成计划、执行、机动控制、野战炮兵任务保障和射击指挥等 5 大类火力支援任务,每小时可处理 4×400 多个火力申请。"阿法兹"通过一个颁布式的处理系统将所有的火力支援系统集成起来,为火力支援部队提供最大程度的机动性,把计划和执行任务控制在最短时间内。作战使用时,"阿法兹"可提供不断更新的战场信息、目标分析和部队态势信息,同时协调目标毁伤评估和传感器操作。

4. 战场指挥与勤务支援系统(BCS^3)

(1) 作用:该系统是美军后勤指挥和控制系统,用于替代战斗勤务支援控制系统(CSSCS)。它可对部队当前、未来战斗力和行动方案进行分析,能够提供后勤通用作战图像和可视信息,快速处理大量后勤、人事、医疗信息,为作战指挥控制以及战斗管理过程提供支持。

(2) 构成:该系统建立在陆军作战指挥系统通用硬/软件平台上,采用客户端/服务器结构体系和独特的BCS^3软件模块,如图6-11所示。

图6-11 BCS^3系统组成

(3) 功能:该系统是机动指挥控制与勤务支援的融合中心,可为指挥官提供有关陆地作战区域当前后勤状态的最新图像报告,具有模块化、可调整、可定制的特点。在ABCS的各分系统之中,BCS^3首次为指挥官提供了可视的战场后勤图像。图6-12展示了美军士兵使用勤务支援系统。

5. 全源情报分析系统(ASAS)

(1) 作用:该系统是军和师级战术作战中心的一部分,装在作战指挥车等武器平台上。它能自动接收、处理和分析来自多个探测系统及传感器的情报数据,对陆军战术指挥控制系统各战场功能区域以及与其他军兵种、盟军部队、战区和国家情报源之间的情报信息交换至关重要。该系统是所有情报源的信息

图 6-12　美军士兵使用勤务支援系统

融合网,为营到军以上梯队作战指挥官提供资源管理和可视化战场,还能更有效地提供进行地面作战所需的全源情报,如图 6-13 所示。

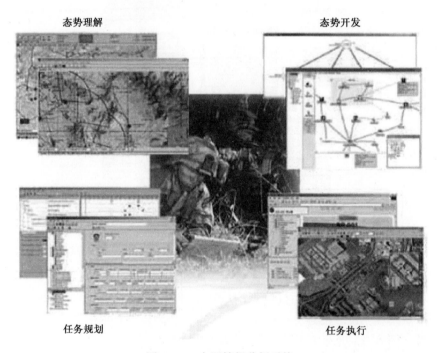

图 6-13　全源情报分析系统

（2）构成:该系统采用模块化设计,装备在 s-280 标准方舱内,由计算机、士兵作战中心支援设备、视频显示终端及保密无线电通信设备等组成,如图 6-14 所示。每个方舱装有 3 个相同的软、硬件工作站,每个工作站都配有 1 部 Ls

Ⅰ—Ⅱ型军用计算机、1部军用 PDP-11/70 中央处理机及 1 个通信分系统。每部车可独立工作,也可根据战术需要将 2~8 部车组合在一起。

图 6-14　全信源分析系统车载应用示意图

（3）功能:该系统作为一个移动式、自动化战术情报处理和分发系统,可为作战指挥官提供及时的、准确的情报和目标支持。它可以将传感器及其他情报数据自动地输入全信息源数据库,进行作战态势威胁分析,使指挥官及时、准确、全面地了解敌军部署、作战能力、薄弱环节及可能采取的各种军事行动,并能同时在多个分析工作站上实现。

6. 战术空域一体化系统(TAIS)

（1）作用:该系统是一个战场管理和决策支持系统。它能够在监视实时空域形势时采用二维或三维方式显示空域控制措施(ACM),以辅助地面指挥官;通过自动化的陆军空域指挥控制(A^2C^2)和空中运输服务(ATS)来支持作战人员。

（2）构成:该系统装载于硬壁方舱中,方舱位于两个高机动多用途轮式车上,并且完全独立。通常战术空域一体化系统能够将一个方舱配置在师或军战术指挥中心,而另一个方舱用来执行空中交通服务。每一个战术空域一体化系统方舱的结构、尺寸和功能都相同。

（3）功能:该系统可用于实时地在第三和第四维(即高度和时间)消除空域使用冲突(用数学式和图形表示),提供空中运输服务。系统操作员能够追踪飞机飞行,当飞机离开安全跃迁通道时,系统将发出警报。战术空域一体化系统还能与现役和未来军用飞机、民用飞机和空中运输控制系统以及美军和盟军其他空中用户进行语音和数据通信。

7. 数字地形支援系统(DTSS)

（1）作用:该系统可为陆军作战指挥提供数字式地球空间数据,供旅、师和军的地形测绘分队进行自动地形分析,提供高分辨率的战场图和全彩色拷贝图片,支援战术作战行动。

(2)构成:数字地形支援系统有6种结构形式,包括DTSS—H重型系统、DTSS—L轻型系统、DTSS-B基地系统、DTSS—HVMP批量制图系统和DTSS-S测绘系统。系统采用先进的成像处理和地理信息技术,以及用户接口的民用软件包和增强型地形分析软件。

(3)功能:该系统可进行自动地形分析、地形数据库管理和图形再现。它能接收、格式化、生成、处理、合并、存储和修正数字地形数据,然后将这些数据处理成硬拷贝和软拷贝型地形产品。该系统依据国家地理空间情报局(及其前身国家图像与测绘局)的标准数字数据库以及商业资料源地形和多频谱图像数据,为战场上的所有陆军作战指挥系统工作站提供修改的地图背景和地形情报信息,并从这些系统中接收地形情报/数据修改信息。

图6-15展示了美军装载数字地形支援系统的掩蔽舱。

图6-15 美军装载数字地形支援系统的掩蔽舱

8. 综合气象系统(IMETS)

(1)作用:综合气象系统是陆军作战指挥系统的情报和电子战子单元的气象元件,用于接收、处理和传播当前的天气观测资料和预报,由空军气象组人员操纵。

(2)构成:综合气象系统包含了通用硬件/软件版本-2的标准配置,安装在标准综合指挥的硬壁方舱内。综合气象系统方舱装载了天气影响工作站、通信设备和气象收集与处理系统,如图6-16所示。

图 6-16　美军综合气象系统

（3）功能：综合气象系统从民用和国防气象卫星、空军全球天气中心、炮手气象组、遥控传感器和民用预报中心接收天气信息。它处理并核对预报、观测和气候数据，以生成及时准确的气象产品满足作战人员的特殊需求。综合气象系统的功能主要包括综合天气数据、生成天气产品、产生 Web 页面、发布天气告警以及显示天气对武器系统和任务的影响。

9. 综合系统控制系统（ISYSCON）

ISYSCON 是一套硬件和软件的集合，安装在军通信旅和师通信营内不同配置的服务器、工作站和周边设备上，统一实施对陆军战术通信网络的全面系统控制，如图 6-17 所示。它提供了对战术通信网络的集中管理，并建立了与 ABCS 框架内的技术控制设备的接口，能够在动态的战场数据网络中对通信网络进行自动化的配置和管理。第 4 版 ISYSCON，即 ISYSCON(V)4，也称为战术

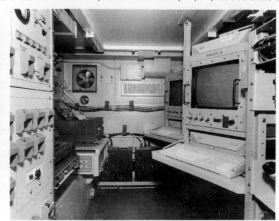

图 6-17　美军综合系统控制系统

互联网管理系统(TIMS)。它是一个配置在 FBCB² 内的软件系统。ISYSCON(V)4 以 FBCB² 的软件为基础并增加了新开发的商业现货软件,实现了对战术互联网的规划、配置、初始化和监控,增强了 FBCB² 的管理能力。借助 ISYSCON,各级指挥官能够与师指挥官及其参谋交换通用信息,与机动作战部队通信军官交换信息。

6.1.4　美军 21 世纪部队旅及旅以下作战指挥系统

21 世纪部队旅及旅以下作战指挥系统(FBCB²)主要是为旅和旅以下部队直到单个平台和单兵提供运动中实时和近实时的指挥控制信息和态势感知信息,为指挥官、小分队和单兵显示敌我位置、收发作战命令和后勤数据、进行目标识别等。它是陆军作战指挥系统的关键组成部分,有助于形成贯穿整个战场空间的无缝作战指挥信息流,并能与外部指挥、控制和传感器系统,如陆军战术指挥控制系统互操作,最终形成战场空间数字化和旅及旅以下战术部队的横向和纵向集成。

图 6-18 展示了美军 FBCB² 部署层级和地面网络。

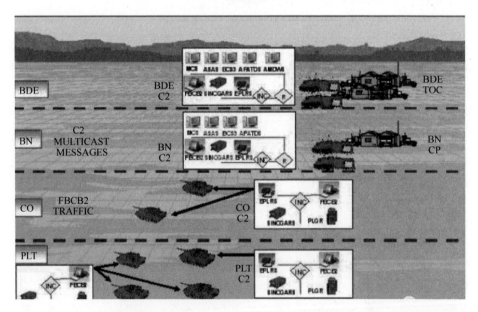

图 6-18　美军 FBCB² 部署层级和地面网络

FBCB² 系统由嵌入式设备及系统硬件、软件和数据库组成,包括:①嵌入式硬件;②在结构上与国防信息基础结构公共操作环境(DII COE)一致的软件;

③导航/定位及报告系统,如 GPS 系统或式定位/导航(POSNAV)系统;④在远距离或崎岖地带通信时,与地面通信系统,如增强型定位报告系统"辛嘎斯"或与卫星通信系统的接口及作战识别系统等。添加了 I 频段的接收装置之后,还具备了基于卫星的蓝军跟踪能力。

车载型 $FBCB^2$ 系统的核心部件是 1 台带有密封键盘的电脑,一般有 6~10MB 的硬盘空间,配有 512MHz 的数据处理器,配备 10 英寸显示器。除了电脑,底盘上还嵌入了无线数据传输系统、互联网接入设备和 GPS 系统。$FBCB^2$ 系统配用了三维战术图形系统,采用以 NVIDIA 为基础的 Sentiris PCI Mezzanine 视频图形卡和 Oper GVC 软件以及诺斯罗普·格鲁曼公司开发的专用软件,可在 Windows 和 Linux 两种操作系统下工作。

$FBCB^2$ 的态势感知软件能够对单兵或单个武器/平台、指挥所及其他作战设备进行地理定位,并将定位信息显示在屏幕上。软件用 Java 语言编写,独立于平台,车载终端只行使代理服务器的功能。信息格式采用 VMF(可变信息格式),VMF 软件能够为数据库添加数据或从中提取数据,从而更新战术数据库,每个装备有 $FBCB^2$ 系统的单兵或武器平台都能够采用自动或人工的方式撰写、编辑、发送、接收和处理整套信息或特定子集信息。

通过 $FBCB^2$ 系统,后方作战指挥中心可利用监视器监察每辆军车的运行情况,在监视器上它们均显示为蓝色图标,而敌方则以红色图标代之。指挥官在不知道这些蓝军究竟是美军还是友军的情况下,可以点击一个蓝色光标与它代表的那支蓝军通信。任何师级指挥人员通过屏幕即可知道其下级指挥官在什么位置或其前线部队正在做什么。在最糟情况下也只需 2min 就能清楚地看到他们所处的位置,这不仅减少了己方的误伤,还大大增加了态势感知和实施网络作战的能力。

$FBCB^2$ 系统与搭载在武器平台上的 GPS 遥相呼应,将集中起来的庞大的数据量瞬间传递给侦察机和特种部队及中央情报局的特工人员,由他们对搜集到的信息进行综合处理。指挥官们也可以借助电子邮件等各自撷取自己所需的作战信息。

$FBCB^2$ 系统可以提供 E-mail 服务,与陆军的高层战术通信系统相连,允许作战人员向战地指挥官发送大量的信息和数字化的侦察报告,以帮助其对部队进行重新部署。在实际作战中,战地指挥官可以随时根据坦克手发来的电子邮件直接从前线传到最高司令部,安排增援或跟进,这一切都是自动的,使用者不必查阅各种手册以弄清楚应该把信息发给谁,而且采用电子邮件的通信方式也避免了无线电通信干扰。

6.2 美军"阿法兹"高级野战炮兵战术数据系统

6.2.1 装备现状

"阿法兹"野战炮兵战术数据系统(AFATDS)是机动式自动化火力支援指挥控制系统,是美国陆军和海军陆战队实施火力支援、指挥控制与协调的数字化指挥系统,亦是美国陆军战术指挥控制系统(ATCCS)(具有机动作战、火力支援、防空、情报与电子站以及战斗勤务支援5大功能)的子系统。

"阿法兹"主要配置到机动作战部队的火力支援协调组(FSE)以及野战炮兵战术指挥中心(TOC)等,使用级别从连一直到军以上。其基本布局是通过局域网连接的1~8个战术工作站。其总体结构中包括各个分散部署的、涉及各级作战单位和组织机构的指挥与作战中心或节点,如图6-19所示。

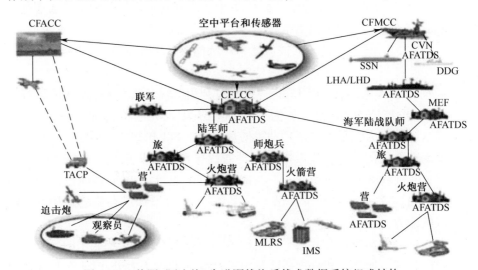

图6-19 美军"阿法兹"先进野战炮兵战术数据系统组成结构

美军炮兵部队使用"阿法兹"能对所有地面、空中和海上火力支援武器实施自动化控制,协助指挥官监督火力支援作战,发布指令、选择最佳火力平台和弹药组合、摧毁战场目标。"阿法兹"可执行436种火力支援任务,不仅能与美国陆军战术指挥与控制系统其他功能领域的分系统互通,而且可以与空军和海军的系统实现跨军种互通,还可以与北约的系统联通,其中包括德国的"阿德勒"、英国"贝茨"、法国"阿特拉斯"、意大利SIR和挪威"奥丁"火力支援自动化指挥与控制系统等。

"阿法兹"于1996年6月装备"21世纪特遣部队"(试验演习部队)并于

1997年1月正式开始装备其他部队。第1骑兵师和第4机械化步兵师的装备工作于1997年3月至6月完成。此后第18空降军炮兵、第82空降师、第101空中突击师、第10山地师、第3军的军属炮兵旅以及一些国民警卫队炮兵部队相继装备了"阿法兹",其整个装备工作到2007年完成。

目前美军共部署了4000多套"阿法兹"系统,装备了所有的海军陆战队、现役陆军部队与陆军国民警卫队,以及11艘海军LHA/LHD级两栖舰艇。该系统与M1A1主战坦克、AH-64"阿帕奇"直升机等具有数字化通信能力的武器系统都能进行直接联网,为其提供快速态势感知和火力请求能力,每小时的火力请求处理量可达200多个。在"伊拉克自由行动"中,借助升级版通用AFATDS软件,实现了陆军与海军陆战队的数字化火力协调。在此期间,"阿法兹"探测了成千上万枚炮弹、火箭弹和远程导弹,有效地确保了友军部队和盟军飞机的安全。经过"伊拉克自由行动"以及"持久自由行动","阿法兹"已在新的能力增强型弹药之上实现了精确火力打击能力,并具备自动执行防误伤检查及防附带损伤的能力。图6-20展示了美军士兵在指挥所中使用"阿法兹"系统。

图6-20 美军士兵在指挥所中使用"阿法兹"系统

6.2.2 系统功能

"阿法兹"具有计划、执行、机动控制、野战炮兵任务保障和射击指挥5类火力支援功能,以及作战计划、目标分析与交战以及通信等功能。作为一个联合系统,AFATDS不仅具有与野战炮兵系统的连接能力,而且与陆军、空军、海军陆战队、海军以及北约的系统也可以实现相互通信和数据交换。它与ABCS中的全源分析系统、机动控制系统、前方区域防空指挥控制系统、作战指挥与勤务保障系统及战术空域综合系统可互操作,同时与一些联合自动化系统也可互操作,如空军的战区管理核心系统(TBMCS)、联合监视与目标攻击雷达系统(地面控制站)、GCCS 等。"阿法兹"系统信息流程如图 6-21 所示。

"阿法兹"是军以上到炮兵连范围内陆军战术指挥控制系统和陆军作战指挥系统的火力支援节点。该系统能完成计划、执行、机动控制、野战炮兵任务保障和射击指挥等 5 大类火力支援任务,每小时可处理 4×400 多个火力申请。

"阿法兹"通过一个分布式的处理系统将所有的火力支援系统集成起来,为火力支援部队提供最大程度的机动性,把计划和执行任务控制在最短时间内。作战使用时,"阿法兹"可提供不断更新的战场信息、目标分析和部队态势信息,同时协调目标毁伤评估和传感器操作。

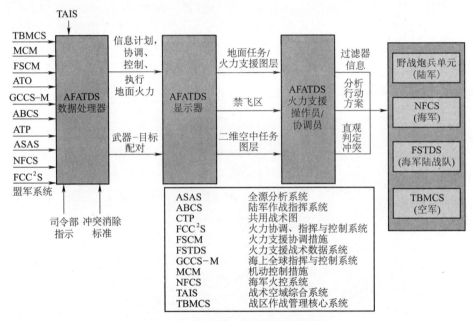

图 6-21 "阿法兹"系统信息流程

"阿法兹"软件的独到之处在于,它支持点击操作的图形用户界面、先进的数据分发以及基于网络电台与区域网络的完全连续运转,使得系统在战术机动或遭受恶意破坏的情况下可不间断运行。下面对"阿法兹"各个组成模块的功能进行分析。

1. 火力支援

计划:将野战火炮、迫击炮、海军火炮、攻击直升机及空中支援的火力综合集成到部队指挥官的机动方案中,为指挥官的作战计划提供一个火力支援附件并创建一个野战炮兵支援计划。

执行:火力支援的执行功能是依据火力支援计划与野战炮兵支援计划实施

的,具体包括传感器的使用、目标处理、打击系统分析、火炮单元技术火力指挥、齐射火箭系统单元的战术射击控制以及目标毁伤估计。

机动控制:管理与协调野战炮兵部队的调动,以及协调支援部队与传感器的调用。

野战炮兵任务保障:创建与维护供应库存文件、供应请求与供应报告,为野战炮兵系统提供后勤保障。

野战炮兵射击指挥:为日常行动收集、维护所需的武器、火力单元与弹药状态信息,为相应作战中心的计划与执行提供明细或集合形式的信息。

2. 作战计划

通过提供敌我部队的位骆信息、专项的计划指南及计划任务的组织,AFATDS 能够制定缜密的计划并进行行动方案分析。它支持分多个阶段实施的机动行动方案,并能对方案进行对比,最后向指挥官推荐最佳的行动方案。

3. 目标分析与交战

这是 AFATDS 的一个强大功能,其中的目标清单管理功能可以实现目标重复检查、归类、搜索以及目标数据接收与发送操作。火力支援系统任务清单本身包含有 100 多套最佳的目标-武器配对准则及指挥官最佳意愿清单。系统可根据目标参数(如环境、对抗措施、目标位骆误差等)、需要的弹药(如打击效果、作用范围)以及武器状况(如响应时间、当前任务负荷、弹药储备)选择最佳的武器与弹药。AFATDS 实施传感器信息任务处理时首先考虑的是任务的价值,由此来过滤目标并处理任务,对各类火力平台实施可行性分析,并自动协调地面与空中的火力打击。在任务处理过程中,操作人员可以查看并裁剪系统推荐信息,插入画面可显示所有的关键数据与分析结论。

4. 通信

AFATDS 通过可编程的战术通信接口模块(TCIM)可实现基于有线、战斗网电台、移动用户设备及卫星的通信;它还能借助一种网络接口卡实现局域网及增强型定位与报告系统通信。

6.2.3 系统组成及发展趋势

AFATDS 由硬件平台、软件模块和战术通信网组成。根据任务的不同,AFATDS 可以运行在各种硬件平台上,包括通用硬件/软件-3(CHS-3)、CCU-2、商业工作站以及使用 Solaris 和 Windows 操作系统的加固型笔记本电脑上。AFATDS 主要包括火力支援、制导、移动控制、任务支持、数据库等功能模块,这些功能模块可根据任务需求不同进行调整。"阿法兹"的硬件由美国通用动力公司研制,软件由美国雷锡恩系统公司开发,主承包商为雷锡恩系统公司。

1. "阿法兹"的硬件

"阿法兹"是一个计算机网络,其核心装置是火力支援控制终端(FSCT)和轻型计算机,如图6-22所示。FSCT包括1部带内部和外部局域网接口的可运式计算机(TCU)、1部超高分辨率显示器(SHRD)、1个不间断电源(UPS)、2个战术通信接口模块(TCIM,即调制解调器)、3个功率变换器(用于TCIM和打印机)、1部用于局域网的光纤媒体连接装置(FOMAU)以及1部电子打印机(EP)。"阿法兹"的硬件设备指标如表6-1所列。

表6-1 "阿法兹"的硬件设备指标

设备	指标
硬盘	4~9GB
内存	144~256MB
点阵打印机	240~300字/s
不间断电源	为便携机、MOD提供30min电池储备
主频	200MHz
显示器	1280*1024,16寸
供电方式	110V、220V及28V车载电源供电

图6-22 "阿法兹"系统信息终端设备

FSCT配置到火力支援协调组(FSE)和战术指挥中心(TOC)。若在一个作战单位有多部FSCT,则其中1部为主机。

指挥官、联络军官和火力支援军官等独立用户将配轻型计算机(LCU)。2型"阿法兹"在师和师以下配1部中屏幕显示器。

"阿法兹"的设备装在美国陆军标准的一体化指挥所系统(SICPS)的运载

工具内,有 M1068 式履带式指挥车、用 M1097 式"哈默"车运载的硬壁式指挥车等。各车之间通过局域网电缆(最长为 650m)连接。

2."阿法兹"的软件

"阿法兹"的操作系统软件采用美国陆军 ATCCS 项目"通用硬、软件"(CHS)系列中的软件,早期装备 CHS1 系列软件,1998 年随着 UCU 计算机的装备,CHS1 软件被 CHS2 软件取代。

"阿法兹"的应用软件分阶段逐步开发和装备。

"阿法兹"的 1 型系统配 96 年版本软件,称作"阿法兹"96,是"阿法兹"基本型的软件,可保证 224 项火力支援功能的自动化,于 1997 年初正式装备部队。

2 型系统的软件分为 97、98、99 三种版本。

"阿法兹"97 于 1998 年 4 月下发到部队,重点是满足军和军以上级别的需要。在 1997 年 11 月数字化师的试验演习中,美国陆军对"阿法兹"97 进行了试验。试验表明,97 型软件主要从以下 4 个方面增强了军和军以上"阿法兹"的功能。

(1) 战术空中支援软件(TASM)的使用使陆军、海军陆战队和空军初步具备了互通能力。空军利用应急战区自动化计划系统(CTAPS)拟定任务计划并直接与"阿法兹"沟通。TASM 可以对预先计划的和临时的近距离空中支援、空中拦截以及多种非火力任务(如侦察请求)进行计划和协调。

(2) 改进了多管火箭炮/陆军战术导弹的指挥与控制程序。"阿法兹"97 不仅将支持多管火箭炮弹药系列(MFOM)的作战使用而且在陆军战术导弹火力任务生成过程中自动生成导弹排地域危险区和目标地域危险区的三维信息。

(3) 对触发事件进行管理和监控。触发事件是战场上的一种行动或事件(如敌军沿一条接近路发起攻击)。只要在"阿法兹"当前态势中创建了触发事件,"阿法兹"就会监视部队、目标和划定范围的任何变化。一旦出现触发事件,"阿法兹"即向操作手发出警告,从而可以做出相应的反应,如改变火力优先顺序等。

(4) 其他改进,包括导航图、纵深火力协调以及"所有可利用火力"的集中等。导航图是一种透明图,能显示一个地理区域内的城市、集镇、道路、地形、地物等,操作手可以从 16 种不同类别的图形中有选择地进行显示,如图 6-23 所示。

"阿法兹"的纵深火力协调功能提供了自动地与有关作战部门,如特种作战部队,一起进行火力批准的能力。一旦任务满足了批准标准,就自动进行部队协调。

"所有可利用火力"的集中功能使指挥官能将包括下属部队和支援部队的火炮、火箭和导弹在内的所有火力集中于一个目标之上,而老版本的"阿法兹"

图 6-23 "阿法兹"系统软件作战使用

软件则无法集中不同种类的火力。

"阿法兹"98 的重点是满足海军陆战队和联合部队作战功能需求和解决国防部计算机接口标准问题。其最受欢迎的新功能之一是使指挥官和其他关键人物具备了监视数字可视化网,从而更好地了解战场态势。

图 6-24 展示了美军"阿法兹"炮兵指挥系统的作战应用。"阿法兹"99 软件包括陆军战术导弹系统专用的多管火箭炮发射装置接口软件以及"帕拉丁"榴弹炮接口软件。99 型软件的推出标志着通过"阿法兹"与"帕拉丁"榴弹炮(图 6-25)和多管火箭炮的直接接口,技术射击指挥开始在武器平台上完成。多

图 6-24 美军"阿法兹"炮兵指挥系统的作战应用

图 6-25　M109A6(帕拉丁)155mm 自行榴弹炮和供弹车

管火箭炮/陆军战术导弹的火力任务将由"阿法兹"计算,然后直接发送至发射装置,由炮载火控系统进行处理,为此多管火箭炮分队现用的射击指挥系统(FDS)就将被取消。这种方法应用于榴弹炮后,BCS 炮兵连计算机系统也将被取消。

"阿法兹"的 3 型系统配 02/04 版本软件,实现了 321 项火力支援任务的自动化,如表 6-2 所列。"阿法兹"02/04 软件的推出使"阿法兹"系统的技术射击指挥能力趋于完善,野战炮兵具备了多梯次、不间断的技术射击指挥计算能力。用户接口也将得到改进,使"阿法兹"更具对用户的"友善"性。

表 6-2　"阿法兹"的功能

类别	功　　能	自动化项目
火力支援计划	确定火力支援计划指导原则	57
	拟制火力支援计划	37
	确定野战炮兵指挥官作战原则	11
	确定目标侦察保障能力	8
	指挥气象保障作业	3
	协调测地保障作业	3
	拟制野战炮兵保障计划	12
火力支援执行	进行目标情报处理	22

（续）

类别	功能	自动化项目
火力支援执行	进行火力支援状况报告	4
	进行火力支援攻击系统分析	19
	进行目标毁伤评估要求分析	3
	确定射击顺序	5
	进行目标毁伤评估报告	6
	进行野战炮兵状况报告	6
	进行野战炮兵攻击系统分析	20
	准备射击命令	2
	指挥野战炮兵传感器作业	9
机动控制	进行野战炮兵机动控制	6
	准备野战炮兵机动请求	10
	进行火力支援机动协调	3
野战炮兵任务保障	进行野战炮兵供给控制	21
	进行野战炮兵维修控制	6
	进行野战炮兵人员控制	2
射击指挥	确定设计分队的能力	16
	进行设计任务数据处理	27
	进行设计任务状况报告	3
总计：321		

2010年7月发布的AFATDS 6.6版（Full Material Release）在性能上有了显著提升：它结合了精确制导套件（PGK），支持观测器发出的使用精确制导武器请求；实现了观测器优先火力请求，将协同火力响应时间从每项任务5min缩短到不到2min；此外，将提供火力web门户能力，使劣势用户能通过IP寻址访问AFATDS功能。

AFATDS的后续版本进一步强化对各梯次野战炮兵和机动部队的火力支援指挥、控制和需求协调，并提高联合互操作性以及对新型武器与弹药的控制，如开发web服务，使指挥官确定武器目标配对和未爆炸武器的效能，降低决策和计划时间。根据以面向服务体系结构（SOA）为目标的移植战略，AFATDS的系统功能转变为网络中心环境下的一组独立且可共享的服务，从而提供网络化的火力指挥与控制能力。

2014年4月发布的增量1（即6.8.1版）首次把联合自动化纵深作战协调系统（JADOGS）中的火力功能集成到系统软件中。该版本能够兼容155mm"神剑"1b型精确制导炮弹和M395"精确制导追击炮弹快速发展计划"使用的M1156精确制导组件（PGK）弹道修正引信。

2017年1月,美国陆军授予Leidos公司升级高级野战炮兵战术数据系统"阿法兹"(AFATDS)的合同,将"阿法兹"升级至7.0版本。美国陆军任务指挥项目经理表示,"阿法兹"7.0版代表着陆军自动化火力支援系统的重大变化,重新设计的用户界面、基于角色的功能以及嵌入式训练将极大地简化系统使用并缩短培训时间。"阿法兹"7.0版预计将于2020财年开始部署。

2018年6月,美国陆军正式发布了6.8.1.1版,显著地提高了建制和联合定位传感器的集成以及陆军和联合任务指挥系统之间的数据共享。此次升级使系统能进行定位处理和火力支援计划,从而为指挥官的机动方案提供准确及时的火力支持,主要增加了以下功能。

(1) 指挥官指南。

AFATDS v6.8.1.1可以使用户根据指挥官指南来管理如何攻击目标(如目标选择标准、高回报目标、系统攻击参数)。通过使用任务安排指南、任务优先选项以及弹药限制等功能,AFATDS将简化从传感器到射手的目标传递过程。

(2) 地图显示能力。

AFATDS v6.8.1.1使用了"世界风"(World Wind)地图引擎和数字地形高度数据(DTED),将为地对地火力部队提供所有美军部队、敌军站点地图(SI-TEMP)、几何图、火力支援协调措施(FSCM)、空中协调措施(ACMS)、射程扇形图、弹药飞行路径(MFP)的3D显示图。增强型绘图功能提供了近实时的改进的联合障碍透明图(MCOO),使指挥官能看到当前的作战环境。

(3) 火力支援计划及攻击分析。

火力支援计划及攻击分析模块使指挥官能将几个联合自动化纵深作战协同系统(JADOCS)目标管理员(如联合时间敏感目标管理员、火力管理员、空中作战中心管理员等)紧密地联系起来。它使指挥官能与其分配的射手共同分析火力支援计划作战方案(COA)。火力支援作战方案通过柱状图按照类型、用途来显示兵力、任务成功所需的弹药和系统。按每个柱状图所对应的打击目标的类型和目标,在计划工作表中显示相应的攻击分析。

(4) 空袭列表(ASL)、空中管制指令(ACO)以及空中任务指令(ATO)管理。

它还将管理任何梯队建立的空袭列表并能将联合战术防空请求(JTAR)中的数据输入/输出为一份Excel表。管理员用红、黄、绿3种颜色来显示需求、已批准的联合综合目标优先次序清单(JIPTL)、飞行、战斗毁伤估计。通过通信协议来输入并在AFATDS系统上以3D视图显示空中管制命令(ACO)。

(5) 任务指挥系统及情报系统。

Link 16协议提高了AFATDS的连接能力,使AFATDS能与所有使用联合范围扩展应用协议(JREAP)报文服务的设备、平台和传感器(包括防空系统综合器(ADSI)、JWACS、联合监视与目标攻击雷达系统(JSTAR)、哨兵雷达系统以及建制 FF 雷达系统(Q-53 和 Q-50))连接。AFATDS 现在能够与 TBMCS、防空系统综合器(ADSI)、AMDWS、空域信息服务系统(ASIS)连接。

(6) 兼容的精确打击套件。

兼容的精确打击套件能够使目标栅格位略与精确打击套件软件相结合,使用户能接收经过校正的目标经纬度和经过调校的目标位略的高度,在单一系统上进行精确目标规划。

(7) 现代化综合数据库(MIDB)。

指挥官能利用从 MIDB 输入的数据来调整其作战环境中对敌军的 SITEMP 和设施进行火力打击的优先顺序。

3."阿法兹"的通信

"阿法兹"依靠甚高频或高频战斗网电台(CNR,图 6-26)、移动用户设备(MSE,图 6-27)、增强型定位报告系统(EPLRS)以及有线设备进行模拟的或数字式的通信。

图 6-26 战斗网电台(CNR)

图 6-27 移动用户设备(MSE)

6.3 美国陆军分布式通用地面系统

6.3.1 装备现状

DCGS-A 是美国国防部的一个重大自动化信息系统（MAIS）项目，也是美国陆军最为优先发展的现代化项目之一。DCGS-A 是一种由多个系统组成的模块化、规模可变、具有互操作性的分布式情报处理和加工系统，能提供网络化 ISR 能力，可对来自国家级、陆军和其他军种的多源数据进行综合。该系统通过多级安全网为战术和战役指挥官提供先进的 ISR 能力，提高了指挥官作战指挥、火力与效果协调、态势感知和保护部队的能力。

美军于 1996 年开始研制分布式通用地面系统（DCGS）。至今，DCGS 在全球已建立了众多站点，能够接收、融合、存储、关联、利用和分发各种源于地面、空中或海上的情报。DCGS-A 是美国国防部分布式通用地面系统项目的陆军部分，始建于 2001 年 5 月，主要保障联合作战中陆军部队和陆上职能部队的情报需求，如图 6-28 所示。

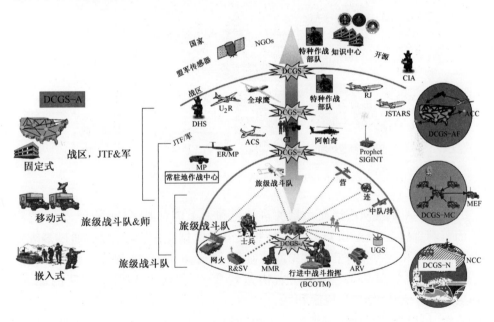

图 6-28 DCGS-A 作战示意图

DCGS-A 系统作为 DCGS 系统族的陆军组成部分，是陆军情报体系结构的核心和国家级情报作战梯队的能动器，具备网络化情报、监视、侦察能力。它是一种具有模块化特征、规模可变、可互操作的分布式情报处理系统,它的主要功能是收集所有信息源的情报并进行信息融合、分发和利用,为陆军及联合部队的 ISR 传感器分配任务。全球信息栅格建成后,DCGS-A 系统为全维的战场空间提供情报。

DCGS-A 系统在美国陆军整个情报体系中的定位侧重于处理与加工("DCGS is the Processing and Exploitation Component of the ISR Enterprise")。DCGS-A 的核心功能主要包括传感器任务分配、数据处理与加工,通过接收和处理 ISR 数据对各级战区、气象、地形/作战环境情报信息进行分发,陆军传感器系统控制,ISR 计划、侦察监视行动集成,传感器信息融合等。DCGS-A 多元情报工具界面如图 6-29 所示。

图 6-29　DCGS-A 多元情报工具界面

DCCS-A 系统从广泛而大量的自动化和人工信息源、空间平台、无人机和地面车辆、现有或新型侦察、监视、情报及分类数据库中获取信息,通过多级安全网为战术和战役指挥官提供先进的侦察、监视、情报能力,提高了指挥官作战指挥、火力与效果协调、战场焦点快速转变、态势感知和保护部队的能力。DCCS-A 有权使用国家、战区和联合军种情报数据库,它是未来战斗系统的辅助系统,可以为陆军战区级模块化情报旅提供固定式的系统,为陆军营到保障部队司令部各级提供移动式系统,为没有侦察、监视、情报系统的士兵提供可获取 ISR 数据的嵌入式软件。

DCGS-A 系统有固定式、移动式和嵌入式 3 种配置。

(1) 固定式系统:主要用于开展日常情报计划制定、情报收集和处理,以保持在所有作战阶段信息的优先权,一般部署在后方的安全地带,如美国本土或海外战区的固定站点,如南方司令部、太平洋司令部等的军事情报旅。固定式系统承担最为复杂的情报处理和分析任务,为陆军作战部队提供监视能力,为作战单元提供增强的态势感知、信息融合及分析、目标确定和相关支持。

(2)移动式系统:主要部署在战役级或战术级(旅战斗队营级部队),具有可部署性和模块化的特点,由车辆运载至前线营级部队,由车辆运载至前线部署,也能进行动中通操作,并能根据任务需求升级。移动式系统具有软件能力,以螺旋输出的方式开发通用 ISR 任务工具,能够集成到陆军平台和其他网络系统中。其配置、外观及内部如图 6-30、图 6-31、图 6-32 所示。

情报融合服务器(部署在机密级附属飞地内)和INSA工具(部署在绝密级/敏感隔离情报级飞地内)

情报处理中心(部署在机密级附属飞地内)

DCGS-A地理空间情报工作站(部署在机密级附属飞地内)

战术地面站(部署在机密级附属飞地内)

图 6-30　DCGS-A 移动节点配置

图 6-31　移动式 DCGS-A 系统外观图

图 6-32 移动式 DCGS-A 系统内部图

（3）嵌入式系统：为嵌入式软件应用，通常集成在陆军车辆等平台中，提供 ISR 任务分配、数据融合协作及可视化等通用工具，可在平台行进中运行。

DCGS-A 系统体系由联合 ISR 感知平台、传感器控制和数据连接、数据处理和存储、用户接口 4 层组成，如图 6-33 所示。

图 6-33 DCGS-A 系统体系

联合 ISR 感知平台由天基、空基、地面上的多种传感器组成。

传感器控制和数据连接层主要包括战术地面站（TGS）、战役地面站（OGS）、"预言者"系统（Prophet）。其中：战术地面站（TGS），提供软硬件来接受和开发地理情报数据，包括动目标视频（FMV）、图像（光学、多光普、SAR、红外）、运动目标指示（MTI）以及电子情报数据。战役地面站（OGS），提供了对战术、战区和国家传感器的更强的任务、收集、处理、开发和分发（TCPED）能力以保障陆军指挥官。OGS 推动了陆军情报和国防情报信息的集成，加上建制内的能力，能够将数据在适当时间发送到适当的地区，同时为操作者提供面向空基侦察资产的接口。"预言者"系统（Prophet）是师、旅、斯瑞特克旅、重装骑兵团的首要主要地面战术情报和电子战系统，帮助陆军对战场实施可视化。"预言者"系统探测、识别并定位敌方的电磁发射器，在作战区域为各级部队提供增强的态势感知能力。该系统由装备在悍马车上的信号情报接收器和单人可拆卸的空基信号接收器组成。

数据处理和存储层包括情报融合服务器（IFS）、综合情报系统（IPC）、DCGS 中枢（Brain）、数字地形支援系统-轻型系统（DTSS-L）等。其中：情报融合服务器（IFS）提供鲁棒的对多种情报数据库的管理和复制能力，以及对战场态势的感知。辅助情报分析和存储，为用户提供了在全谱环境中实施情报分析和存储的能力。通过 P-MFWS 可以进入 IFS 并使用相关程序。IFS 提供了进入 DCGS 中枢和 DCGS-A 系统的入口。IPC-2 是综合情报系统，能够进行信息处理、网络连接和通信。云计算技术被集成进 IPC-2 子系统中，以作为对 IFS 存储能力的补充。数字地形支援系统-轻型系统（DTSS-L）向任务规划人员和执行人员提供关键、及时和准确的数字化地形信息。地形工程部分。其任务包括地球空间数据的生成和收集、地球空间数据库的开发和管理、地球空间信息处理、特殊地图的再现和大地测量。

用户接口层包括 GEOINT 工作站（GWS）、轻便式多功能工作站（P-MFWS）、固定式多功能工作站（F-MFWS）。其中：

（1）GEOINT 工作站（GWS）是特别针对地理和图像情报处理、开发和分发的 DCGS-A 工作站。通过从旅到军以上的陆军区域通信系统，为战术、战役陆军部队的地理情报分析师和图像分析师，提供处理、展示、开发、传送以及存储地理和图像信息的能力。GWS 作为管理陆军战术地理数据的核心系统，接受和处理原始地理数据、原始图像、动目标视频（FMV），以及从多种地理、图像和 FMV 情报传感器获取的报告和信息，它提供了进入图像库的连接。GWS 提供了地理数据、分析产品、地图以及保障地形情报分析和可视化的更新。

（2）轻便式多功能工作站（P-MFWS）和情报融合服务器（IFS）交互，并为从连到军以上(EAC)的所有层级提供机动式的情报可视化和分发能力。P-MFWS 提供了一系列能够稳定使用的非传统情报分析工具。

(3) 多功能工作站(P-MFWS)、固定式多功能工作站(F-MFWS)、GEOINT 工作站(GWS)、情报融合服务器(IFS)、跨域解决方案套件(CDSS)、战术地面站(TGS)、战役地面站(OGS)、情报处理中心 V2 和 V3(IPC-2、IPC-3)等组件之间的关系,如图 6-34 所示。

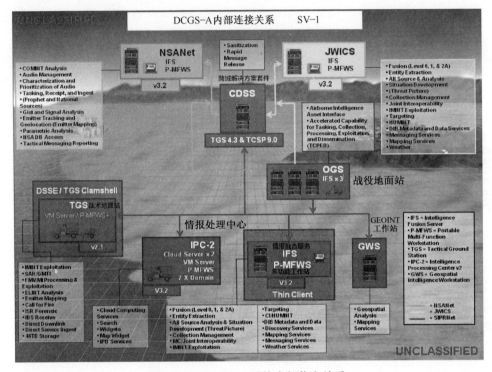

图 6-34　DCGS-A 系统内部信息关系

DCGS-A 系统不同组件间通过 NSANet、JWICS、SIPRNET 等不同密级的保密网络进行通信,CDSS 具备自动去密功能,使 DCGS-A 系统组件能够跨越多种不同密级的安全域进行互操作,使信息基础设施能够提供更丰富的信息。

DCGS-A 系统和传感器、指控系统以及其他军兵种 DCGS 系统之间也是通过 NSANet、JWICS、SIPRNET 甚至 INTERNET 来交互数据、信息以及情报,DCGS-A 系统的外部信息关系,如图 6-35 所示。

在全球范围内 DCGS-A 部署有 3 个区域性的中心(Regional Hubs),该中心是 DCGS-A 体系中功能最强的节点;DCGS-A 中枢(Brain)节点部署于战区一级,共有 5 个。此外,在军、师、旅一级均部署有 DCGS-A 系统。在战区或联合部队一级,主要部署有 DCGS-A 中枢以及 F-MFWS;在旅一级,部署有 IFS、

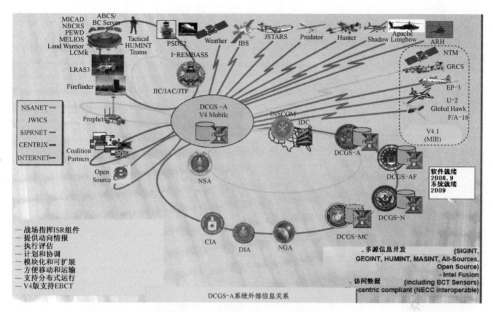

图 6-35 DCGS-A 系统外部信息关系

P-MFWS、TGS 以及用于地形测绘的 DTSS-L 系统;在营一级,主要部署有 IFS 和 P-MFWS;在特种部队或连一级,主要部署有 P-MFWS。美国各梯次陆军部队所配置的 DCGS-A 及其连接的 ISR 平台如图 6-36 所示。

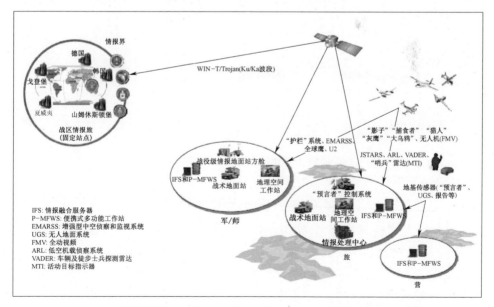

图 6-36 美国各梯次陆军部队所配置的 DCGS-A 及其连接的 ISR 平台

6.3.2 发展过程

为达成系统集成的最终目标,美军制定了阶段性计划,不断减少"烟囱式"战场情报系统的数量,提高一体化程度,如图6-37所示。DCGS-A所集成的系统包括全源分析系统(ASAS)、分析和控制组(ACT)、飞地分析和控制组(ACT-E)、数字地形支援系统-可部署式系统(DTSS-D)、监视情报处理中心系统(SIPC)、通用地面站系统(CGS)等。

在2006—2009年期间,美国陆军共装备有16种战场情报系统,并且每种系统都有相互独立的软件基线,系统层条状分布。在2010—2011年期间,美国陆军战场情报信息系统减少为10种,软件基线减少为8种,部分"烟囱"得到融合。在2012—2017年期间,所有陆军情报系统融合形成为DCGS-A系统之系统,软件基线得到统一。最终,在2021年形成一体化的情报能力。

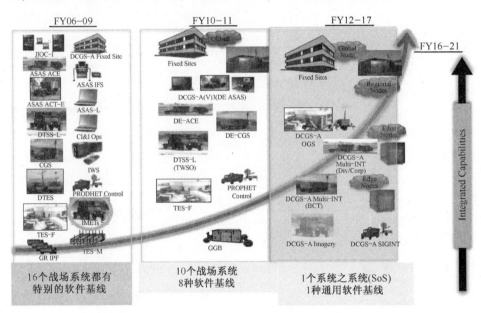

图6-37 DCGS-A能力集成步骤

6.3.3 特点及发展趋势

DCGS-A系统将传感器、情报机构、情报用户网络化无缝连接,使"传感器到射手"成为现实。在纵向上,DCGS-A系统通过直接的网络连接削减了情报系统的层次,使侦察监视传感器搜集的数据直接传递给情报分析人员,分析生产所得情报成果则能直达用户手中。情报系统层次的扁平化,使各级别指挥官都能无差别地获取情报保障,特别是对于旅以下的各级指挥员,能够获取过去只有军级指挥员才能得到的情报产品。扁平化的层次结构也提高了情报传递的速度,使各级指挥官能获得近乎实时的战场态势。图 6-38 展示了 DCGS-A 逻辑体系结构。

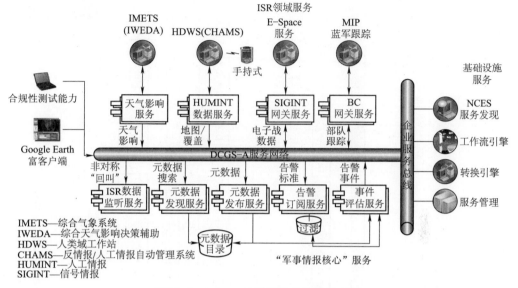

图 6-38　DCGS-A 逻辑体系结构示意图

作为战斗指挥的情报侦察监视单元,DCGS 给指挥官提供了更快和更完整的态势感知,使他们能够更好地理解作战环境,其具有以下特点。

1. 以 SOA 架构为基础,实现对现有系统集成和整个情报体系的横向融合

DCGS 系统的建设不是另起炉灶,而是在美国国防部体系框架(DoDAF)理念的指导下进行体系架构设计,采用了开放的基于 SOA 的体系架构,将 DCGS 分为核心服务层、数据服务层、应用服务层和表示层,如图 6-39 所示。在此结构下,多源情报融合的各项业务、功能将以服务的形式集成、共享与使用,具有即插即用、按需共享、柔性重组等特征。

通过采用 SOA 架构,DCGS 打破了现有各专用系统的烟囱壁垒,并将其不断改造、集成到 DCGS 系统中;采用搜索服务、消息服务、协作服务、安全服务等核心服务,加上共享的共用接口和数据标准,各军种、各情报单元的情报系统能够实现互联、互通、互操作,实现了整个情报体系的横向融合。

2. 以 DIB 数据集成为核心,实现情报体系的多源信息共享和按需服务

DIB(DCGS Integration Backbone)是 DCGS 体系的基础设施,其核心是一组符合 SOA 架构的通用服务和标准,以实现不同 DCGS 体系之间的信息共享和互操作。DIB 分为数据仓库层、服务层和客户层,主要由资源适配器、DIB 集成数

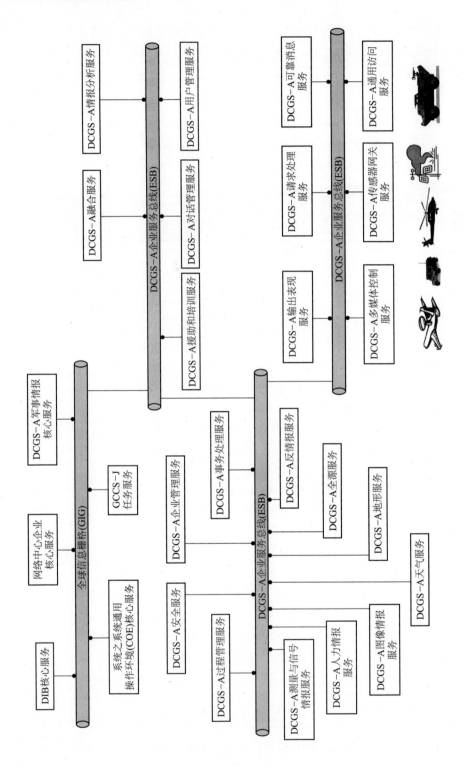

图 6-39 DCGS-A 面向服务的体系结构示意图

据库、元数据目录、元数据框架、数据集成框架、安全服务、工作流服务、WEB门户等部分组成，如图6-40所示。DIB是一种基于J2EE的软件系统，具有开放式的可编程体系结构，因此可以方便地添加新的应用，并且还可使其与其他系统实现互操作。美国三军可通过DIB彼此互联，共享所有重要的ISR资源。DIB系统采用了一种基于开放标准的构建方法，允许第三方软件供应商自己完成软件与DIB系统的集成工作。这种方式DIB也可使用户从现有情报系统中提取元数据发布在互联网上。

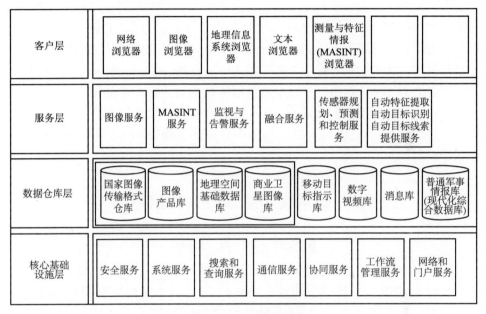

图6-40　DIB分层视图

DIB是DCGS Block10.2的核心，通过DIB的建设，任何一个具有权限的情报用户可以在任意地方通过浏览器或应用终端查看整个情报体系内的任意情报，实现了情报体系的多源信息共享和按需服务。

3. 以TPPU为主要模式，推动了情报融合体系由逐级统合的纵向模式向以网络为中心的融合模式转型

早期的DCGS系统采用传统的纵向融合处理模式，即TPED（Task、Process、Exploitation、Dissemination）流程模式，在此模式下先由下级融合节点进行低级融合，然后再分发到高级节点进行高级融合，最后统一汇总到最高司令部进行统一融合，此种模式的最大问题是情报融合的时效性难以满足灵敏作战、快速打击的需要。

美军后来对各军种的DCGS系统都进行了升级，改用了新的TPPU（Task、

Post、Process、Use)模式。在 TPED 模式中,任务规划包括用户请求的具体信息、平台或者传感器的使命管理、ISR 使命规划和实力部署。然而,在 TPPU 模式中,任务规划以网络为中心,所有授权用户都可以访问,它集成了用户计划和作战行动;TPPU 模式中的"Post"是指数据提供者在从获取平台得到数据后立即以能够进一步处理的方式将原始数据和预处理数据发布到网上,而不必等处理完分发,以保证时效性。从一般意义上说,TPPU 中的"Post"包括了 TPED 中的处理和分发(Processing and Dissemination)工作;在 TPED 中"Processing"是指把原始数据转换成情报分析员能够使用的情报产品,而 TPPU 中的"Process"本质上是 TPED 中的"E"(Exploitation),情报产品可以像在 TPED 那样分发,但是可以更加有效地动态推送或拉取;TPPU 中的"Use"可以使多个用户实时访问原始数据或者完成的情报产品,以供它们进一步分析、融合和协作。由于采用了 TPPU 模式,DCGS 体系的每个节点既是原始数据或情报产品的提供者,又是原始数据或者情报产品的需求者,各节点之间没有固定的情报信息流程,而是根据作战任务灵活组合,实现了以网络为中心的信息融合,大大缩短了从传感器到射手的时间。

6.4 美军战术级作战人员信息网

6.4.1 装备现状

战术级作战人员信息网(WIN-T)是美国陆军史上第二次大规模重建的战术通信计划,主要用于传输多种安全级别的话音、数据和视频的战术移动通信系统。对美国陆军而言,WIN-T 是陆战网(Land-WarNet)的关键部分,它逐步取代移动用户设备系统(MSE)和三军战术通信系统(TRI-TAC),成为从战区一直延伸到连一级的高移动性、大容量的通信骨干网络。

美国国防部在 2002 年正式批准了 WIN-T 的研制计划,并计划于 2008 年开始装备。但由于 WIN-T 系列试用产品在 2003 年的伊拉战争中暴露出大量问题,迫使 2007 年 6 月美国陆军对 WIN-T 计划进行了重新调整,调整后的 WIN-T 计划将按照四个阶段进行螺旋式发展。目前,"增量"1 组网枢纽、网络管理套件和网络节点等装备于 2008 年开始部署部队,为军、师、旅、营指挥所和远征通信营提供核心服务;"增量"2 装备于 2013 年开始部署部队。

6.4.2 发展过程

1995 年,美国陆军在新军事革命浪潮的推动下,围绕陆军数字化部队的建设,进行了一系列的作战试验,其中"21 世纪部队高级作战试验"最具代表性,这场试验使决策当局认识到美国陆军当前使用的移动用户设备系统(MSE)并不是真正意义上的移动通信网络,因为使用 MSE 时必须停下来进行架设,一旦架设好后,整个系统就基本不可移动了。除此之外,他们还认为应用于更高梯队的三军战术通信系统(TRI-TAC)也无法满足数字化战场作战的需求,因为 TRI-TAC 主要支持话音、小型数据文件和短的文本信息,而对于数字化战场上的视频、图形数据、图像等信息数据,传输的连通性和速率都不够。因此,美国陆军急需一种具有全频谱性、高机动性、宽频带性以及保密性好等特点的高性能通信网络系统来替换这些老旧的战术通信系统。

美国陆军先于 1996 年提出和批准了名为 WIN 的系统体系结构方案,随后又在 1999 年通过了 WIN-T 作战需求文件(ORD)草案,并指定陆军通信和电子司令部全权负责该项目。WIN-T 最初是 WIN 中的一个子系统,T 代表陆地(Terrestrial),后在 ORD 草案中,将 WIN-T 升级为战术级作战人员信息网,T 则代表了战术(Tactical)。计划中的 WIN-T 能综合利用地面、机载和卫星通信传输方式,通过高速、大容量保密无线电网络为各移动用户提供话音、数据、文电和视频服务。同时,WIN-T 还将采用模块化设计和开放型体系结构,以方便将来吸收先进技术,并灵活地插入可用的技术改进型部件。

美国国防部在 2002 年正式批准了 WIN-T 的研制计划,并计划于 2008 年开始装备。但事与愿违,WIN-T 系列试用产品在 2003 年的伊拉战争中暴露出大量问题,迫使美国陆军不得不开发了一种基于民用产品解决方案和传统设备的系统——联合网络传输能力(JNTC),用来填补 WIN-T 正式装备部队前的空白,该系统的核心部分就是具备卫星通信能力的联合网络节点(JNN)。但 JNN 只能提供一种"驻停快速通"的卫星通信能力,仍旧无法满足作战部队对移动卫星通信和网络自动化操作的需求。为此,2007 年 6 月美国陆军对 WIN-T 计划进行了重新调整,并将此前 JNN 网络项目一并纳入其中。调整后的 WIN-T 计划将按照"增量"1、"增量"2、"增量"3、"增量"4 四个阶段进行螺旋式发展。

1. "增量"1:驻停组网(2004—2013)

"增量"1 主要是以 JNN 计划为基础,最大程度利用商业现有产品,为营以上部队提供话音、数据和视频连接功能。为了能把先进的通信能力快速投入战场使用,项目的第一步被划分为"增量"1a 和"增量"1b。"增量"1a 是在 WGS 上引入了商业通信卫星采用的 Ka 频段,这不仅极大地降低投入成本,而且提高了网络的灵活性。"增量"1b 则以优化带宽和提升卫星利用率为目的,引入了网络中心波形,除此之外,为了进一步增强网络的安全能力,它还采用了无修饰的核心加密技术。尽管 WIN-T 计划中"增量"1 的战场测试工作到 2012 年 8 月才全部完成,但美国陆军第 2 步兵师第 5"斯特赖克"旅战斗队早在 2008 年 11 月就已装备了"增量"1 组网枢纽、网络管理套件和网络节点,并反映"增量"1

在实际战场运用中可以为军、师、旅、营指挥所和远征通信营提供核心服务。

2."增量"2：早期动态组网(2010—2015)

"增量"2相对于"增量"1而言是一个全新的保密通信骨干网，采用了由地面通信系统和卫星通信系统组成的二层通信体系结构，不仅能够满足语音、数据和实时视频的分发，而且还可以为连以上部队提供动中指挥通信、任务规划和作战协同的能力。"增量"2大量利用了高频带组网波形(HNW)、网络中心波形(NCW)、网络自动化工具等商用关键技术。其中高频带组网波形(HNW)是早期列装运行在高频带网络电台上的地面视距(LOS)波形，可提供高吞吐量的视距通信，如图6-41所示；网络中心波形是早期列装在加固型R-MPM-1000调制解调器上的卫星动中通波形，可提高态势感知能力并扩大指挥控制范围；网络自动化工具可对移动专用网络进行规划、初始化、监视和控制。美国陆军于2012年5月在墨西哥白沙导弹靶场对"增量"2进行了初始作战测试以及网络集成评估，并在2013年夏将其部署到了美军驻阿富汗部队。按原定计划，至2017年，"增量"2将装备美军41个旅战斗队和9个师。

图6-41 HNW使WIN-T的地面节点具有初始移动视距通信

3."增量"3：全面动态组网(2014—2025)

"增量"3是在"增量"2基础之上研发的一种具备全面的网络容量、安全性和动中通能力的网络，它采用了三层通信体系结构，即在原有的地面和卫星二层通信系统之间增加了无人机这一空中通信层，使WIN-T网络的超视距通信得到进一步扩展，同时还在一定程度上减轻了对卫星通信的依赖。目前，在"增量"3全面动态组网阶段，美国陆军计划使用"机器人直升机"和"天空勇士"增程多功能无人机来充当空中通信层的机载节点,这样可以有效避免卫星通信平台固有的信号传输延迟,从而真正实现通过实时不间断的移动通信为作战人员提供更高的机动性。从"增量"3 的后续计划来看,WIN-T 网络不仅可以将通信保障范围延伸到战斗航空旅和火力打击旅,而且还可确保与联军、盟军、合成部队、现有部队以及商业语音和数据网络的协调。图 6-42 展示了美军 WIN-T 通信节点车。

图 6-42　WIN-T 通信节点车

4. "增量"4:受保护的卫星通信(2016—2025)

"增量"4 是 WIN-T 网络提升计划的最终部分,将采用更多的新技术,以获得受保护的卫星通信动中通能力,并能够与转型卫星通信系统(TSAT)相兼容,形成更大的数据吞吐量。在该阶段,WIN-T 网络重点对 TSAT 的接入能力、受保护卫星通信、WIN-T 电台升级、改进联合卫星通信互操作能力、增加动中通网络数据吞吐量 5 个方面的内容进行改进。

6.4.3　特点及发展趋势

1. 主要特点及结构

WIN-T 的主要特点是:模块化设计、依据用户要求可伸缩、能适应战争最新发展、将最有效地利用带宽和频谱、符合联合技术体系结构(JTA)、网络技术以商用标准为基础,易于升级、操作、维护和培训。WIN-T 将大量采用符合 JTA 的商用现成技术,采用开放体系结构,方便将来吸收先进技术,并灵活地插入可用的技术改进型部件;WIN-T 的管辖区域从战区到营一级,主要成分是网络基础结构、网络管理、IA(信息保证)、网络业务和用户接口。其中,基础结构包括用户节点、远程接入用户接口(RASI)以及增强和扩展网络连接的信息传输系统。

WIN-T 经过四个阶段的发展,最终将形成由空间层、空中层和地面层构成的三层通信体系结构,如图 6-43 所示。

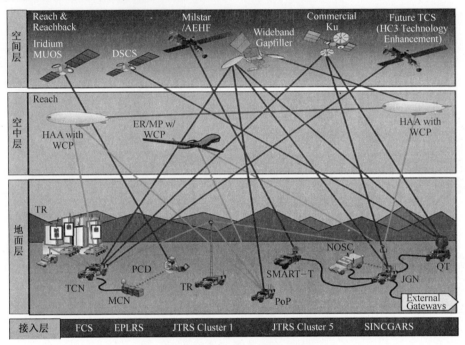

图 6-43 美军 WIN-T 系统组成结构

1) 空间层

在空间层,主要包含了属于宽带卫星通信系统的国防通信卫星系统(DSCS)和宽带填隙卫星系统(WGS)、属于受保护卫星通信系统的"军事星"卫星通信系统和先进极高频(AEHF)卫星系统、属于窄带卫星通信系统的特高频后续星(UFO)卫星通信系统和移动用户目标系统(MUOS)、全球广播业务系统(GBS)、商业卫星通信系统。卫星通信是 WIN-T 主要的超视距通信手段,未来美军将进一步研发具备更强抗干扰、抗截获能力的通信卫星,使其能够更好地服务于 WIN-T。

2) 空中层

在空中层,主要包括搭载 WIN-T 通信载荷的有人驾驶飞机、无人机和高空飞艇。这些空中通信中继平台将会在一定程度上减轻 WIN-T 对卫星通信的依赖,从而为美军在复杂地形环境下提供一种辅助的超视距通信手段。

3) 地面层

在地面层,主要包括两个方面的设备:一方面是用于超视距通信的卫星终端,如"军事星"卫星通信系统的地面终端 SMART-T、DSCS、WGS 及商业卫星通信系统的地面终端 QT。另一方面则是用于视距通信的战术通信节点(TCN),TCN 既具备地面动中通的能力,又具备卫星动中通的能力。

2. 发展趋势

尽管 WIN-T 项目进展顺利,但仍面临 3 个技术难关。第一是动中卫星天线,即怎样通过宽带卫星链路的连接使地面车辆在移动中进行战斗指挥和协作。它是一种真正的动中通能力,而不是"快停通"通信能力。第二是怎样开发支持移动通信的网络化卫星和网络化视距无线电波形。第三是保持移动网络要素连接的网络自动化技术。

在网络中心战的背景下,美国陆军的 WIN-T 网络实现了全球信息栅格向战术一线的延伸,从而保证了在整个战术网络中能为部队提供必备的通信能力。而对于这样一个着眼于未来且极具发展潜力的战术通信系统,美军今后必将通过更多的试验评估,不断强化其灵活性、有效性和生存性。

6.5 俄罗斯陆军防空指挥信息系统

6.5.1 发展历程

俄罗斯防空指挥信息系统是俄罗斯指挥自动化系统的典型代表,自 20 世纪 50 年代后期开始研制,至今大致经历了四个阶段:20 世纪 50—60 年代的基础性研究与初步建设阶段、20 世纪 70 年代的深入发展阶段、20 世纪 80 年代的实际应用阶段和 20 世纪 90 年代以来的改进完善阶段。

到目前为止,俄罗斯防空指挥信息系统已经发展到了第三代,即以高速并行计算机和智能化的作战软件为核心的防空指挥信息系统。而且这些系统具备能够将各种防空兵器、技术装备与各级指挥机构联成一个整体,能在有线、无线和卫星等通信系统的支持下,实时收集、分析、传递大容量的情报信息,自动进行辅助决策,对防空兵器实施自动或人工干预指挥和自动控制,实现了体系与体系的对抗和网络对抗,极大提高了防空体系的生存能力。

6.5.2 系统组成及特性

俄罗斯防空指挥信息系统从纵向上分为战略、战役和战术三个层次。其中陆军防空指挥信息系统主要包括战役和战术两个层次。

1. 战役层次防空指挥信息系统

俄罗斯陆军战役层次防空指挥信息系统主要是指多面手(防空师(军)装备)、9С52"林中旷地"-Д4 和 9С52М"林中旷地"-Д4М(С-300В 系列和"山毛榉"-МI 系列防空导弹旅装备),如图 6-44 所示。

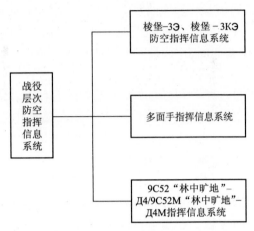

图 6-44　战役层次防空指挥信息系统分类

多面手是装备在防空师(军)的防空指挥信息系统,它是俄罗斯大量在用的指挥信息系统。它能够同时处理 300 批空中目标,且无滞后时间。信息处理空间为半径 3200km,高度 100km,能处理对中短程战役战术弹道导弹的情报信息。多面手可接受 3 个雷达旅(团)的情报信息并对其实施指挥,可从其所属战斗部队(地空导弹兵、歼击航空兵、电子对抗兵)获取情报信息。

多面手可与 6 个友邻防空兵团的多面手系统以及空军歼击航空兵师、陆军方面军防空指挥所、空军指挥所和陆军防空导弹旅、民航管制中心等实施信息交换与协同。多面手指挥信息系统综合指挥舱可指挥装备"贝加尔""谢涅什""矢量"自动化指挥控制器材和 83М6Е 等地空导弹兵战术指挥信息系统的 12 个地空导弹旅(团),并且还可以通过"谢涅什"和"矢量"指挥与其共同部署的地面引导站,可对 3 个独立的电子对抗营实施指挥。多面手的信息协同能力如图 6-45 所示。

9С52"林中旷地"-Д4 和 9С52М"林中旷地"-Д4М 是俄罗斯装备在陆军防空导弹旅的指挥信息系统,用于指挥控制"山毛榉"-М1、"山毛榉"-М2(装备于集团军)和 С-300В1、С-300ВМ(装备于方面军)防空导弹。

9С52"林中旷地"-Д4 和 9С52М"林中旷地"-Д4М 指挥信息系统还能指挥移动式侦察指挥所和通用连指挥所,并且考虑了与上级防空指挥所以及国土防空部队战术大队指挥所的匹配。通过自动化数据链路,各防空火力单元不仅可

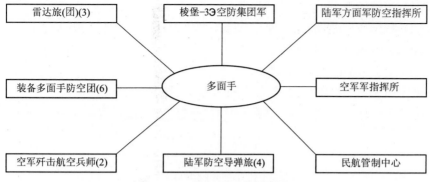

图 6-45 多面手的信息协同能力

以接收有关目标、命令和其他指挥所的信息,同时也可将自己探测到的目标和部队部署情况等信息实时上报联合指挥中心;前方防空指挥官不仅可以更有效地指挥其直属防空部队的作战,而且可指挥前方所有下级防空部队的战斗;防空体系的反应时间得到了极大的压缩,防空火力资源得到了更有效的利用。

9С52 的主要性能如下。

(1) 指挥控制的导弹营数量不大于 4 个。

(2) 处理和跟踪目标数不大于 272 个。

(3) 同时显示的目标数不大于 80 个。

(4) 同时接收雷达信息源数量不大于 8 个。

(5) 向导弹营和直接掩护设备指挥所发送目标通报时,向各单位发送的目标数量不大于 20 个。

(6) 同时接收和处理从方面军(军)防空指挥所来的 2 个目标指示,5 个射击禁止指令和责任空域边界指示指令,并向其发送报告。

(7) 靠战勤人员力量展开(撤收)时,时间不大于 20min。

(8) 系统接收的空情雷达信息容量为:从方面军或军防空指挥所送来的目标航迹数不大于 20 个;从 ППОРИ-П1 雷达信息处理站指挥所送来的目标航迹数不大于 50 个;从 ПОРИ-И2 雷达信息处理站指挥所送来的目标航迹数不大于 30 个;从 А-50 空中雷达巡逻机送来的目标航迹不大于 60 个;从所属 4 个导弹营中每个营送来的目标航迹不大于 24 个;从方面军空军歼击航空兵指挥所送来的目标航迹数不大于 30 个。

9С52М 的主要性能为:

(1) 同时控制 4 个导弹营和 1 个导弹连。

(2) 同时处理目标总数 270 批。

(3) 同时跟踪空中目标数 80 批。

(4) 送往导弹营的目标数 60 批。

(5) 数据传送范围:遥码通信状态 100km;有线通信状态 20km。

(6) 系统展开时间 35min。

2. 战术层次防空指挥信息系统

俄罗斯陆军战术层次防空指挥信息系统主要是指 83M6E 系列（C-300ПMY 系列地空导弹团装备）和 9C737"排队"（"道尔"等防空导弹团装备），如图 6-46 所示。

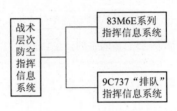

图 6-46　战术层次防空指挥信息系统分类

1) 83M6E 防空指挥信息系统

83M6E 防空指挥信息系统是对"谢涅什"和 C-200 指挥系统等改进的基础上，为 C-300 防空导弹系统配套研制的机动式自动化指挥控制系统，于 20 世纪 90 年代初装备部队。

该系统采用雷达、指挥控制、通信三位一体技术，解决了地空导弹过分依赖于无线电技术兵（雷达兵）信息源的问题，以及在特殊情况下，C-300 部队（兵团）独立作战的空天目标的信息保障问题。83M6E 防空指挥自动化系统是在 54K6E 指挥控制系统基础上加装了一部高性能三坐标战斗雷达 64H6E 组合而成。

系统的主要性能为：

(1) 作用半径 300km，高度不小于 100km。

(2) 可指挥控制 6 个 C-300 营。

(3) 能够发现 300 批目标。

(4) 跟踪 100 批目标。

(5) 跟踪目标最大速度为 2800m/s。

(6) 指示目标通道数为 36 个。

(7) 系统展开时间不大于 3min。

(8) 系统反应时间为 5min。

2) 9C737"排队"防空指挥信息系统

9C737"排队"主要用于指挥控制"道尔""通古斯卡"（图 6-47）、"箭"等防空导弹。

第6章 外军典型系统分析

图 6-47 俄军 2S6"通古斯卡"弹炮合一防空系统

9C737 系统的主要性能为：

(1) 能够自动接收和显示从摩步师(坦克师)防空部主任指挥所来的目标指示、指令。

(2) 能够接收通用连指挥所和"道尔"("道尔"-MI)防空导弹团指挥所的"天穹"("天穹"-MI)雷达站或 П-19 雷达站发现的目标坐标。

(3) 能够接收从摩步团(坦克团)防空部主任(防空营营长)指挥所来的目标指示和指挥指令。

(4) 可指挥控制 4~6 个连。

(5) 可同时跟踪指示 36 批目标。

(6) 展开(撤收)时间为 6min。

(7) 在半自动方式下,对一个目标进行处理并输出数据所需时间为 5s。

(8) 能保证同时接收、处理和显示数据并对来自 2 个信息源的空情自动进行同一性识别。

(9) 按来自上级指挥所(指控站)的数据可在显示器上显示达 24 个目标,而按战车来的数据可显示 16 个目标。

(10) 在通用连指挥所与战车环节间数据交换速率为 1s。

除此以外,俄军还装备有基座系列指挥自动化系统,它们主要装备在无线电技术兵(雷达兵)的旅(团)、营、连三个层次。其中:

基座-3 是装备在雷达旅(团)(或方面军防空中心)的指挥自动化系统,基本性能为:①处理 400 批目标;②处理空间范围:半径 1600km,高度 100km;③指挥 11 个雷达营;④向 10 个单位提供信息;⑤与相邻 6 个雷达旅交换信息;⑥可从 4 架 A-50 获取信息。

基座-2 是装备在雷达营(或集团军防空中心)的指挥自动化系统,基本性能为:①处理 300 批目标;②处理空间范围:半径 1600km,高度 100km;③指挥 6 个雷达连;④向 4 个单位提供信息;⑤与相邻 5 个雷达营交换信息。

基座-1 是装备在雷达连的指挥自动化系统,基本性能为:①处理 200 批目标;②处理空间范围:半径 600km,高度 40km 以下,速度 1200m/s;③接收处理 8 个雷达站和两部测高雷达信息,对其工作状态监控;④与相邻 2 个雷达连交换信息;⑤向 3 个单位提供信息。

总之,俄罗斯陆军建立了较为完善的多层次防空指挥信息系统,同时,各个层次的指挥信息系统又可以与侦察预警系统和火力拦截系统等实现很好的信息互联互通,实现信息共享和陆军防空体系的一体化建设。

6.6 法军空地一体作战系统(BOA 作战水泡与"蝎子"计划)

6.6.1 发展历程

进入 21 世纪后,法国陆军认识到,为了使现有和未来的陆军武器系统发挥整体效能,必须使其实现地面系统网络化,而达成此目标的重点是通过信息互联、互通和共享的横向一体化集成技术,实现每个单元在"系统之系统"环境中充分发挥其效能,实现整体战斗力的跃升。为了达到此目标,法国于 21 世纪初提出为打赢未来地面接触战争的"空地一体作战系统"(BOA),如图 6-48 所示。该系统的核心思想是网络化的协同作战,其关键在于战术各单位信息的综合集成,实现实时共享,以达成 1+1>2 的作战效果。

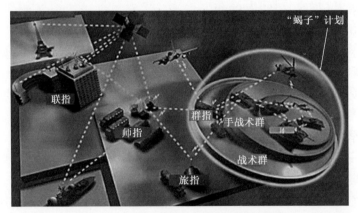

图 6-48 法军"空地一体作战系统"概念

BOA 系统包括 EBRC 轻型轮式装甲战车、无人车、无人机、MCT 反坦克导弹、"未来装备和通信一体化步兵系统（FELIN）"等项目。BOA 系统于 2002 年启动了概念预研阶段；2006 年进入技术演示验证，以帮助其确定体系结构以及对某些具体技术进行传统试验评估和网络集成试验评估，这些技术包括蓝军跟踪系统技术以及辅助防御系统的网络集成。法军希望 BOA 系统能通过先进传感器与通信网络系统将前沿部署的"勒克莱尔"主战坦克、"虎"式攻击直升机、VBCI 装甲车、FELIN 未来士兵系统（图 6-49）、无人系统、火力支援系统以及工程保障装备等联成网络，形成一个一体化的大系统，以经济可承受的方式提高前沿部队的整体作战能力。

图 6-49　法国 FELIN 未来士兵系统

为了落实"空地一体作战系统"，法国陆军于 2006 年启动了的未来 20~30 年陆军作战需求的"系统之系统"装备发展计划——"蝎子"计划。该计划由"蝎子"信息系统、VBMR 多用途装甲车、EBRC 侦察作战装甲车、"勒克莱尔"主战坦克等多部分组成，核心思想是将合成部队战术群看成一个有机整体而非各种装备的交叉重叠，通过对现役平台的信息化综合集成改造、换装，以及新一代网络化的 C^3I 系统的支持，使陆军战术群的协同作战能力有质的提升，以满足未来联合作战的需求。"蝎子"计划在法国武器装备总署、陆军及工业部门的紧密合作下，研究、论证和试验了 10 多年，进行了超过 100 多项的预研和试验，所有努力都集中在了"系统集成"的开发，以及针对未来"蝎子"计划的装备、设备和信息系统的体系结构方案上。对于法国陆军来说，该计划是法国陆军为实现向"2025 年陆军"转型而推出的未来武器装备发展计划，是"空地一体作战系统"在装备发展上的进一步具体落实，地位等同于美国陆军的"未来战斗系统"，具有非常重要的意义。

"蝎子"系统和相关车辆的初始连接能力预计将在2025年之前实现。除了交付新的和升级的车辆外,"蝎子"计划还旨在使地面上的车辆与机器人和无人机系统(UAS)互动,以提供法国军队在交战期间对战场有更全面的了解。

6.6.2 系统组成

"蝎子"计划的优先任务之一是"实现比目前更高的一体化作战水平,目的是能够在包括旅在内的任何级别上在使用航空兵和炮兵的情况下进行联合作战。但完成这一任务要求采取更广泛的综合措施,将带来一定的困难。例如,同时在各层次上采用通信系统和信息系统,一方面最终会提高陆军战斗潜力,但另一方面要求在实施过程中集中所有力量。

"蝎子"计划的主要部分包括 FELIN 未来士兵系统、"狮鹫"(Griffon)多用途运兵车、轻型多用途"美洲虎"(EBRC Jaguar)战车、升级"勒克莱尔"主战坦克、"蝎子"作战信息系统(SICS)以及"接触"(CONTACT)无线电系统。

1. FELIN 未来士兵系统

在"蝎子"计划框架内首先大规模装备法国陆军的是 FELIN 未来士兵系统。FELIN 是法语 Fantassin a Equipement et Liaisons Integres 的缩写,意为"通信装备一体化步兵"。该系统包括 FAMAS 传统突击步枪、改进后的防弹衣、迷彩服、便携式电脑、电台、GPS 信号接收机、头盔显示器、光学系统(包括瞄准具)。FELIN 未来士兵系统的技术装备在很大程度上类似于美国陆军的"陆地勇士"系统,后者已在伊拉克接受了战火的考验。不过二者之间也有区别:美国系统(包括士兵的系统)能接收全部战术信息,包括标识已方和敌方位置的数字地图,而法国的 FELIN 未来士兵系统只有排长有权使用战术数字地图(班长和士兵没有)。

"蝎子"计划在第二阶段对"FELIN 1.3"未来士兵系统进行了改进,如图6-50 所示,使其并入 SICS"蝎子"作战信息系统和"接触"电台系统。该型FELIN 采用了一个新的模块式战术背心,成功将士兵套件的最大质量从13kg 降到8kg。FELIN 系统改进的另一个重要部分包括将士兵套件与法国陆军用于替换1979 年列装的 FAMAS 自动步枪的新型步枪集成。

2. 装甲坦克车辆

法国陆军战车的现代化将覆盖6000 辆车,包括升级现有平台并完全替换其他平台。新装备的包括部队运载工具、步兵战斗工具和迫击炮、主战坦克,如图6-51 所示。

VBMR"狮鹫"多用途装甲战车:主要用于运输、指挥、火力支援等,将替换现役 VAB 4×4/6×6 轮式车系列,如图6-52 所示。"狮鹫"车长7.2m,宽

第6章 外军典型系统分析

图 6-50　法军在"蝎子"计划对 FELIN 未来士兵系统进行改进

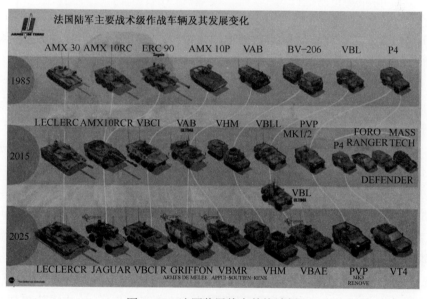

图 6-51　法军装甲战车替换计划

2.55m,高 2.62m,其最大战斗全重 24.5t,携载 10 人,最大行程 800km,可持续 3 天作战。"狮鹫"采用了模块化架构,有 5 种主要变形:①人员输送车,将生产 1022 辆;②指挥车,333 辆;③工程/救援车,54 辆;④前方炮兵观察车,117 辆;⑤救护车,196 辆。"狮鹫"计划于 2023—2027 年之间交付。首批其他"狮鹫"版本的交付于 2018 年开始,并将持续数年。

"勒克莱尔"(LECLERC)主战坦克升级版。"蝎子"计划对 200 辆"勒克莱

图 6-52 VBMR"狮鹫"多用途装甲战车

尔"主战坦克升级,帮助法国陆军保持高火力。升级的 LECLERC 预计在 2020—2022 年之间交付,将在"空地一体化作战系统"中扮演中心角色,具有升级的装甲、新的远程武器系统、新的传感器、榴弹发射器和计算机系统。

EBRC Jaguar"美洲虎"装甲侦察战车:侦察与战斗。法军计划采购 248 辆"美洲虎"替换 AMX-10RC 侦察车、ERC"萨盖"(Sagaie)6×6 侦察车以及装备"霍特"(HOT)反坦克导弹的 VAB"梅菲斯特"(Mephisto)装甲车,如图 6-53 所示。第一阶段将采购 110 辆"美洲虎",2020 年开始交付,2023 年开始用"美洲虎"代替 AMX-10RC,全部 248 辆"美洲虎"将在 2032 年前完成交付。

基于通用性考虑,"美洲虎"也采用了与"狮鹫"相同的前轴和后轴、车轮、自动变速箱以及许多其他主要元件。"美洲虎"采用铝制车身,车长 7.4m,宽 3m,高 3.33m,司乘 3 人,最大战斗全重 24t。为与"蝎子"作战营的自给自足保持同步,"美洲虎"将具有 800km 的最大行程或持续 3 天作战。该车设计能够涉水 1.2m 深,能爬 60% 的坡度或顺利通过 30% 的侧坡,或通过 0.5m 的路障。"美洲虎"将装备奈克斯特系统公司研制的 T40M 双人炮塔,该炮塔为模块化系统,可添加各种子系统。车顶将配装遥控武器站,炮塔左侧配有一对舱式发射装置,用于发射 MMP(中程)导弹。车辆基础装甲组件可抵御轻武器、中口径武器袭击、地雷和简易爆炸装置。车辆防护还可通过辅助防御系统(DAS)得以强化,该系统包括激光探测器和标准装备、核生化过滤系统和带有超压能力的空调系统。"美洲虎"还将配备两套安塔瑞斯公司研制的 360°态势感知系统和告警系统。

通过"空地一体作战系统"协作平台的链接,新的和升级的车辆将重塑法军

图 6-53　EVRC"美洲虎"装甲侦察车替换多款老旧战车

快速到达目的地的能力,并带来强大的火力和一系列系统。到 2020 年末,启用"空地一体作战系统"的部队包括 200 辆升级的"勒克莱尔"主战坦克(LECLERC),1872 辆"狮鹫"战车,2038 辆"薮猫"(Serval)4×4、300 辆"美洲虎",625 辆升级的 VBCI,以及另外 1000 辆 VBL 轻型装甲车,总计超过 6000 件装甲。

3. "蝎子"作战信息系统(SICS)

虽然"蝎子"计划中最突出的部分可能是新型装甲车辆,但该现代化计划的核心工作却在于系统的联通性。GTIA 当前 5 种战场管理系统将简化为 1 种,有可能成为"蝎子"作战概念成功或失败最关键的单个元素。SICS 系统的目标是极大程度地改进士兵获取可用信息的能力,通过提高自动化水平以及尽可能地使用电子通信而非语音通信来减轻士兵负担。例如,SICS 系统能够自动地近实时地更新友方部队定位信息,而指令和目标信息也同样自动在整个 SICS 用户网络中共享。

SICS 将完整集成到新型车辆的传感器和武器系统中。首先,这将使传感器拍摄的图像或激光测距机所识别目标的精确定位信息能够迅速地共享给整个作战单元,用于即时的、精确的红方/蓝方部队跟踪。其次,这使得来自于 SICS 的中间站点、目标信息以及其他符号信息能够直接显示在"蝎子"战车的取景器和武器瞄准具上。当然,自动共享如此海量的信息会给法国陆军通信系统的带宽带来巨大的负担。鉴于此,"蝎子"计划也列入了一种新的无线电台系统"接触"(CONTACT)战区和战术数字式通信系统。新的电台系统有望提供 12 倍于法国陆军现有电台系统的带宽。"接触"电台系统同样也将使用认知无线电方法以智能化地分配带宽和频率,在使其更有效工作的同时也尽可能不易被干扰。

6.6.3 功能特点

1. "蝎子"战斗信息系统将实现各兵种作战管理系统的有效融合

作为"蝎子"计划的核心，"蝎子"战斗信息系统(SICS)为法国陆军装备发展注入了新的活力。法国陆军2010年2月推出"通过多能化和信息化加强接触式作战的协同能力"计划，即"蝎子"装备发展计划。该计划首先瞄准发展数字化作战网络，尔后将它集成到现役和新研作战车辆上，更加务实可行，更具经济可承受性，旨在改造现役营级诸兵种战术群(GTIA)的装备和联网性能。2014年12月，法国国防部签订该计划以"狮鹫"多用途装甲车和"捷豹"装甲侦察车为主的7.52亿欧元中型装甲车辆研制合同。2021年前部署首个"蝎子"GTIA，2023年前部署首个"蝎子"作战旅(3个GTIA)，2025年前部署2个"蝎子"作战旅。届时，现役GTIA的5种战场管理系统将统一为单一的SICS指挥信息系统，且新型车辆间将具备70%的通用性。

V0/V1型"蝎子"战斗信息系统用于解决战斗群及以下分队的战斗管理需求，在更高指挥层次与三军联合信息系统的陆军部队，即作战管理信息系统(SIO 0-3)实现互联。V2型"蝎子"战斗信息系统将在2022—2025年取代"蝎子"战斗信息系统的V1版。

2. 未来士兵系统将使徒步士兵适应网络中心战的要求

为了提高步兵在未来战场上的一体化联合作战能力，未来士兵系统(FELIN)的预研和发展计划正在有条不紊地展开。未来士兵系统计划旨在把士兵武装成一个"系统"。该系统可满足下车士兵在网络中心战条件下的近距离作战需求，便于士兵观察周围环境态势、通信和在突发事件中采取行动，同时减少部队伤亡，增强单兵战场生存能力。未来士兵系统是法国陆军实现完全现代化的一个重要步骤，也是"作战水泡"概念和"空地一体化作战系统"的坚实基础。

为了实现士兵系统内组成各部分与战术指挥层的有效集成，FELIN系统采用了模块化和开放式体系结构设计方案，以便能灵活地增减功能、分系统和操控软件。其系统组成包括战斗装具系统(防弹背心、核生化防护装置、护目镜等)、武器系统、电台系统、头盔系统、电源系统、带有嵌入式部件的电子战术背心以及生命保障系统(24小时行动所需求的水和食物、急救包等)等。其中，电子战术背心的设计和性能比较先进。该背心中嵌入有可穿戴式计算机系统和电源系统，同时形成了供电网和数字网两个网络，它通过数据总线控制着全套系统的电力供应和各个设备间的信号交换，是整个FELIN系统的核心，头盔、瞄准镜和武器在内的所有子系统都通过电子战术背心互相联通，有效集成为一体。此外,系统所配备的单兵电台是一种先进的微型通信系统,既能进行话音、数据和视频传输,也能将步兵排的所有士兵都连接入网,集成为一个有机整体。

3. 主战装备通过信息化改造持续增强综合作战能力

法国陆军采取多种措施对主战装备进行信息化改进:一是对 AMX-10RC 装甲侦察车和 AMX-10P 装甲车加装各种不同综合电子设备,如终端信息系统、探测与显示系统、主动防护系统,以及带有电子控制系统的新型动力和传动系统等。通过改造,全面提升其综合电子信息化能力,使之与现装备的信息化主战坦克形成综合作战能力。二是继续完善 SDPMAC 扫雷车数字化改进。三是 AMX-30 B2 DT 扫雷车上加装遥控扫雷系统。四是为自行火炮加装终端信息系统,以提高炮兵的指挥控制能力。

2018 年 7 月 13 日,法国总统马克龙正式签署新版《2019—2025 年军事规划法案》,该法案指出,"蝎子"计划的目标之一是使 GTIA(营级诸兵种战术群)具备一致性和联通性,能够利用信息支援协同作战,使 GTIA 能先敌理解、先敌决策(能在 1min 内做出决策)和先敌行动,其下属连级部队能在 20s 内反应,排级分队能在 1~3s 内做出反应。

法国陆军信息系统建设起步较早,注重顶层设计和经济可承受性,与装备的发展改进协调推进。在陆军信息系统建设中,法国既注重单项系统性能提升,又注重联合作战互联互通能力的提高,达到了较好的效果,目前正朝着更成熟、更广泛和综合能力提高的方向迈进。未来综合作战系统是法国陆军信息化建设的核心,其关键在于各战术单位信息的实时共享,为此,未来部队将运用空地传感器和 C^4ISR 系统实现以"网络为中心"的作战,以实现作战部队火力强大、打击精确、机动灵活、反应快速、信息共享等能力建设目标。

6.7 英国陆军未来快速奏效系统

为打造集机动力、战斗力、生存力及多功能于一身的陆战利器,英国陆军于 21 世纪初即启动了涵盖战车、侦察车、通信车、工程车等一系列装甲车辆的"未来快速奏效系统"(FRES)发展计划,并在当前新一轮陆军转型之际取得了重要进展。

"未来快速奏效系统"(Future Rapid Effect System,FRES)是英国陆军正在建设的中型部队的现代化武器装备,它的基础是一系列轮式和履带式的中型装甲车族,如图 6-54 所示。该系统服役后,将首先装备机械化步兵、侦察分队和轻型装甲部队,满足英国陆军对全球快速部署作战的需求,弥补了重型装甲部队快速部署能力不足和轻型部队作战能力弱的缺陷,是英国陆军从轻、重结合型部队向中型部队转型的关键装备。

图 6-54 FRES 装甲战车

6.7.1 发展历程

面对新的国际安全环境,英国认识到冷战时期创建的轻、重结合的陆军,重型部队"过重",轻型部队"过轻",无法满足未来地面作战要求。"过重"是指重型部队虽然拥有较强的杀伤力、生存能力和持续作战能力,但因平台笨重、后勤臃肿而导致部署时间过长,机动能力不足,很难对突发事件做出快速反应。"过轻"是指轻型部队虽然具备快速战略部署能力和灵活的战场反应能力,但在杀伤力、生存能力和持续作战能力方面又有不足,快速到达战场后难以确保对付各种对手。

因此,英国陆军计划通过转型,打造一支身兼重型部队和轻型部队之长、更加灵活且能在全球快速部署的网络化中型部队。

1998 年,英国国防部在《战略性防务评审》白皮书中宣布,英军的部署态势将从"冷战"时期的静态部署转变为灵活部署,具备快速机动、远征作战的能力。为实现这一目标,英军从当年开始组建中型地面部队,并为此寻求新的中型装甲车族,于 2001 年做出了发展"未来快速奏效系统"(FRES)的决策。经过 2002 年 10 月—2003 年 7 月为期 9 个月的"室内概念研究"后,FRES 从 2004 年 5 月进入初始评估阶段。

根据设想,以 FRES 为核心装备的中型部队将具备现役部队无法比拟的快速战略部署、持续作战和战场机动能力。

2004 年 3 月,英国国防部把研制目标定为"使英国地面部队能通过网络化平台系统,增强快速介入、作战和机动支援能力,在战场感知、指挥控制、精确交战、生存能力、机动能力和可利用能力上占有优势"。

FRES 将由一系列新型模块化中型装甲车组成,包括作战、侦察、火力支援、防空、指控、后勤支援车等。FRES 系统将在"弓箭手"通信网络中进行作战使用,并能和其他系统,如未来综合士兵技术、机载远程雷达和"值班员"无人机兼容,从而使英国陆军具备网络化作战能力。FRES 取代现役车辆和获得新能力将是两个并行过程,FRES 各种变型车将分批装备部队,由重型装甲车、中型装甲车和轻型装甲车组成的新老武器系统将在 FRES 中长期并存。

在英国国家审计办公室于 2010 年 10 月 15 日公布的《国防部 2010 年主要项目审查报告》中,FRES 被分成 3 个相互独立的计划,即通用车计划、专用车计划和机动支援车计划。从某种意义上讲已进行了近 10 年的 FRES 计划实际上已不复存在。但鉴于国防预算的进一步缩减,首辆 FRES 专用车的服役时间从 2015 年推迟到 2020 年,FRES 通用车的服役时间将至少推迟到 2025 年左右,且未来发展还可能面临其他不确定性。

6.7.2 系统组成

FRES 由一系列机动能力、火力和生存能力达到最佳匹配的新型模块化中型装甲车组成,包括直瞄射击车(由于"挑战者"2 坦克和"勇士"战车将服役至 21 世纪 20 年代中期,直瞄射击车可能最后研制)、装甲机动战车、侦察车、间瞄火力支援车、防空作战车、指挥控制车、陆基监视车、间瞄火控车、后勤支援车、抢修车、工程车、核生化检测车、通信车(安装"弓箭手"无线电系统、"猎鹰"区域通信系统和"预言家"电子战系统)和救护车等,如表 6-3 所列。英国国防部对 FRES 的总体要求是尽可能使用通用底盘和模块化车身,为英国陆军提供具备多种功能的战斗车族。

表 6-3 FRES 轮式、履带装甲车辆组成

车辆系列	车型用途	底盘	车重/t
通用车辆	装甲输送车	8×8 轮式	25~30
	设备支援车	8×8 轮式	25~30
	轻型装甲支援车	8×8 轮式	25~30
	指挥控制车	8×8 轮式	25~30
	驾驶训练车	8×8 轮式	25~30
	医疗救护车	8×8 轮式	25~30
	间接火力支援车	8×8 轮式	—
	核生化侦测车	8×8 轮式	
	通信与电子战车	8×8 轮式	
	遥控布雷车	8×8 轮式	—

(续)

车辆系列		车型用途	底盘	车重/t
专用车辆	侦察车	侦察车	履带式	25
		编队侦察(监视)车	履带式	25
		工兵侦察车	履带式	25
		强防护输送车	履带式	25
		侦察支援车	履带式	25
		陆基监视车	履带式	25
	中型装甲车	间接火力控制车	履带式	25
		直瞄火力平台	履带式	30~35
	机动支援车	装甲工程车	履带式	30~35
		装甲架桥车	履带式	30~35
		装甲工程牵引车	履带式	30~35
基本功能通用车辆		单独采购,不列入FRES经费		

1. 车型

FRES的各种变型车采用轮式还是履带式底盘,或者二者兼有,英国国防部迄今尚未定论。在目前候选平台中,既有轮式车也有履带车,如美国通用动力公司的"先进混合动力"(AHED)车、美国联合防务公司的"未来作战系统-履带式"(FCS-T)车和"未来作战系统-轮式"(FCS-W)车、瑞典阿尔维斯·赫格隆茨公司的"多用途装甲平台-履带式"(SEP-T)车和"多用途装甲平台-轮式"(SEP-W)车。图6-55展示了FRES战车参加越野试验,图6-56展示了参加试验的FRES通用车备选车型。

图6-55　FRES战车参加越野试验

第6章 外军典型系统分析

图 6-56　参加试验的 FRES 通用车备选车型

2. 质量

在车重问题上,主要考虑满足快速部署要求。最初的方案设想,FRES 车辆的质量应在 20t 以下,全部能用 C-130 运输机进行整车空运。然而,从伊拉克战争中获得的经验导致 FRES 设计方案发生变化,FRES 设计成由一系列 17~25t 重的车辆组成,并据此提出 FRES 的所有变型车都要能用 A400M 运输机空运,大多数变型车能由运载能力较低的 C-130 运输机空运。即便如此,这也不是最后定型的设计方案。

目前的设计方案有轻型和重型两种基本车辆,轻型车辆(即 FRES 1)的质量在 17~20t 之间,重型车辆(即 FRES 2)在 25~30t 之间,较重的直瞄射击车、架桥车和清障车等由 A400M 空运,其他变型车由 C-130 空运。

3. 武器

武器平台有两种选择方案,英国倾向于为直瞄射击车配备 120mm 滑膛坦克炮,候选炮塔包括"猎鹰"小型双人炮塔和 CV90120 轻型坦克上的三人炮塔,二者均采用瑞士 RUAG 公司的 120CTG 滑膛炮,但这样一来,该车将无法用 C-130 运输机空运。另一个方案是让直瞄射击车放弃 120mm 滑膛坦克炮,部分任务交给配备中口径火炮和高速反坦克导弹系统(如美国的"直瞄反坦克导弹")的其他车辆,满足用 C-130 空运的要求,但在弹药种类和执行任务方面不如 120mm 坦克炮灵活。

间瞄火力支援车、迫击炮车和反坦克导弹车将共同承担间接火力支援任务,其中反坦克导弹车能发射具有间瞄火力打击能力的光纤制导导弹。间瞄火力支援车也属重型车辆,部分任务可由正在研制的"轻型机动炮兵武器系统-榴弹炮"(LIMAWS-G)承担。此外,近程防空作战车将配备"星光"高速导弹,侦察车配备可发射埋头弹的 40mmCTA 火炮。

4."弓箭手"通信系统

FRES 装甲车族集成入"弓箭手"通信网络中作战使用,并能与"未来综合士兵技术"(FIST)、"机载远程雷达系统"(ASTOR)和"守望者"无人机系统等其他作战系统兼容,使陆军具备"网络化作战能力",如图 6-57 所示。

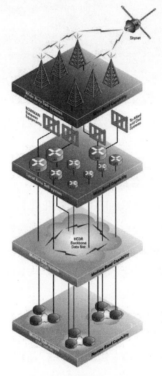

图 6-57 "弓箭手"通信网络

FRES 系统将在"弓箭手"通信网络中作战使用,并能和其他系统,如"未来综合士兵技术"(FIST)、"机载远程雷达"(ASTOR)和"守望者"无人机兼容,使英国陆军具备"网络化作战能力"(NEC)。其实质就是使用加密的音频和视频信息,在数字化通信网络中将各种武器和传感器平台有机地连接在一起,使所有级别的作战部队都具备情报、监视、目标捕获和侦察(ISTAR)能力,不仅能提供详细的战场态势图,还能合理分配作战资源。如果将英国陆军的"网络化作战能力"比作由"弓箭手""未来综合士兵技术""机载远程雷达""守望者"和 FRES 共同搭建一顶"帐篷",FRES 则是这顶"帐篷"的"顶梁柱"。

6.7.3 功 能 特 点

在用户需求中,FRES 被表述为"一种使未来中型地面部队能在合成、联合和联军作战及各种作战环境中遂行持续、远征、全谱作战的系统"。

FRES 的设计方案的创新之处在于,各个单项系统从一开始就是作为网络化集成系统的一员来设计的。它们不仅在本系统各成员之间实现互联互通,而且能与联合部队及盟军实现网络沟通,从而利用一切可以利用的资源,使部队的战场态势感知能力和作战行动的协调能力达到空前的水平。

FRES 不只是一个平台,而是一个综合性的系统。英国国防部已对它提出了快速奏效、作战、多功能和隐身 4 项关键要求和 11 项关键用户需求,这 11 项用户需求是:①持续作战和互操作能力,能够长时间进行联合、联军作战,后勤需求最小;②可利用能力,具备很高的作战可用率;③可部署能力,能从地面、海上和空中快速、便捷地部署到世界各地,多数平台能用 C-130 运输机空运,用 A400M 和 C-17 运输机可同时空运多台,卸载后可立即执行任务;④机动能力,能在战区内自行部署;⑤生存能力,车辆的防护级别最低时也能防御 14.5mm 穿甲弹;⑥杀伤能力,火炮口径要在 35~40mm 之间,能与他国武器平台联网作战;⑦集成能力,能完全融入数字化战场,支持指挥、控制、通信、计算机、情报、监视、目标捕获与侦察(C^4ISTAR);⑧态势感知、监视和目标捕获能力,可以发现敌军、形成决策优势;⑨环境适应能力,包括各种气候条件,城市、山地、沙漠等复杂地形以及核生化环境;⑩地形进入能力,侦察车应优于"勇士"履带式战车;⑪发展潜力,采用开放式结构、预设新技术接口,方便全寿命期内的新技术集成。

参 考 文 献

[1] 岳松堂. 国外陆军信息化建设的基本思路与启示[J]. 装备参考,2007(30):15-19.
[2] 张晓玲. 俄陆军信息系统建设的几点启示[J]. 外军炮兵,2012(9):32-34.
[3] 宋新彬. 法国陆军 C^3I 系统信息化集成建设研究[J]. 外军炮兵防空兵,2013(3):81-85.
[4] 张新征. 世界主要国家陆军信息系统建设的历程、特点与趋势[J]. 外国军事学术,2013(8):63-70.
[5] 岳松堂. 俄法日印陆军/陆上自卫队建设及装备发展战略分析[J]. 现代兵器,2019(4):52-58.
[6] 宋新彬. 英法陆军装备信息化综合集成现状[J]. 外军炮兵,2012(12):101-106.

第 7 章
未来发展趋势

陆军指挥信息系统已经经历了单系统独立建设和系统集成建设阶段,目前,发展多域一体化指挥控制系统,提高信息系统使用的可靠性,成为陆军指挥信息系统建设的主流。未来,世界主要国家陆军将重点开发通用指挥信息系统和全球化信息网络,积极应用移动互联、云计算和人工智能等新兴技术,不断提高"从数据到决策"能力。

7.1 军事需求发展趋势

7.1.1 作战使命和作战任务变化

科索沃战争后的几场高科技战争使人们清楚地认识到军事冲突中的一个显著转折,即从大规模军事对抗到小范围的局部地区冲突。这样需要陆军部队具有更加灵活的反应和全球快速部署的能力。另外,随着科技的进步,陆军部队机动能力的提高,陆军的作战使命和任务从以往本土的防御为主变化为布局全球从而可以应对世界范围内的危机。

2009年之后,随着反恐战争逐渐结束,奥巴马总统领导的美国政府战略中心开始东移,回归到与中国、俄罗斯等大国竞争的战略上,而美军也放弃了同时打赢两场局部战争的思想,回归到大国高烈度战争的发展思路,军事部署也重返亚太。2012年以来,随着伊拉克战争和阿富汗战争的结束,美军逐渐削减了陆军的国防预算,美国陆军回归基于能力的渐进性转型,提出2020年陆军建设目标是建成一支能够"预防冲突、塑造环境、打赢战争",装备最精良、现代化程度最高、能力最强,并具有适应性、创新性、伸缩性、灵活性、多能性和杀伤性的未来部队。

2013年5月,美国陆军、海军陆军战队和特种作战司令部联合发布了《战略性地面力量:赢得意志冲突》白皮书,为地面作战力量能在未来"空海一体战"中赢得一席之地"摇旗呐喊",其核心思想,一是"战略机动";二是"远征机动",并将在新版作战概念中进行详细阐述。所提出的"人域"概念以增强地面部队对"人域"的理解、影响和控制能力为核心,以战胜对手的意志为目标,建设能够达成国家战略目的的战略性地面力量。陆军强调其对"人域"的控制优势将成为未来决胜的关键,因此陆军作为联合部队的重要组成部分,在未来作战中仍将发挥不可取代的特殊作用。

2014年,美国陆军发布《2025年陆军部队构想》白皮书,提出陆军将从部队运用、科技与人员行为优化、部队设计三个方面,到2025年建成一支更精干、更具杀伤力与远征能力、敏捷的陆军部队。美国陆军"2025部队"将是一种分布式、一体化、地区联盟力量,能更好地为联合作战做好准备,能够更好地应对反进入/区域拒止威胁,实现美国国防战略提出的"预防冲突、塑造环境、打赢战争"的目标。美国陆军于2014年8月6日公开发布了《2025年部队与未来发展——路线规划》备忘录,指出赛博空间、材料科学和机器人(包括有人机、无人机的空/地协同作战,图7-1)将成为陆军最高优先事务。

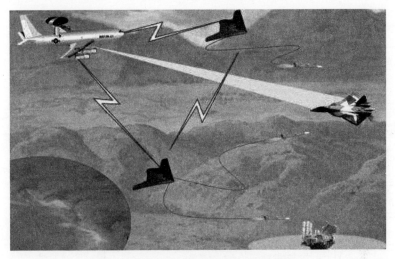

图7-1　有人机、无人机的空/地协同作战

2017年2月,美国陆军和海军陆战队联合发布《多域战:21世纪合成兵种》白皮书,阐释了发展多域战的背景、必要性及具体落实方案,谋求将新的作战方式嵌入整个联合部队。同年3月,美国陆军和海军陆战队联合组建特种部队,以发展和验证多域战概念。2017年12月,美国陆军和海军陆战队联合发布《多域战:21世纪的合成部队变革》,在白皮书基础上制定多域作战战场框架。

2017年,美国陆军还发布了2020—2040年火力、情报、机动支援、任务指挥、移动与机动、维护等6个领域的职能概念,围绕多域作战和联合作战等提出能力发展需求,进一步深化《美国陆军作战概念:赢在复杂世界》。2017年10月,美国陆军进一步将多域战要求陆军具备的关键能力概括为6大现代化优先事项,包括远程精确火力、下一代战车、未来垂直起降平台、可用于电磁频谱拒止环境的陆军网络、先进防空反导能力、提高单兵作战能力等。

为了促进机器人与自主系统能力发展,确保有效应对对手日益提高的防区外打击能力以及密集城市作战环境等挑战,2017年3月,美国陆军发布的《机器人与自主系统战略》,详细阐述了美国陆军未来25年在机器人与自主系统领域的研发重点、能力建设目标及实施途径、方式、步骤等。

2018年6月,美国陆军部长Esper宣布2028年陆军愿景,提出了陆军未来10年的军事力量发展设想。到2028年,陆军将在联合、多域、高强度的战争中随时随地地部署、果断对抗任何对手,同时威慑他人并保持其非常规战能力。美国陆军将使用现代有人驾驶和无人驾驶地面车辆、飞机、维持系统和武器,基于现代战争理论的强大组合编队和技术、卓越领导者和非凡杀伤力士兵来实现这一目标,如图7-2所示。

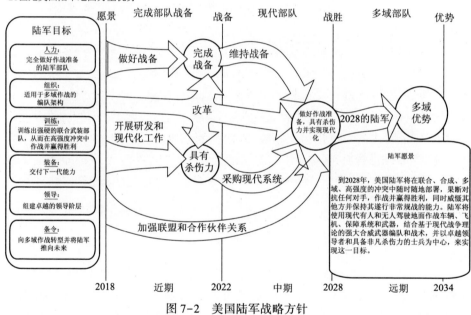

图7-2 美国陆军战略方针

随着俄罗斯等的挑战不断增强,美国陆军正极力改革,希望在"大国战争"中扮演更重要的角色。根据五角大楼2018年10月发布的《陆军战略》,美国陆军将在2028年前将自己从"平叛"为导向的建制恢复为传统高强度战争的参与者。该战略要求美国陆军在学说、训练和部队组织上进行真正、彻底甚至是革命性的改变。美国陆军将审视大型常规战争所需的战术,确定、推敲并整合专门用于大国战争中的技术,在研发武器、技术和平台时更加注重为大国之间硬碰硬的大规模机械化战争做准备。美国陆军装甲部队开始轮番到欧文堡国家训练中心接受大规模装甲作战训练,提高应对强大敌人的能力。此后,美国陆军计划将注意力转向全新作战概念和技术成熟的武器系统,包括对陆军导弹防御系统进行重大升级。在装备现代化方面,美国陆军计划引入一系列新型远程精确武器,包括高超声速导弹、新一代的作战车辆、直升机和无人战机。同时美国陆军还放弃不切实际的"零伤亡"概念,只希望利用这些先进装备,使"未来陆军能以可接受的损失程度渗透敌方防御"。

另外,新形势下反恐维稳、抢险救灾、国际维和,以及应急处突、影响舆论等将成为陆军的主要非战争行动任务。陆军作战任务的多样性、突发性、不确定性将越来越强,从而要求陆军部队更为轻便、敏捷、灵活而多能。

7.1.2 作战空间变化

随着信息技术的飞速发展和应用,陆军所面临的作战环境早已突破了传统的陆战概念,而向着陆、海、空、天、网、电等多维域空间的方向发展。

网络空间是一个运用电子装备和电磁频谱,通过网络化的系统以及相关的物理基础设施进行数据存储、修改和交换的疆域,如图7-3所示。经过最近几十年通信技术、计算机技术和网络技术高度发展,网络空间成为一个新的概念并成为继传统的海、陆、空、天之后出现的新的作战领域。虚拟抽象的网络空间战曾被美国的网络战专家描述为:在网络战场上,黑客将代替狙击手;数据包将代替子弹;计算机病毒将代替化学战;入侵探测系统将代替执勤哨兵;审计工具将代替军事情报;可将冲突延伸到世界任何一处的网络将代替物理战场。显然,网络空间是一个新型的作战空间,将传统的作战空间进一步延伸到计算机网络领域。

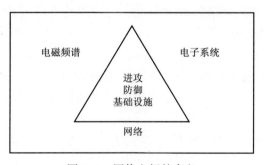

图7-3 网络空间的含义

网络空间与传统的海、陆、空、天等地理作战空间相比,具有一些独特的特点。

(1)作战空间无限:由于网络空间无地理界限和自然界限,无物理距离概念,可以超越传统的地理界限,跨越传统的海、陆、空、天,"无视"现实的国家疆界，几乎可以在任何地方、任何时间发生交战，只要交战双方存在网络连接，就可以认为对方就在自己身边。

（2）作战界限模糊：在网络空间当中，战略性、战役性、战术性信息在集成化网络环境中有序流动，呈现出紧密互联、相互融合的特点，这就使得在网络空间中遂行作战的战略、战役和战术界限模糊，日益融为一体。

（3）作战战场不定：网络作战是在无形的网络空间进行，其作战范围瞬息万变，网络所能覆盖的都是可能的作战地域，所有网络都是可能的作战目标。网络空间成为战场，消除了地理空间的界限，使得前方、后方、前沿、纵深的传统战争概念变得模糊，攻防界限很难划分。

（4）作战目标可变：网络空间交战双方可在对方毫无预兆的情况下，替换先前易受攻击的目标，或者采取新的防御措施，使得双方"攻""防"难度增加。

（5）网络配置灵活：网络空间具有动态配置其基础设施的特点，且随着技术的发展而发展。

（6）作战效率高速：在网络空间内，作战的手段是"信息"，因此，可充分利用这种近光速的信息速度，产生实时性的倍增的作战效力和速率。

（7）作战环境独特：网络空间环境具有不确定性、复杂性、技术更新迅速、易攻击、易进入等特点。

网络空间的发展必将对陆军指挥信息系统的需求产生重大的影响。对应作战空间的变化，指挥系统的作战需求也相应的在实体空间战需求的基础上，增加网络空间战争的需求：在保证技防网络作战行动绝对自由的同时，全面压制对手并剥夺对手获得赛博优势的能力。具体地说，网络空间战提出的军事需求包括网络侦察能力、网络防御能力、网络攻击能力和战损评估能力几个方面。

（1）网络侦察，包括网络情报获取和网络侦察监视。网络情报获取是指通过一定的技术手段，得到网络空间中的战略或战术级的情报信息的过程。网络侦察监视重点是了解网络的态势，是支援网络作战的基础。网络攻击与网络防御的成功与否，取决于是否对己方的作战能力和己方系统配置的了解，也取决于对敌方系统及其配置的了解。

（2）网络防御是指通过多层次的纵深防御，将敌军的突破与扩张战果的可能性降到最低。

（3）网络攻击是指通过使用网络攻击武器对敌方的网络空间进行破坏性、欺骗性或入侵性等攻击。网络攻击方式包括致瘫攻击、致扰攻击、控制攻击、拒绝服务攻击、入侵攻击等。

（4）战损评估能力。目前，网络战中的网络攻击能力得到了各国的重视和投资；网络防御现在也开始吸引关注；目前最弱的就是战斗损伤评估。现有系统往往只能通过观测一下所注入的数据信息流能否影响到敌方防空网络的信息输出。

网络空间将是陆、海、空、天等传统作战领域之外又一重要的作战领域,"制网权"将成为一个与"制空权""制海权"和"制天权"等一样重要的国家军事实力的体现。

7.1.3　作战方式变化

1. 一体化联合作战

一体化 C^4ISR 系统又称综合电子信息系统,它将作战空间、作战力量、武器装备等"黏合"在一起,形成网络化的作战体系,如图 7-4 所示。无论是从机械化战争向信息化战争的转变,还是从平台中心战向网络中心战的过渡,数字化、一体化的 C^4ISR 系统都是这些战争形态和作战样式发生变化的"催化剂",也是提高军队互联互通互操作能力的"倍增器"。

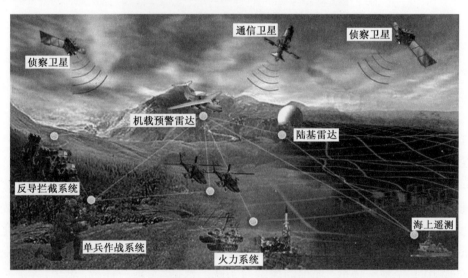

图 7-4　一体化联合作战示意图

从 1973 年美军提出"一体化作战思想"起,美国就一直在不断探索、深化、完善一体化作战理论,并在多次战争中向世界展示了一体化作战的非凡的作战效果,激起了各国争相效仿的热潮。

最初的"一体化作战思想"强调的是将现役部队与后备役部队、军队与地方有机地组织起来,形成"总体部队"。实际上,从第二次世界大战结束后的 20 世纪 50 年代—70 年代,一体化作战行动已初见雏形,在朝鲜战争、第三、第四次中东战争等多次局部战争中,都出现过陆上、海上和空中的空袭与反空袭、登陆与反登陆、空降与反空降等跨越多维战争空间的一体化作战行动,但因为战争的目的和军事技术水平的限制并没有得到广泛运用,以陆军或地面部队为主要作战力量的机械化合同作战仍占主导地位。图7-5展示了美国陆军"空地一体战"演练场景。

图7-5 美国陆军"空地一体战"演练场景

20世纪80年代以后,美军在作战理论和实践中进一步加深了对"一体化"概念的研究,在探索联合作战的一系列文件和出版物中不断提出了"一体化战场""一体化联合部队""一体化作战"等新理念和新概念,着手探索适应信息化战争要求的新理论。其中,最著名的就是20世纪80年代初,美国陆军联合空军提出的"空地一体战"理论的探索与实践。根据"空地一体战"思想,美国陆军和空军在防空反导、敌我识别、空中支援、电子战、精确打击、联合压制敌防空、空中联络和战区空运等31个领域的武器装备、协同关系、行动指挥机制等进行了联合研究和探讨,确定了相应武器装备的一体化集成改造方案,同时进一步确定了未来所需的技术和装备发展方向和计划。根据与空军商定的计划,美国陆军对以M1坦克、"阿帕奇"武装直升机等为代表的第三代火力平台、C^3I系统和综合保障系统实施了初步的一体化集成改造,以切实满足"空地一体战"的要求。

通过一体化集成改造,美国陆军C^3I系统的侦察监视能力、指挥控制能力、信息处理和共享能力,以及主战武器装备的火力打击能力、防御能力、反应速度和与空中火力的协同能力均得到了空前的提高,极大地增强了陆军的体系作战能力。这一作战能力在1991年爆发的海湾战争中得到了充分的体现:战争中,美国陆军和空军以其强大的目标侦察和监视能力、信息传输和共享能力、指挥控制能力和陆、空联合火力打击能力,对伊拉克军队进行了精确有效的摧毁和瘫痪。这也使得在最后的地面战役中,美国陆军能以有史以来最小的伤亡(100余人)和最快的速度(4天)完成了对伊拉克约20个师的战役合围和歼灭,展示了其经过初步一体化集成建设后形成的强大作战能力,震惊了全世界,并由此掀开了战争形态由机械化战争向信息化战争过渡的序幕。

1991年的海湾战争作为一场划时代的战争,虽然它本身较完美地演绎了"空地一体战"理论,但其本质仍是一场机械化条件下的大规模诸军兵种联合作战,远未达到信息化条件下一体化联合作战的要求和水准,但对一体化联合作战理论体系的最终形成起到了奠基作用。

美军在1999年的科索沃战争、2001年的阿富汗战争和2003年的伊拉克战争中,均按照一体化联合作战的原则和模式,多次对所发起的局部战争进行了主动设计和大规模实践,强调通过构建一体化指挥控制平台和信息系统,实现陆、海、空三军信息系统的互联、互通、互操作和协调统一的联合行动,充分发挥各种作战力量、作战要素在陆、海、空、天、电等多维战场空间的优势,从而牢牢掌握了战争的主动权、进程和最终结果,以微小的代价击败了武器装备数量和规模都不容小觑的对手,取得了巨大的成功。特别是在2003年的伊拉克战争中,美军通过高效的C^4ISR系统较好地将侦察情报、通信联络、指挥控制、火力打击、综合保障等各种作战要素综合集成为一体,陆军作战部队在陆、海、空、天、电、信息网络等全要素、立体化的支援和保障下,战斗力比海湾战争时期又有了成倍的提高。一线各级部队和主战平台也普遍配备了先进的战术C^3I系统,能与上级指挥中心、战场保障分队、后方保障基地实现实时联通,提出情报侦察、火力打击、空中支援和装备技术保障需求,极大地提高了部队的态势感知能力、持续进攻能力和自我防御能力。正是在此大背景下,美军才大胆派出了第3机步师仅一个师约2万人的兵力直接攻入伊军国土纵深,直取首都巴格达,并且一路所向披靡,不仅圆满完成了攻取和占领巴格达的任务,而且自身伤亡很小,成为一体化联合作战的经典案例。

2009年9月,美国空军和海军联合提出了"空海一体战"概念。2010年2月,国防部发布的新版《四年防务评估报告》正式确认"空海一体战"这一联合作战新概念,将其纳入美军新型联合作战理概念体系。该概念是针对亚太地区日益增长的"反介入/区域拒止"威胁,维护美军在西太平洋地区的行动自由而发展的一种新型一体化联合作战概念,其主要思想是解决未来可能发生在西太平洋战区的高层次军事行动准则问题，其实质是强调美军要充分利用在航空航天、网络、电子技术等方面的垄断优势，以关岛和日本韩国等盟国的作战和后勤基地为依托，以空海作战力量、太空及网络空间作战力量为主导，联合构成一个以天基系统为核心，由天基平台、空基平台和海基平台构成的多层次立体作战体系，在全维空间内加速实现其各种作战力量的有效融合，在西太平洋战区组织实施战役级别的作战行动，旨在摧毁作战对手的"反介入"作战能力，同时加强自身防御能力。

2012年1月，美军参联会发布了《联合作战介入概念》文件，明确把美军实施联合作战的领域从"空海一体战"的空、海、天、赛博四维空间扩展到陆、海、空、天、赛博五维空间，确定了陆军在未来一体化联合作战中的重要地位。该概念针对美军未来面对"反介入/区域拒止"威胁时如何实现"作战介入"这一重大问题，提出"跨域协同"的作战思想，即在联合作战中通过互补、叠加使用不同作战领域的能力，使每一种能力都能得到提升并弥补其他领域作战能力的不足，从而在复合域中建立优势，提供完成任务所需要的行动自由。

2012年9月，美国参联会正式发布了一体化联合作战的顶层设计文件——《联合作战顶层概念：联合部队2020》，首次提出"全球一体化作战"概念。这一最新联合作战概念提出，为适应"全球一体化作战"，2020年美军联合部队要在指挥控制、情报、火力、战略投送、战场机动、防御、后勤、伙伴战略等8个方面加强建设，概念的最终目标是在面临危机时，全球部署的联合部队能够通过建立、演变、解体、重建的一系列过程，快速整合自身和盟友在各个领域、层次、地域、体制内的力量，形成在时间和空间上比当前联合部队更加灵活、强大，足以应对未来复杂安全环境挑战的"全球一体化联合部队"，实现由目前的"全球区域化作战"向未来的"全球一体化作战"转变。

与过去的"联合协同"不同，《联合作战顶层概念：联合部队2020》和《联合作战介入概念》提出的"跨域协同"的主导思想是以"能力集中"取代"能力叠加"，其显著特点是将"空间与赛博空间作战与传统陆、海、空战场进行深度融合"，其层次和范围远远超出了"空海一体"概念强调的海空联合作战的概念，这标志着美军联合作战理论的发展从"联合作战"的成熟阶段步入"跨域协同"的更高级阶段。在这一概念的推动下，美国陆军又在《2013年陆军战略规划指南》中明确提出，未来陆军作为战略地面力量的重要组成部分，应当更加"灵活、机动、多能、高效"，同时保持一支"精干队伍"和"强大的后备力量"，未来"2020陆军"将在一体化联合作战中发挥更重要的作用，并强调陆军将在未来远征作战、地面联合作战、"空海一体战"（图7-6）、特种作战、非战争军事行动等诸多领域发挥无可取代的核心和关键性作用。

图 7-6 美军"空海一体战"演练

2015年1月20日,国防部正式宣布将"空海一体战"作战概念正式更名为"介入并机动于全球公域的联合概念"(JAM-GC),这标志着美军在原"空海一体战"概念的基础上,立足美军整体发展要求进一步拓展了其内容和内涵,将地面力量和两栖力量与空军、海军一起纳入联合对抗"区域拒止"威胁的范畴。JAM-GC 是"空海一体战"的升华,更有力地推动美军一体化联合作战水平由"军种联合"向"跨域联合"的跃升。

2017年2月24日,美国陆军和海军陆战队联合发布《多域战:21世纪的合成兵种》白皮书,阐释了发展"多域战"的背景、必要性及具体落实方案,"要求做好战备、弹性力强的陆军和海军陆战队作战力量,通过在所有领域拓展运用合成兵种,从物理上和认知上战胜敌人。通过可靠的前沿存在和具有弹性的作战编成,未来的陆军和海军陆战队将作为联合团队的组成部分,融合和协同各自能力,在多个领域和整个战场纵深创造暂时的优势窗口,以夺取、保持和利用主动权,打败敌人,并实现军事目标。"白皮书强调,这只是一个出发点,而不是最终的概念。其目的是引发深入的思考和讨论,希望有兴趣者都为这一概念的开发做出贡献。

"多域战"的核心要求是,美国陆军具有灵活、反应力强的地面编队,能够从陆地向其他领域投送战斗力,夺取具有相对优势的位置,控制关键地形以巩固战果,确保联合部队行动自由,从物理上和认知上挫败高端对手。

"多域战"是美国陆军和海军陆战队作为 21 世纪的合成兵种,协调实施地面作战行动的方法。它针对的是先进的势均力敌的对手,这一概念运用的时间是 2025—2040 年。在这个时间段的作战环境中,所有领域都争夺激烈,这些领域包括地面、空中、海上、太空和网络空间,以及电磁频谱,如图 7-7 所示。由于对手的能力不断取得进展,美军再也不能想当然地认为,它在任何领域都享有优势。地面部队必须同联合伙伴完全融合起来,从地面向所有领域投送力量,以便威慑和击败潜在对手。

图 7-7　美军提出的"多域战"概念

从"多域战"的实施来看,其要点是:建立具有弹性的作战编成,同联合、跨机构和多国伙伴融为一体;运用合成兵种,不仅包括物理领域的能力,而且更加强调在太空、网络空间和其他竞争性领域如电磁频谱、信息环境以及战争的认知维度的能力;机动至相对优势的位置,向所有领域投送力量,确保行动自由;创造领域优势的窗口,确保联合部队机动自由;协同运用跨域火力和机动,利用暂时的领域优势,达成物理、时间、位置和心理上的优势;创造多重困境,让敌人防不胜防;达成跨域协同,夺取、保持和利用主动权,打败敌人并实现军事目标。用一句话来说,"多域战"是"在所有领域协同运用跨域火力和机动,以达成物理、时间、位置和心理上的优势"。

"多域战"与"空地一体战""空海一体战"有所不同,从作战域来看,"空地一体战""空海一体战"主要涉及两个领域,"多域战"则涵盖所有领域。美军认为,由于对手的能力不断取得进展,能够在所有领域利用美军的潜在弱点,挑战美军的机动自由,美军必须扩大视野,同联合伙伴完全融合起来,注重5大领域的聚合,以便威慑和击败各种威胁。"多域战"是一个"让敌人难以割裂的作战概念",其实施更加复杂。从军种的功能作用看,"空地一体战"重在运用空中力量增强地面力量的能力,陆军是被空军支援的对象;根据"多域战",陆军可以支援空军、海军作战。美军作战,过去都是空军支援地面部队,空中支援召之即来,这是美军的一个优势。未来,地面部队拥有新型装甲车、远程导弹、网络和电子战装备,能够承担空军、海军的若干功能,陆军不仅自我保障能力更强,而且能够超越地面,支援海上和空中作战。美国陆军参谋长马克·米利说:"地面部队必须突破拒止区域,促进空军、海军作战。这与过去70年的做法全然不同,过去是空军、海军帮助地面部队。"他还说"陆军——是的,陆军——我们要击沉军舰,并且抵御敌之空中和导弹袭击,主宰我们部队上空的空域。"从作战方法看,"空海一体战"是"由外而内,逐步推回"。美军处在尽可能远的距离上,让对手打不着它,以远对远,先消灭对手最远程的系统,然后靠近一点,打掉对手次远的系统,依此类推。这种方法的问题是推进太慢,陷在对手"反进入/区域拒止"圈里的盟国损失大。根据"多域战",美军可以"由内而外,瘫痪结构"。就是把"反进入/区域拒止"视为一个复杂的系统,美军可以利用该系统不可避免的弱点,运用远程打击、特种袭击、网络攻击等,先打开一个缺口,然后让这个缺口逐步扩大,直至从内向外,瘫痪整个结构。

由美军的作战概念的发展历程可以看出,未来陆军的作战一定是陆、海、空、天、网、电跨域协同的一体化联合作战方式。而分析其实质,一体化联合作战是系统与系统的对抗。系统之间的对抗,是作战国家之间,综合政治、经济、外交、国防实力与潜力等各方面力量进行的国家整体实力的对抗;也可理解为军队之间,整合诸军兵种力量,相互协调,共同行动,在多维作战空间展开对抗;同时还可理解为作战单元之间,聚合各种打击力量、各种作战要素,在特定空间展开对抗;可以从战场空间、作战要素、指挥体系三方面,深入理解陆军未来作战方式的改变。

1) 战场空间多维一体对抗

一体化联合作战条件下,作战对抗已由传统的单一军种、单一兵种、单一火力之间的对抗,发展成为多维空间、多类兵种、多种火力的一体对抗。未来的战争中,由于先进的探测装置、指挥控制系统和精确制导技术极大地提高了纵深侦察、远距通信、精确打击及深远突击能力,作战行动将突破固定的战场和阵地的限制,在整个作战空间的各个层次、各个方向、各个方面同时进行。以往战争中的前后方界线模糊了,相对稳定的正面和固定的战场不复存在了,进攻行动和防御行动的界线因为战场的高度流动性和不确定性也变得模糊不清,战场空间涵盖了陆、海、空、天、电多维空间。

2) 作战要素功能组合对抗

一体化联合作战条件下,作战单元是结构体系齐全、内部要素完整的独立打击力量,它将指挥控制、情报侦察、信息对抗、火力打击、综合保障等各种作战要素有效组合,将目标发现、信息传输、火力摧毁、作战保障链接为一体,实现了"发现即摧毁",极大地提高了作战效能。因而说,作战单元之间的对抗,可以理解为作战双方情报侦察准确性、信息传输快捷性、火力打击精确性、作战保障完备性等整体功能的对抗。

3) 指挥体系高效协同对抗

信息化战争条件下，战场信息瞬息万变，时效性高，发现就意味摧毁，这就要求作战单元的指挥体系能够实现纵向指挥简捷、横向协同迅速，以达到高效整合各种作战要素，快捷调动多种打击力量，迅速对敌形成战场优势。指挥体系是作战单元的"大脑"和"神经中枢"，将战场信息分析处理，将打击力量优化组合，因而说，作战单元的对抗，一定意义上可以理解为指挥体系之间的对抗。

综上所述，陆军作战空间和作战环境的外延和内涵均在进一步拓展，其体系化、复杂化、无形化的特征越来越明显。陆军面临的作战对手不是局部的、孤立的，而是一个综合的作战体系。作战对抗的重心从"平台"转向"体系"，是体系对体系的综合对抗。来自太空的天基武器装备，来自网、电空间的"软杀伤"火力，以及各种智能无人作战平台的使用，使得未来陆军面临的作战环境变得前所未有的复杂。陆军未来的作战方式将会是诸军兵种、跨领域的一体化联合作战。

2. 无人化智能化作战

随着无人作战平台的逐步发展，战场无人化已成为未来发展趋势，有人/无人协同作战将成为未来发展方向。

陆军无人平台通常包括无人机和无人车，可执行情报、监视与侦察，武器投放和压制敌防空，排爆、核生化探测和危险介质洗消，武装打击以及作战援保等多项任务。与有人平台相比，无人平台具有独特的优势：军事行动中，无人员伤亡问题，风险小、代价低；在设计与应用过程中无须考虑"人安全"这一因素，可实现长时间的无缝侦察-打击能力，并可实现隐身、机动等关键性能的跃升。图7-8展示了美国陆军的无人装甲战车执行作战行动。

近年来，无人平台的发展成绩斐然，作用日益显著。无人机类别已经基本形成大型、中型、小型结合，远程、中程、近程搭配的无人机体系，主要执行监视、侦察任务，部分具有对地面打击能力。陆军在战役和战术层次使用无人机系统，使各层次单位都受益。无人机系统的角色和任务正随着战士们的需求和经验的反映不断发展。随着技术的进步，无人机系统成为陆军航空兵转型与现代化中应对当前与未来全频谱需要的重要部分，如美国的战斗航空旅（Combat Aviation Brigade，CAB）——主要陆航作战单位，已拥有它们的核心资产——几种类型的旋翼机UH-60"黑鹰"通用直升机、CH-47"支奴干"运输直升机、AH-64"阿帕奇"攻击直升机和OH-58D"基奥瓦勇士"侦察直升机，也包括一套无人机系统——已经编制到陆军所有旅战斗队（Brigade Combat Team，BCT）建制内。无人机系统由两部分组成：无人飞行器与地面控制站（带有保障设备），为战术指挥官提供近实时的、精确的侦察、监视和目标获取（Reconnaissance, Sur-

图7-8 美国陆军的无人装甲战车执行作战行动

veillance and Target Acquisition，RSTA）数据。这些任务包括武器使用、通信中继、特殊机载设备和同有人驾驶飞机链接。图7-9展示了美国陆军无人机系统家族。

无人机正快速改变着战争的许多方面,改进态势感知、扩展指挥与控制,加速决策周期。现代战场上的指挥官相较他们日益灵活的对手能够反应更快。无人机也越来越多地使各级指挥官决策周期少于他们的敌手,而获得优势。无人机系统技术已经快速发展；不再是看上去似乎与高科技"玩具"没什么差别的东西。他们是陆军作战方式发生重大改变的一部分,也许代表了军事事务方面的革命。

与此同时,美军地面无人车已经大量装备,任务领域不断扩展。目前,无人车已经大量投入实战使用,装备型号有十几种,装备数量达数千辆,涉及大型、中型、小型,多数无人车用于执行排爆和侦察任务,乃至执行攻击和后勤保障任务。

2017年3月,美国陆军发布《机器人与自主系统战略》,这是美国陆军第一份关于机器人与自主系统长远发展的战略性文件。文件详细描述了陆军如何将机器人与自主系统集成到未来部队中,使其成为陆军装备武器体系的重要组成部分；确立了机器人与自主系统未来发展的5个能力目标,明确了机器人与自主系统在近期、中期和远期的优先发展事项与投资重点。文件对于指导美国陆军机器人与自主系统发展具有重要意义。

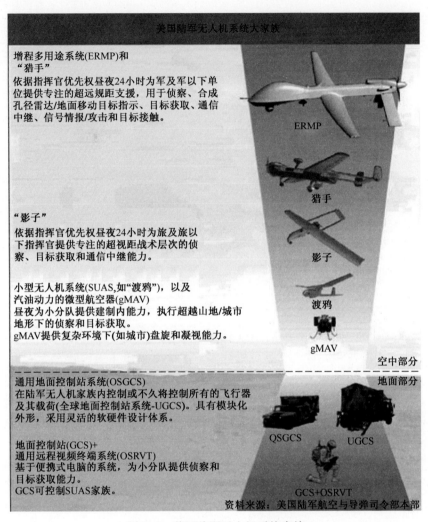

图 7-9　美国陆军无人机系统家族

无人自主系统的融入,将有助于未来陆军部队作为联合部队的重要组成部分遂行任务,击败敌军,进行地域控制,确保人员安全并巩固战果。无人自主系统还将使未来陆军部队能够依照多域战概念实施作战行动,从地面投送力量到海上、太空及网络空间,从而确保联合部队机动和行动自由。主要增强以下 5 个能力目标。

(1) 增强态势感知能力。复杂地形和敌人的多种对抗措施限制了营级以下士兵的观察和作战能力。机器人与自主系统将使部队具备在广阔地区持久监视与侦察的能力,能够进入有人系统无法进入的地区,增加作战距离,提高作战部队生存力。

（2）减轻士兵身体和认知负担。自主系统能减轻士兵装备负荷,提高士兵的速度、机动性、耐力和作战效能。此外,大量的信息使指挥官的决策能力不堪重负,而无人自主系统可以通过信息收集、组织和优先排序来促进指挥官的决策,提升战术机动性并减少网络、电子、物理信号,最终有助于促进任务式指挥。

（3）提升配送、运输和效率以保障部队。士兵和部队在补给线末端易受攻击。空中和地面无人系统以及自主能力可在每个补给阶段直至最前线的战术补给点提供增强的后勤补给能力,可将物资运输至最急需的补给点,并为陆军向士兵进行后勤分配提供更多选择。

（4）提升部队行动与机动能力。21世纪的联合兵种机动需要地面作战部队在生理和认知上超越对手。陆军部队可采用机器人与自主系统扩大行动区域的深度,扩展部队行动的时间和空间,提高部队的越障能力。

（5）部队保护。未来拥挤的、有争议的作战环境增加了士兵暴露在危险环境中的概率。机器人与自主系统技术可以使士兵远离敌方的编队、火箭弹、炮弹和迫击炮弹,将更少的士兵置于风险中,从而提高士兵的生存率。

在这5个能力目标中,近期的优先事项是提高态势感知能力并减轻士兵的身体负载,这将提高步兵的战斗效能。中期的优先事项是加强对部队的支持,并通过自动化护卫行动来保护士兵。自动化护卫行动中的自主技术,将转化为许多其他未来自主能力,如无人战斗车辆。远期的优先事项是利用无人战斗车辆提高部队的机动性,这将提升陆军旅战斗队的能力。

目前,美国仍在大力开展地面机器人的研究,并且已经取得了显著成果。地面机器人可以从事不同的任务,包括爆炸性弹药处理（EOD）、作战工程、侦察等。美国国防部通过联合机器人计划（Joint Robotics Program,JRP）推进无人地面车辆及地面机器人的研发工作。联合机器人计划每年公开实施项目,并预测未来需求,美军已开发投入使用的大型和小型地面机器人如图7-10和图7-11所示。

此外,美军在地面机器人方面还依托波士顿动力公司设计的 LS^3 "机器人骡子",来帮助士兵承受重负荷（图7-12）。LS^3 是一款可穿越复杂地形的机器人,每个 LS^3 可承载400磅的装备和足够的燃料。LS^3 使用计算机视觉自动跟踪其士兵,因此不需要专用驱动程序,通过地形感测和GPS即可到达指定地点。

波士顿动力公司开发的"猎豹"机器人（图7-13（a）和（b））是世界上最快的动物型机器人,速度超过29英里/小时。下一代猎豹机器人——"野猫"（图7-13（c））是现场测试的早期模型,由DARPA资助开发。

为适应未来无人化战争的需要,俄军近年来也不断加大无人作战力量发展。2014年2月,俄罗斯总理梅德韦杰夫签署命令,宣布成立隶属于俄罗斯联

图 7-10　美军目前使用的大型地面机器人

图 7-11　美军装备的小型地面机器人

邦国防部的机器人技术科研试验中心，主要开展军用机器人技术综合系统的试验。2015年12月，普京又签署总统令，宣布成立国家机器人技术发展中心，主

(a) (b) (c)

图 7-12　波士顿动力公司开发的"机器人骡子"

(a)负重；(b)跟随士兵；(c)穿越复杂地型。

(a) (b) (c)

图 7-13　波士顿动力公司开发的"猎豹机器人"

(a)"猎豹"概念图；(b)高速跑步机上的"猎豹"；(c)"猎豹"下一代机器人——"野猫"。

要职能是监管和组织军用、民用机器人技术领域相关工作。这两个机构的成立意味着俄罗斯已经开始在国家层面对无人作战系统的建设发展进行总体规划，其中重点关注无人机和地面战斗机器人的发展。

2016 年，俄罗斯发布《2025 年前发展军事科学综合体构想》，明确提出将分阶段强化国防科研体系建设，以促进创新成果的产出，并将人工智能技术、无人自主技术作为俄罗斯军事技术在短期和中期的发展重点。

2017 年，《2018—2025 年国家武器装备计划》提出为俄罗斯武装力量提供基于新物理原理的武器，其中就包括智能化机器人系统。

俄罗斯陆上机器人因任务不同，区分为"平台"-M 侦打机器人、三防侦察机器人和放射物质侦察与运输机器人，以及排雷机器人、重型履带式多功能装甲机器人和保障空降作战的多功能机器人。

俄罗斯无人战车已经成为技术测试平台，包括坦克大小的 Uran-9 和 Vihr，以及中程和较小的 Soratnik、Nerehta、Platforma-M 和 Argo 等型号。俄罗斯军方已在叙利亚部署"天王星"-6 无人战车，主要用于战场扫雷。

Uran-9 是一种重型 UGV，用于远程侦察和火力支援。Uran-9 配备 30mm 自动 2A72 火炮、7.62mm 机枪和 ATAKA 反坦克导弹，如图 7-14 所示。

图 7-14　俄罗斯 Uran-9 多功能无人战车

2018年3月,俄军对索拉特尼克(Soratnik,图 7-15)中型无人战车进行了试验,协助一队士兵进行攻击和搜救任务。这种特殊作战样式暗示了这种 UGV 可能用于城市环境,类似于美国军方目前正在磨合中的人机混合编队作战。

图 7-15　索拉特尼克无人战车

俄军另一种中型 UGV 是涅列赫塔(Nerekhta),如图 7-16 所示,该战车有战斗、运输和侦察三种作战模式,可配备 12.7mm 或 7.62mm 机枪以及 30mmAG-30M 自动榴弹发射器。俄罗斯称这辆 UGV 在阿拉比诺试验场表现良好,俄罗斯军方测试了其上的新装备,该装备也被政府和军事机构用以测试无人战车与人工智能技术的组合。

俄罗斯"平台"-M(Platforma-M)中型作战机器人适用于警戒和信息收集,并且配备 7.62mm 机枪以及榴弹发射器,如图 7-17 所示。

在俄罗斯军工企业已经研发出的 11 种履带式地面战斗机器人中,包括技

图 7-16 涅列赫塔作战机器人

图 7-17 "平台"-M 作战机器人

术成熟度很高的"平台"-M、"旋风"、BAS-01GBM"战友",以及"天王星"系列履带式地面战斗机器人。特别是"天王星-9"配备了包括 1 门 2A72 型 30mm 自动炮、4 枚 9M120"突击"反坦克导弹、6 枚"针"式便携式防空导弹,以及 1 挺 PKT/PKTM 型 7.62mm 机枪在内的强大武器系统。俄罗斯还在 BMP-3 步兵战车底盘基础上加装新一代 EpochAlmaty 通用无人炮塔,将其改造成为 UDAR 遥控机器人战车。

2015 年 10 月,已经装备俄军太平洋舰队海军陆战队的"平台"-M 战斗机器人开始部署在军港和重要的核潜艇基地,用于巡逻、侦察和防卫。值得一提的是,在中东战场,俄罗斯首次投入使用扫雷"机器人",实现了智能化机器系统的实战应用;大规模使用无人机实施"渗透"侦察和火力引导,在实战验证远程操控技术的同时,也为无人机部队的成立探索了经验。2015年12月,在叙利亚地面战场,俄军在围攻拉塔基亚省一处由"伊斯兰国"武装分子据守的754.5高地时,首次整建制地使用地面战斗机器人进行攻坚作战。战斗中,俄军操纵配备有7.62mm口径轻机枪、RPG-26反坦克火箭筒(图7-18)和RshG-2榴弹发射器的6部"平台"-M履带式战斗机器人、4部"暗语"轮式战斗机器人(图7-19),以强大火力支援叙利亚政府军对200名武装分子展开进攻,最终击毙70余名武装分子并占领阵地。此次战斗在世界范围内引起了巨大轰动,被视为有人与无人作战系统协同作战的典范。

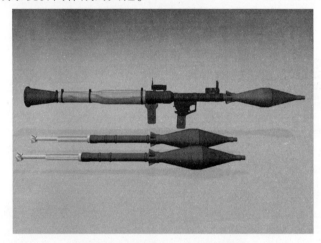

图7-18　RPG-26反坦克火箭筒

图7-19　"暗语"轮式战斗机器人

未来，无人平台的持续执行任务的能力、自主化、协同作战等能力均将大幅跃升。无人平台将左右有人平台的重要补充力量，以更隐蔽、高效、低廉的方式完成多种复杂的任务，成为未来作战体系的重要组成部分。

应对未来无人平台具备长时间、自主/半自主地在制定任务区域遂行火力打击、信息支援、特种作战、后勤保障等多种任务的能力，未来的陆军指挥信息系统将需具备实时通信和先进的自主控制等能力。

通信技术是无人平台的技术基础，是无人平台与指挥系统之间、无人平台与无人平台之间以及无人平台与有人装备之间传递信息的保障。无人平台能否与其他无人平台或者有人平台协同成为未来无人平台发展的新要求。指挥系统需要具备实时传播完整的电子情报频谱和多频段多光谱图像的能力。届时，良好的通信能力将支持无人平台作为网络中心战的重要节点，充当作战网络基本要素的角色。

另外，随着人工智能、计算机技术的发展，未来的无人平台可能实现高度的自主化与智能化，"全自主"将是未来无人平台发展的必然趋势。应对这样的作战方式的变化，陆军指挥系统将需要具备对我方自主、智能无人平台具有常态控制、异常情况处理等能力，对敌方的无人装备具有应对部署己方平台进行应对的能力。这将需要指挥系统也将人工智能技术应用到指挥控制当中，可以实时地应对战场的新信息，并自主地做出应对的策略。

目前，虽然自主性（Autonomy）还没有一致认可的定义，但是随着人工智能、机器人技术和无人系统的迅速发展，它正日益变得重要。自主性是一种能力或能力集合，它与自动化的主要区别是：在不确定性很大情况下，两者基于各种信息做出决策的能力、对不断变化的情况的自适应能力和学习的能力不同。自主系统拥有一个以智能为基础的能力集合，使其能够响应在设计时无法预期的状态。自主系统（Autonomous System）具有一定程度的自我管理和自主行为能力。在美国国防部文件中，根据人类在自主系统中所发挥作用的不同，将自主性分为3类。

（1）半自主，人在环中（human "in the loop"），机器在完成每一个任务之后等待人类批准，再执行下一个任务。

（2）受人类监督，人在环上（human "on the loop"），一旦激活，机器在人类的监督下开展工作，持续执行任务直至人类干预将其中止。

（3）完全自主，人在环外（"out of the loop"），一旦激活，机器自己完成其任务，人类既不用监督，在系统出现错误时也无法干预。

2016年，美国国防部国防科学委员会发布题为《自主性》的研究报告，分析了当下自主技术的发展态势与技术应用面临的难题。该报告认为自主技术已取得重要突破。

（1）传感器技术已经实现全频谱探测。光电、红外、雷达各种类型传感器形成了对物理世界的全频谱探测能力。未来，传感器技术将进一步向类似人体的视觉、嗅觉方向发展，形成高保真触感和情景探测能力。

（2）机器学习、分析与推理技术已经实现以任务为导向、以规则为基础制定决策。机器已经具有大容量计算处理能力，能够以任务为导向、以规则为基础制定决策，能够借助培训用数据进行学习。未来，自主系统思考/决策能力可实现基于思想的推理、近乎直觉的判断能力。

（3）运动及控制技术已经实现路线规划式导航。目前，亚马逊公司使用机器人在仓库内自主移动物料，将储存货物拣选效率提升 4 倍，还基于预期出货进行仓库内存货的动态重新配置。未来，自主系统的行动能力短期将实现躲避障碍的导航，长期可实现动态导航、高自由度传动装置控制，如图 7-20 所示。

图 7-20　亚马逊机器人物流系统

（4）协同技术已经实现人-机和机-机间基于规则的协调。人-机间已经实现高人机比率，机-机间已实现基于规则的多平台协调，许多防空和导弹防御系统的操作人员与系统协作识别和确认敌方目标后，发射自主拦截器，随后系统自主探测并截获目标。未来，人-机和机-机协作可共享"心理模型"，实现相互之间的可预测性、互相了解意图、完全自适应协调、隐蔽通信。

虽然自主系统发展已经取得重大进展，但也存在许多问题，如机器与人类的感知与思维模式不同、机器缺乏自我认知与环境感知、自主运行过程中可观察性、可预测性、可指导性以及可审查性低、人机协作时二者对共同目标的认知不一致、人机间存在直接进行语言交流的障碍、机器难以实现人类水平的自学习能力等,这些问题直接影响着人们对自主系统的信任。信任已成为自主技术发展的核心问题。

美军充分认识到将各种人工智能方法融入指挥决策中的重要性,并重点开展了指挥官虚拟参谋、自动计划框架、深绿、ALPHA 等几个项目的研究。

① 指挥官虚拟参谋。

指挥官在融合大量数据来制定决策时,为了达成态势理解,必须与许多支援参谋人员进行交互并查看不同的计算机系统。虽然目前的态势感知已经涵盖了友邻和敌方的位置、地形、障碍、协作边界划分,甚至是目标的活动信息,但是态势感知只是为优质的决策奠定了基础,进一步的决策则需要态势理解。美军急需利用建模与仿真技术,处理大量传感器数据并进行实时分析,提高指挥官将态势感知转化为态势理解的能力,如图 7-21 所示。

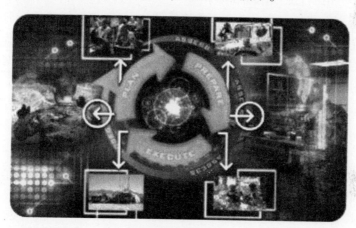

图 7-21 指挥官虚拟参谋

指挥官虚拟参谋项目正致力于解决这一问题。该项目由美国陆军通信电子研究、开发与工程中心(CERDEC)下设的指挥、力量和集成局(CP&I)于 2015 年着手规划,并于 2016 年启动。它的目标是使远征部队能够即刻部署到世界上任何一个环境险峻的地点,并且在部队一抵达目的地后就能开始执行任务。在快节奏的环境下,远征部队的指挥官及其参谋需要有效地计划、执行和评估涉及多种威胁的多项任务,并且他们必须经常在不同的决策背景之间来回切换。

该项目采用一个开放的框架,集成来自各个机构开发的决策支持功能软件,包括陆军通信电子研究、开发与工程中心以及其他国防部科学技术机构的成果。在营级以下，虚拟参谋的能力将弥补提供给指挥官和小型作战单元指挥官的分析资源和参谋人员短缺的问题。

该项目将通过综合应用认知计算、人工智能和计算机自动化等技术来应对海量数据及复杂的战场态势，提供主动建议、高级分析及人机交互，为陆军指挥官及其参谋制定战术决策提供从规划、准备、执行到行动回顾的全过程决策支持。

② 自动计划框架。

2017年，美国陆军通信电子研究、开发与工程中心开发了自动规划框架（APF）原型，帮助指挥官和参谋人员分析军事决策过程、评估机动、后勤、火力、情报及其他作战行动过程，提供加快指挥官规划和发布指令速度的关键技术。自动规划框架项目将机器擅长的工作交由机器完成，同时使指挥官能够集中精力进行指挥。自动规划框架还将促进使用更通用的人工智能来完成对多域战的理解、规划和执行多域作战任务。

自动规划框架是一个自动化工作流系统，在任务规划相关的标准图形和地图中嵌入了实时数据、条令数据，为军事行动提供通用的参照系。借助自动计划框架，指挥官和参谋可通过军事决策程序同步工作或在规定时间内按任意顺序生成最佳计划。

自动规划框架是保证指挥官和参谋能够以更快的速度计划和发布命令的关键技术，是美国陆军使用更多人工智能技术的重要基石。

③ "深绿"。

"深绿"（Deep Green）是DARPA于2007年启动的一项指挥控制领域研究项目，原计划执行3年，至今仍未完成，且项目内容已大大减少。

"深绿"计划核心思想是借鉴"深蓝"，将人工智能引入作战辅助决策，预测战场上的瞬息变化，帮助指挥官提前思考，判断是否需要调整计划，并协助指挥官生成新的替代方案。通过对OODA环中的观察和判断环节进行多次计算机模拟，提前演示不同作战方案可能产生的各种结果，对敌方行动进行预判，协助指挥官做出正确决策。"深绿"将指挥官的注意力集中于决策选择，而不是方案细节的制定。

"深绿"由指挥官助手、闪电战和水晶球3个部分组成。指挥官及其参谋与指挥官助手进行交互，闪电战和水晶球在后台运行。深绿运行于指挥控制系统环境中，从共用作战图中获取环境信息，通过与指挥控制系统的标准接口将命令发送给下属。

④ ALPHA。

2016年，辛辛那提大学研究人员开发的名为"ALPHA"的人工智能系统，在一场多人飞行模拟测试中,作为红方在模拟空战中用三代机成功击退了有预警机支持的四代机。

ALPHA 系统本身并不能取代人类驾驶员的所有操作,但它可以通过收集大量来自战斗机上种类繁多的传感器所采集的数据,协助处理海量的信息,并理解它的背后含义,提供合适的建议。空军研究实验室打算将其用于无人作战飞机(UCAV,图 7-22),与有人飞机共同执行任务。

图 7-22　无人作战飞机(UCAV)

ALPHA 与谷歌、Facebook 和微软等科技巨头所开发的人工智能系统最主要的区别在于采用了完全不同的方法。这些公司在设计人工智能系统时,通常会采用我们所熟知的神经网络算法,这一算法的主要思路是对人脑工作方式进行模拟。ALPHA 则采用了名为"模糊逻辑"的算法,该算法更关注于对数学模型的构建。当输入量有限时,模糊逻辑系统在趋势预测方面表现得十分出色,但一旦输入量变多时,它就变得太过复杂,难以完全处理。辛辛那提大学的研究人员在遗传模糊系统方面取得突破,提出了遗传模糊树(Genetic Fuzzy Tree,图 7-23)的新方法,实现了对数百个输入量的处理。从本质上来说,这个新算法是将大型模糊逻辑问题拆散成许多小型模糊逻辑问题,与此同时,它还保留了原问题中多输入量之间的关系。这一优化的结果,让它在训练阶段,能顺利运行在更低配置的电脑上。通过训练,ALPHA 就可以在更为小型、低功耗的计算机或智能手机上运行。

这一突破使得基于模糊逻辑的人工智能可以应用于极端复杂问题,具有出色的性能和计算效率以及面对不确定性和随机性时的鲁棒性,能够适应变化的场景。

3. 多域联合作战

"多域战"概念要求陆军能够将作战力量从传统的陆地,拓展到空中、海洋、

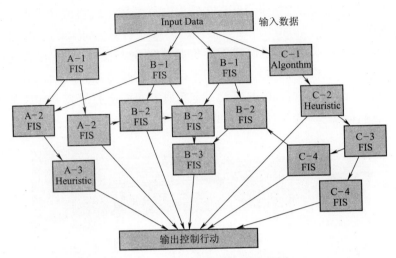

图 7-23 遗传模糊树结构的示例

太空、网络空间、电磁频谱等其他作战域,获取并维持相应作战域优势,控制关键作战域,支援并确保联合部队行动自由,从物理打击和认知两个方面挫败对手。它是引领陆军新一轮改革的指路明灯。

"多域战"概念的提出源自美国陆军对历次战争实践的总结、世界各军事强国力量对比的研判及战争形态发展的战略考量,从理论维度对过去、当前已经出现和未来可能出现的多种风险挑战的应对。

在近年来的战争实践中,地面作战域是美军面临行动自由最为受限、对抗最为激烈的领域。加之,当前作战环境已经没有明显的单一关键作战域,军种的界限越来越模糊,空、海等作战域与地面行动的联系越来越紧密,任何作战域产生的不利因素都会影响到陆军的地面行动。近年来,信息技术革命在提高美军传统作战能力的同时,也增加了整个军队作战体系的脆弱点,如网络的易攻击性。与此同时,由于无人机、网络空间、传感器等技术的扩散使作战对手的军事实力大幅提升,具备了攻击美军作战体系脆弱点的非对称作战手段。因此,美国陆军地面作战环境将日趋复杂,其面临的安全威胁和风险挑战更为多样。在伊拉克和阿富汗战场上,美军地面部队深陷"路边炸弹"的泥潭,其超过半数的伤亡是由简易爆炸装置造成的。这些情况迫使陆军必须拓展作战能力,确保在未来战争中获取战场优势、保持行动自由。

美国陆军认为,中国俄罗斯等对手正在实施"反介入/区域拒止"战略。通过部署先进传感器网络、一体化防空系统以及大量远程精确打击武器,积极发展太空、网络等新型作战力量,抵消美军在陆地、海洋、空中、太空、网络空间、电磁频谱等作战域的优势。该防御体系可发现并摧毁几百英里距离内的美军舰艇与飞机,将其拒之门外,美军传统的"空海一体战""空地一体战"理论将可能无法付诸实践,失去了海空力量的支援配合,地面部队的行动自由将极大程度地受到威胁。为消除这一威胁,破解反介入之困局,美国陆军提出旨在推动其由传统陆地向海、空、天、电和网络空间等作战域拓展,更好地支持联合作战部队在"反介入/区域拒止"作战环境中的军事行动的"多域战"概念。

2016年以来,"多域战"已成为美国陆军研究和探讨的热点。陆军积极推动"多域战"概念的背后,潜藏着在参与各军种相互竞争与角力中被边缘化的担忧。因《中导条约》制约,美国陆军投射武器距离被限制在500km以内,缺乏诸如海空军拥有的远程精确打击能力。另外,随着奥巴马政府战略重心转向亚太,海空军共同提出"空海一体战"概念并得到了美国国防部的大力支持,国防预算和政策明显向海空军倾斜。2016年,美国陆军获得的国防预算占比从2008年的37.26%下降到23.34%,装备采购费用下降了59%。这让在伊拉克与阿富汗战争中担负绝对主力的陆军遭受到了冷落。陆军力推"多域战"概念,或是出于提高自身地位、拓展生存空间的无奈之举。

图7-24展示了美军多域战跨域协同和分层方案。

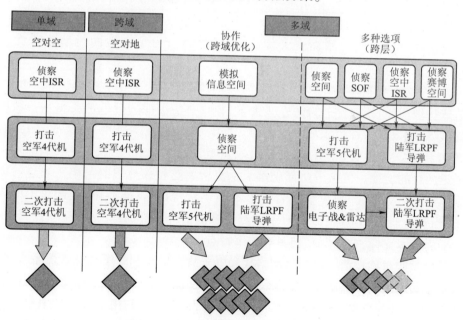

图7-24 美军多域战跨域协同和分层方案

自美国陆军推出"多域战"概念以来,美国高层很快达成共识。2017年11月新发布的《国家安全战略》明确指出,美军要维持全谱部队,国防部必须在陆、海、空、天和网络空间领域,发展新的作战概念和能力,确保联合部队有能力阻止和战胜对美国的各种威胁。各军种也是采取积极的态度来推动"多域战"概念。有着"未来部队设计师"美誉的陆军训练与条令司令部是"多域战"概念的推动者。2016年11月11日,"多域战"概念被正式写入新颁布的美国陆军条令出版物《作战》。"多域战"概念被列入顶层条令,彰显了美国陆军改革的方向和决心。2017年,空军提出"多域指挥控制"新概念。海军陆战队与陆军联合发布《多域战:21世纪合成兵种》白皮书,详细阐述了"多域战"概念实施的必要性及具体落实方案。海军则提出"分布式作战"。高层共识为"多域战"从概念走向现实并推动陆军转型提供了政策支持。

在"多域战"概念的主导下,未来美国陆军将具备作战要素多域融合、力量编成精兵多能、武器装备高技术密集等特征。

陆军训练与条令司令部发布的《作战》条令称:"作为联合部队的一部分,陆军通过开展'多域战',获取、掌控或剥夺敌方力量控制权。陆军将威慑敌方,限制敌方的行动自由,确保联合部队指挥官在多个作战域内的机动和行动自由。"这意味着陆军要具备将作战效能投射至空中、海洋、空间和赛博等领域的能力。例如:击沉军舰、压制卫星、拦截导弹乃至入侵或破坏敌方指挥控制系统等,从而既能主导或支援其他作战域夺取制海权、制空权以及制网络权,又能在其他作战领域力量受到限制而丧失优势时,通过自身力量为地面行动创造优势环境。

美军对"多域战"概念的界定是"在所有领域协同运用跨域火力和机动,以达成物理、时间和位置上的优势。"美军判断,对手可能拥有抵消美军某一领域的优势,但很难从各个领域进行反制。"第三次抵消战略"和"多域战"的实质就在于,使美军能够在所有作战域对敌实施多元化攻击,迫敌在各领域都陷入进退两难的境地。美国国防部副部长沃克曾将这种作战思路与拳王阿里的出拳风格进行类比,即阿里会绕着对手不断跳跃,快速腾挪换位,避开对手的攻击,当对手疲惫不堪时,瞄准对手弱点重拳出击,决战决胜。基于这一逻辑,结合前沿技术支撑,"多域战"将具有以下特点。

(1) 非对称抵消。包括以网络战和电子战手段反制对手高端武器系统,如果对手实施网络战和电子战,美军将通过对敌态势感知系统实施定位、压制和致盲,进一步强化美军高端作战系统的杀伤力。同时,利用低成本的电磁轨道炮拦截对手高造价导弹,特别是研发一种通用的新型智能炮弹,通过多种发射管进行发射,以保护美军的前沿基地及其他高价值目标免遭导弹攻击。

(2) 作战要素融合。"多域战"将突破由一个或两个军种主导作战的传统思维模式,从"作战空间整体观"出发,基于作战效果整合力量,进一步推动美军从军种联合向作战要素融合、能力融合、体系融合转变。美国太平洋司令部司令哈里·哈里斯海军上将强调:"我们需要联合到什么程度呢,就是没有哪一个军种占主导地位,没有哪一个领域有固定的边界。战区司令必须能够从任何一个领域对每个领域的目标达成效果,以便今夜开战,战之能胜。"要求陆军具备多重能力,能够击沉敌舰、压制卫星、拦截导弹以及入侵或破坏对手的指控系统等,未来战场的边界将日益模糊,独立战场空间逐步消失。

(3) 人机协同。"多域战"促进美军从机械化时代的人-人对抗向信息化智能化时代的人-机对抗甚至是机-机对抗转变。为了充分发挥人机协同的互补优势,未来作战将主要是一种"有人"指挥、"无人"作战的"人工智能+"模式,这也是"第三次抵消战略"的重要内容之一。"多域战"将利用大量构造极为简单的机器人蜂群构建一个相互协作的多机器人系统,使其通过熟悉战场环境和相互交流形成全覆盖、可持续、可靠的态势感知,为部队采取统一行动提供支持。

(4) 分布式杀伤。"多域战"将依托信息网络技术优势,调动分散配置的部队,利用多线并举、多点联动、多域协同的机动优势,分散进入,对敌实施多线进攻。一方面,将作战编组分散部署、快速聚合,以达到兵力分散、火力集中的效果。另一方面,分散配置指挥与控制节点,形成多节点网络状结构,使不同数据链路可随机铰链成网,在局部遭受攻击后,不影响整个指控系统运行。

(5) 任务式指挥。"多域战"要求美军以作战任务为牵引,依托"云赋能"等信息技术优势,采取集中计划、分散执行的指挥模式,指挥官要充分发挥主观能动性,以确保在模糊和混乱的局面中进行指控并取胜,甚至每位作战人员都要树立任务导向思维,根据自身角色和职能争取主动权。同时,利用无人自主系统进行更广泛可靠的信息收集、组织和优先排序,以提升战术机动性并减少网络、电子、物理信号,使指挥官拥有更多时间、更大空间进行决策。

(6) 认知域作战。美军认为现代战场形成了物理域、信息域和认知域三个作战维度。认知域作战是更高层次的人类战争,与传统战争旨在从物质上对敌实施硬摧毁不同,认知域作战主要是通过对敌情感、意志、价值观等进行干扰和破坏,以软杀伤的方式达到不战而屈人之兵的目的。"多域战"特别强调在物理域之外,将电磁频谱、信息环境及认知域等作为未来重要的竞争性领域,认为持久的战略成功并不取决于战斗的胜利,而取决于敌我双方意志的较量。目前,美军正积极研发基于脑控和控脑技术的武器系统,旨在通过读取人的认知和思想来掌握敌方人员的心理状态,从而扰乱敌方指挥官的思维判断和决策部署,甚至控制其意识行为,使敌落入美军设计的陷阱,为美军创造决定性优势。图7-25展示了美军第175赛博空间作战大队指挥机构。

那么,如何理解美军的"多域战"作战方式?

(1) 针对新问题,提出新思路。过去10余年,美国陆军深陷阿富汗、伊拉

图 7-25　美军第 175 赛博空间作战大队指挥机构

克两场战争,主要关注反叛乱、反恐怖作战,重点应对中低强度的威胁,特别是将非正规战提升到与常规战同等重要的地位。近年来,美国认为,中国俄罗斯在"反进入/区域拒止"能力上不断增强的局部优势,正在削弱美国获取"进入"的主动权。为重新获得对中国、俄罗斯的绝对优势,美国在战略重心东移的背景下,重点提升应对大国挑战及高端常规作战能力,"空海一体战"等作战构想的提出即源于此。而"多域战"正是美国陆军走出两场战争后,转向应对高强度、高技术战争的新思路,其针对中国、俄罗斯"反进入/区域拒止"能力的指向性明显。

(2) 遵循新思路,采取新途径。从历史看,美军一直是以技术为突破口寻找制胜出路。冷战期间,美国提出第一次抵消战略,利用核技术优势抵消了苏军常规数量优势;第二次抵消战略,美军以精确打击技术为龙头的信息技术优势在美苏核均势中再次占据主动。当前,为了在大国军事竞争中再次占据绝对优势地位,美国于 2014 年提出了重点针对中国、俄罗斯的"第三次抵消战略",延续非对称抵消对手的思路,发展"能够改变未来战局"的颠覆性技术群优势,构建一个基于"全球监视与打击网络"的作战能力体系,将电磁频谱、网络等信息力赋能传统作战力量,形成超越陆、海、空、天等物理域的全维立体作战空间,从多方向、多维度、多轴线对敌实施攻击,置敌于多重困境。各军种据此提出相关作战概念,包括陆军"多域战"、海军"分布式杀伤"、空军"多域指挥与控制"等,其本质一致,且都是为"全球一体化作战"提供支撑。

(3) 实施新途径,面临新挑战。目前看,虽然美国国防部正积极推动"多域战"概念落地,并计划将"多域战"运用于 2025—2040 年。但可以预见,"多域战"在具体落实中将面临诸多挑战。例如,跨域联合作战对信息共享、互联互通的要求更高,作战力量分散部署对于后勤保障的要求更高,而美军在这些方面尚存在薄弱环节。而且,虽然跨域联合作战是大势所趋,但在国防预算约束压力下,军种之间的利益竞争更加激烈,陆军力图通过"多域战"拓展作战空间,打造多重能力,提升自身地位的意愿不会一帆风顺,还需要国防部的多方平衡。如何解决好这些问题,是"多域战"能否成功的关键。

总之,"多域战"是科学技术飞速发展时代背景下,美国陆军对以往作战思想、作战理论的创新发展,其预示着未来军事斗争将进入一个更为复杂的全新阶段,同时也折射出信息化智能化时代军事革命的发展方向。

4. "马赛克战"和决策中心战

随着科技的快速发展,美国逐渐意识到其国家安全正面临前所未有的挑战,基于以下现实原因,DARPA 下属的战略技术办公室(STO)在 2017 年举行的"与 STO 同步日"活动期间,公布了获取非对称战争优势的新概念——"马赛克战",如图 7-26 所示。

图 7-26 美军《马赛克战:利用人工智能和自主系统来实施决策中心作战》

(1)高科技武器装备竞争优势降低。随着高科技在全球范围内的传播和商业化,美国传统的不对称技术如先进卫星、隐身飞机及精确弹药的优势大不如前,这些高精尖武器装备的战略价值和威慑能力不断减小。

(2)武器装备开发时间长。武器装备的开发时间直线上升,而科技日新月异的变更可能导致许多装备在投入使用时，其中的电子器件等零部件采用的技术已不适应新发展，使新的军事装备或系统在交付之前就过时。

（3）原有军事系统单一，依赖性强。美军的军事力量主要依靠不同作战环境下的整体军事系统中的某一类杀手锏武器，如果该类武器被损坏或击落，则整体作战效能显著下降。且目前军事系统只针对单一的作战环境，当想定发生变化时，需要重新构建和定制系统。

相比于传统战争，"马赛克战"根据可用资源，适应于动态威胁进行快速定制，即将低成本传感器、多域指挥与控制节点以及相互协作的有人、无人系统等低成本、低复杂系统灵活组合，创建适用于任何场景的交织效果，即使对手可以中和组合中的许多部分，但其集体可以根据需要立即做出反应，达到理想的整体效果，形成不对称优势。

综合目前面临的现实约束和挑战，STO 提出的"马赛克战"基于一种技术愿景，利用动态、协调和高度自治的可组合系统的力量。各类系统就如同简单灵活的积木，相关人员在建设一个"马赛克"系统时，就如同艺术家创建马赛克艺术品，将低成本、低复杂度的系统以多种方式连接在一起。并且，即使"马赛克"系统中部分组合被敌方摧毁或中和，仍能做出快速响应，创造适应于任何场景的、实时响应需求的理想期望。

为说明"马赛克战"的灵活性和实时性，以战斗机队为例。假设战斗机队初始任务为摧毁敌方雷达，但在执行任务过程中，陆地部队发现此时有更具价值的目标弹出，需要战斗机配合摧毁。目前的军事系统需要陆地部队联系指控中心，指控中心手动验证可支持该任务的战斗机并重新规划战斗机队任务，战斗机收到指控中心任务协调指令后，使用自身携带的传感器和武器来摧毁目标完成任务。整个过程复杂，并且由于人为验证和干预，会影响最终任务规划。相反，在"马赛克"组合中，计算机系统分布在整个战斗空间，彼此之间可以相互通信和协调。拥有陆地部队单元的计算机可以通过与其他计算机互联互通，确定战斗机队在不破坏其原本任务的基础上是否有剩余容量提供感知能力，并将感知任务分配至相关战斗机。然后雷达根据战斗机提供的感知信息，自动向最优武器提供数据目标，以便对目标发起攻击。整个过程由"马赛克"组合内的多个系统同时工作，进行规划和调整，没有人为干预，如图 7-27 所示。

在"马赛克战"方法下，美军整体的空中、网络、陆地、海洋和太空领域将聚焦在更加综合的框架内运行。"马赛克战"的目标是按照具体冲突需求，促成各种系统的快速、智能、战略性组合和分解，生成成本较低廉的具有多样性和适应性的多域杀伤链的弹性组合，实现网络化作战并生成一系列的效果链。这些效果链是非线性的，可以在战术、作战及战役层面组合生成"效果网"。

图 7-27 美军"马赛克战"作战概念

根据 STO 的设想,"马赛克战"贯穿整个作战周期,通过分解和分配可组合和适应性强的有人或无人系统实现作战目标,图 7-28 展示了"马赛克战"在作战周期内要解决的问题。

根据上述分析可看出,若解决相应的技术问题,"马赛克战"的作战效能将产生质的提升。首先在耗时上,作战周期的每个阶段耗时都降低了一个时间单位。其次是作战灵活性,从常规的武力交战到模糊的"灰色地带"冲突,"马赛克战"形成的"效果网"可实现各种灵活应用——从偏远沙漠的动能交战,到复杂城市环境的小规模打击,或者对抗快速传播不实信息、威胁友军及战略目标的信息战。

目前的美军在实施决策中心战和机动战的能力方面将受到限制。由于成本问题,美军没有足够的多任务平台来从部署上取得足够的分散性和多样性以便给大国对手制造多个作战困境。成本问题和多任务平台的不足还要求多任务平台和编队要得到保护,从而进一步降低了美军的灵活性。

由于美军指挥官依靠的是全战区的指挥与控制结构,这同样限制了美国能制造困境的数量和制造困境的速度。整个战区的环境条件将会限制美军指挥官运用自动决策工具的能力,缓慢的决策速度也将影响到指挥官参谋的作战规划速度。此外,在战区范围内的通信能力可能会受到干扰,从而影响到战区指挥官动态管理部队以实施机动作战的能力。

就像在冷战时期那样,美国国防部可以利用新一代技术来克服美军在实施新作战概念时所面临的挑战。在冷战末期,隐身技术、制导武器和通信网络成

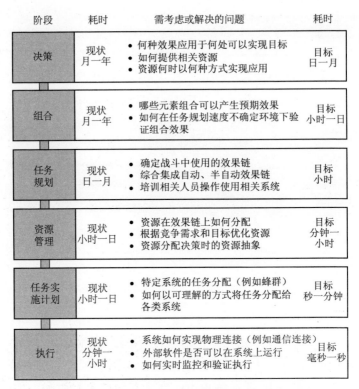

图7-28 "马赛克战"在作战周期内要解决的问题

为美军向精确打击作战转变的支撑技术。如今,最重要的新技术是人工智能和自动化系统,目前美国国防部已经将这些技术用来加快一些已经由人类实施的操作或使其能自行操作。这些技术同时也将成为决策中心战模式的基础。例如,自行系统可使部队更加分散地部署,从而使美军部队和平台变得更多,也更具重组性;人工智能可使决策辅助工具协助指挥官管理快速而复杂的作战行动。

决策中心战就是让美军指挥官更快更有效地决策,同时降低敌方决策的速度和质量。无论是美军还是对手的决策中心概念都不同于过去的概念,如网络中心战,以往的概念是通过集中来提高美军的决策能力。

网络中心战依靠的是战区指挥官不受约束的广域态势感知能力,以及与他们所指挥的所有部队进行沟通的能力。然而,在未来的高竞争的环境中,这种集中决策方式或许既不可能也不可取。敌方电子战和其他对抗指挥与控制和情报、监视和侦察能力的提高将会削弱美军指挥官了解整个战区局势和通信的能力。这些都将限制美军指挥官获得态势感知或对美军大兵团作战实施控制的能力。

网络中心战强调的是高度的透明性和控制力,而决策中心战则更注重军事冲突中固有的迷雾和摩擦。决策中心战通过分布式编队、动态组合和重组来提高美军的适应性和生存能力,通过减少电磁辐射和反指挥与控制以及情报、监视和侦察行动来增加敌人对美军行动的不确定性和复杂性,削弱敌指挥官的决策能力。

在决策中心战中会遇到的两个最大的挑战是分散美军的部署和隐瞒美军的意图,同时还要保持美军指挥官做出快速、有效的决策能力。自主系统和人工智能将有助于克服这些挑战。

自主系统有助于实施分布式部署和任务指挥。诸如无人平台和通信网络管理系统等自行系统能帮助美军实施更为分散的作战行动。无人平台能帮助美军实施更为分散的编队部署,将传统的多任务平台和部队能力分散为数量更多、功能较少、成本更低的系统。

决策中心战假设在军事对抗中通信会受到挑战和阻挠。所以,指挥与控制关系将根据所具备的通信能力来定,而不是试图去建立一种能支持所期望的指挥和控制结构的通信构架,就像网络中心战那样。可以说,美国国防部建立通信网络的努力已经失败了,其部分原因是他们试图在一个普遍存在的和有弹性的网络中强加一个他们想要的指挥与控制结构,这可能是无法实现的,也可能是负担不起的。

根据决策中心战中使用的指挥、控制和通信(C^3)方式,或称为"以情景为中心的指挥、控制和通信(C^3)"("情景中心 C^3"),指挥官将只对那些与他们保持有通信联络的部队实施指挥和控制。自动网络控制将在带宽、联络范围和延迟之间进行权衡,以便与指挥官完成任务所需的部队进行联络,并防止指挥官的控制范围变得无法控制。难以联络到的部队,或不需要执行任务的部队将被排除在指挥官的部队之外。

决策中心战最具颠覆性的因素就是它对美军的指挥与控制程序的改变方式。为了充分利用分散的和更具可组合性的部队的价值,"马赛克战"将依靠人类指挥和机器控制的组合方式。如果在进行部队设计时不改变相关的指挥与控制程序,那么指挥官及其参谋就难以管理分散部署部队的大量元素。没有自动控制系统,指挥官也将更难利用决策中心战部队的可组合性来给敌人制造复杂性,或根据敌方的防御能力和对抗措施来对部队进行重组。

在"马赛克战"的指挥与控制程序中,人类指挥官将制定出一个能反映其上级战略和意图的整体作战方案,如图7-29所示。指挥官将通过计算机界面来向机器控制系统发出指令,下达所要执行的任务并输入对敌方部队规模和有效性的判断。机器控制系统便开始进行情景中心指挥、控制和通信,通过通信系统确定可用来执行该任务的部队,同时使指挥官的控制保持在可控范围内。然后,指挥官将从有通信联络的部队中挑选出可用来执行任务的部队。

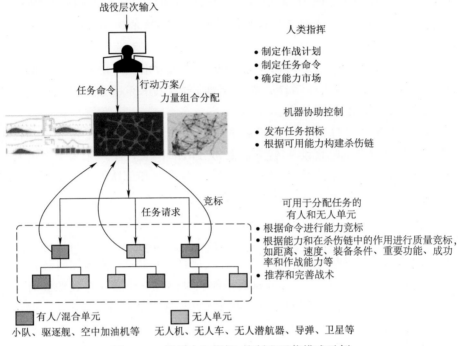

图 7-29 情景中心指挥、控制和通信模式示例

在情景中心指挥、控制和通信模式中,时间将是个重要因素。在指挥官决定哪支部队可用来执行任务和在审查所建议的行动方案时,指挥官所需要的那支部队可能会移动位置、失去联系或是被消灭掉。然而,发生这种延迟的几率可能比使用传统的计划程序要小得多。这一潜在的不利因素也会被美军给对手施加干扰所带来的优势所抵消。

为了评估决策中心战理论的有效性和"马赛克战"的实用性,战略与预算评估中心开展了三场演习,就未来可能发生的大国和地区冲突对美军的"马赛克"部队和指挥与控制程序与传统的美军部队和指挥与控制程序进行了比较。演习就"马赛克战"概念的可行性和作战优点进行了5个假设测试:

(1) 指挥官和计划人员能取得对机器控制系统的信任。
(2) "马赛克战"将增加美军部队组合的复杂性,削弱对手的决策能力。
(3) "马赛克战"能使指挥官同时实施更多行动,给敌方制造更多困难并在决策上取得对敌优势。
(4) "马赛克"部队设计和指挥与控制程序能提高美军的决策速度,使指挥官能更好地掌握作战节奏。

（5）与传统部队相比,"马赛克战"能让美军指挥官更好地实施他们的战略。

通过研讨会和演习得出了许多能证明"马赛克战"的许多潜在优点的证据,以及告诫。除了对后勤、通信、人工智能和自主系统的假设外,对机器控制系统的演习缺乏真实控制系统的建模和仿真能力。指挥系统所使用的"马赛克"部队元素特征也被极大简化。所以,参演者倾向于接受控制系统所提出的行动方案中的力量组合和默认的战术,而没有提出更多问题或进行更多分析。

7.2 体系特征发展趋势

7.2.1 网络化

世界陆军的战术信息系统已经从"以平台为中心"的系统架构开始向"以网络为中心"的系统架构转变,如图7-30所示。通过网络将所有作战单元连接起来,使每个作战单元均成为网络上的一个节点,从而实现作战要素的高度一体化融合;通过网络聚合形成基于信息系统的体系作战能力,支持系统的快速开设、随遇入网、动态重构。

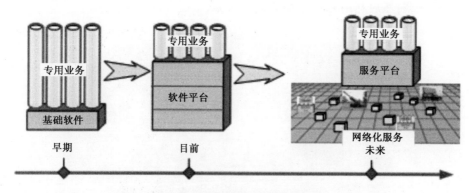

图7-30 指挥系统体系发展阶段

以美军为例,为适应部队转型需要,美军从2002年开始研制新一代多功能、轻型化、网络化、智能化的未来作战系统(FCS),计划到2025年打造一支以知识和速度为核心目标的"未来部队",实现陆军"以平台为中心"向"以网络为中心"转变。FCS是一个由多种系统组成的多功能、网络化、轻型化和机器人化的新一代陆军武器系统。虽然FCS项目被取消,FCS所代表的未来发展方向仍然得到肯定。由此,战术通信基础设施、信息处理基础设施、应用软件体系均发生了深刻的变革。

美国陆军2004年开始建设的"陆战网"涵盖陆军所有现役和在研的网络系统、基础架构、通信系统和应用系统,使从军事支援基地到前方部署部队的所有陆军网络都有机地融为一体,不仅可将作战指令即时传达至各作战单元,各作战单元也可随时向上级报告战场态势,并与兄弟部队建立良好的协作关系,从而使陆军整体作战力量实现全球范围的高度一体化。

在现役C^4ISR系统的基础上,美军计划到2020年建成由陆军"陆战网"、海军"部队网"和空军"星座网"组成的全球信息栅格(GIG),如图7-31所示,从而将美军各军兵种的信息系统装备进一步融合成一个网控全军、完全一体化的"内聚式"大系统,实现C^4ISR系统与火力杀伤(Kill)系统的无缝融合,使美军具备完全成熟的C^4KISR能力,即一体化联合作战能力。全球信息栅格(GIG)将能确保模块化部队可以获得鲁棒、冗余的网络能力,那时无须再为TOC局域网的主要用户和系统部署基础设施,主要服务都将通过网络访问。服务提供商将提供企业和特定域的服务。不管何时何地,这些服务将确保数据在需要时可见、有效并可用,以促进决策的制定。DDS将继续得到增强并作为网络中心的、多对多的数据交换服务或"共享空间",使许多用户和应用程序能够利用相同的数据和有效的数据复制体系结构。浏览程序将成为一种日常使用的工具,它将在需要的时候被发现。这些浏览程序将继续提供一种丰富的用户能力,它们能够按需下载,然后利用GIG上的服务和数据。

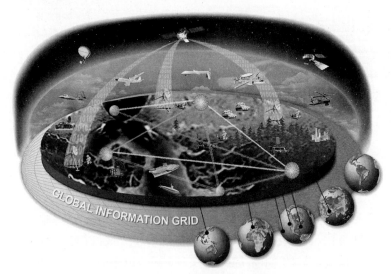

图7-31 全球信息栅格(GIG)

另一方面,信息化战争将是以网络为中心的战争形态,一切作战活动都离不开战术网络系统的管理和协调。因此,网络化的一个重要组成部分还包括充分利用新兴通信技术,发展下一代战术互联网。

利用先进战术通信网络系统有效集成各作战要素的优势,实现部队作战单元快速反应、精确打击是提高陆军部队作战水平的关键所在。当前,世界发达国家的陆军装备的综合集成已经发展到比较高级的阶段,已经建立了较完备的战略级、战役级、战术级 C^4ISR 系统,基本完成了重要火力平台和各级信息系统的综合集成,使作战部队具有较高水平的态势感知能力、快速反应能力和精确打击能力。目前,美国陆军正在按"网络中心战"的要求,大力推进一体化、网络化的系统集成,力图将陆军的各种作战力量、要素和单元有效融合,形成高度一体化的体系作战能力。为此,美军着力推进下一代战术互联网络的建设,不断加快"战术级作战人员信息网"(WIN-T)、"联合战术无线电系统"(JTRS,图7-32)和"陆战网"等新一代信息网络系统的研发装备速度,着力为实现各作战要素的综合集成打牢基础。

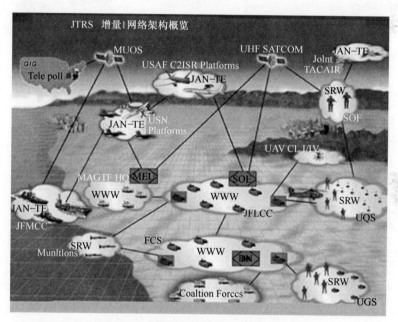

图 7-32　联合战术无线电系统(JTRS)

在通信系统方面,美军致力于发展下一代战术互联网即 WIN-T,分不同阶段,重点发展卫星通信技术,提高战术通信的远程、宽带和动中通能力。WIN-T 是美军全球信息栅格(GIG)的关键组成部分,是面向未来目标部队的综合性网络,利用无线接入点(RAP)实现话音、数据、图像、视频综合业务的接入与交换,支持用户和网络的动中通,如图 7-33 所示。

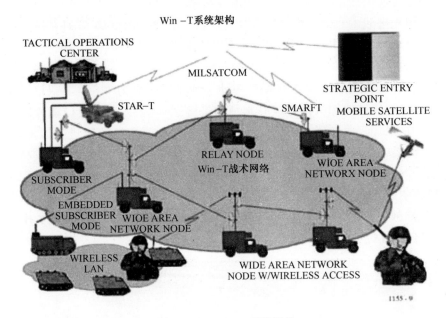

图 7-33 WIN-T 系统架构

在卫星通信系统节点装备中,现有美国陆军 WIN-T 系统中集成天线口径 0.45m、传输速率 2Mbps 的产品,已经批量装备部队。

软件无线电技术的应用为无线通信带来革命性的突破,是解决各种互通性和可移植性等难题的有效技术途径。采用软件无线电技术和模块化设计思路,构造新一代的无线通信系统,是无线通信发展的趋势。美国正在调整和实施软件无线电台-联合战术无线电系统(JTRS)计划,采用软件通信体系架构的 JTRS 电台是多频段、多模式的。例如,哈里斯公司已经开发的 Falcon III 系列电台就是这种多功能、网络化的通信设备。Falcon III RF-300M-MP 宽带多波段多任务电台的频带覆盖范围为 30MHz~2GHz,分为窄带(30~90MHz、90~225MHz、225~512MHz)、卫通(243~270MHz、292~318MHz)、宽带(225MHz~2GHz)三部分;信道带宽从 5kHz~5MHz 可选,可运行 SINCGARS 等多种波形,具有 Ad Hoc 组网功能。

认知无线电(Cognitive Radio,CR)可以感知周围电磁环境,通过无线电知识描述语言(RKRL)与通信网络进行智能交流,并实时调整参数(通信频率、发送功率、调制方式、编码体制等),使通信系统的无线电参数不仅与规则相适应,而且能与环境相匹配,以达到无论何时何地都能保持通信系统的高可靠性和频谱利用的高效性。美国 DARPA 已经率先进行了如何更有效地利用频谱资源问题的研究,提出了下一代无线通信(Next Generation Communications,XG)项目计划,初期投资 1700 万美元。该项目将研制和开发频谱捷变无线电(Spectrum Agile Radio),这些无线电台在法规允许的范围内,可以动态自适应变化的无线环境。XG 项目的承包商雷声公司称,在不干扰其他无线电台正常工作的前提下,该项目可使目前的频谱利用率提高 10~20 倍。雷声公司在该研究中采用的就是认知无线电技术,目前正计划在实际环境中对其进行验证,并为 XG 项目向军事和潜在的商业应用移植做准备。该项目正在开发允许多用户共享使用频率的技术。

太赫兹技术被美国评为"改变未来世界的十大技术"之一,被日本列为"国家支柱十大重点战略目标"之首,太赫兹通信使得战术通信更加快捷方便。目前军事通信领域 500MHz~5GHz 频段资源已经日趋稀缺,太赫兹通信集中了微波通信和光通信的优点,具有传输速率高、容量大、方向性强、安全性高及穿透性好等诸多特性,在军事通信应用方面已成为各国开发的技术热点。据相关媒体披露,美国正在利用太赫兹传输距离较短、不易被截获的优势,研制通信距离在 5km 左右的近距离战术通信设备。图 7-34 展现了当前频谱的分布和利用情况。

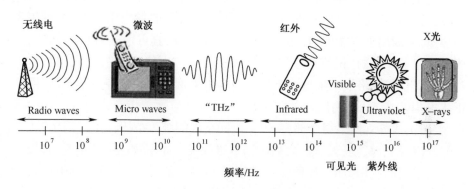

图 7-34 频谱的分布和利用情况

另外,随着商用通信技术的迅猛发展,军民融合的发展趋势更加突出。比如,软件定义网络(SDN)技术、5G 通信技术等,将会逐步在军事信息系统中得到应用。军事物联网就是一种典型的应用。军事物联网是指把各种军用设备通过军事信息传感系统与军事信息网络连接,组成自组军事物联网络,进行军事信息交换和通信,实现智能化识别、定位、监控、管理和作战的一种网络技术。它联结的是军事领域物与物、物与人等军事要素。通过网络的互联可以实现对战场态势的实时感知和快速反应,如美国的单兵信息系统,可以收发统一的战场态势图、火力计划书、行动计划表等内容,还可以接入战术互联网,实现特定区域内的组内广播和点对点通话。通过使用这种技术,整个物联网的所有人员与设备,实际已融入该军事物联网组成的联合作战体系,整体作战能力也显著增强。基于物联网体系的作战行动,单兵、武器装备和相关物资等每一个军事要素,都是一个网络节点,都具有感知定位、跟踪识别、图像与视频传输,以及智能管理和控制等功能,它甚至可以让装备"开口说话",主动报告自身故障,可以实现野战条件下各种装备自我诊断和沟通交流,是实现人与信息化武器装备最佳结合的重要支撑手段。军事物联网的广泛应用对战争产生的作用还远不止这些:它可以有效提升战场侦察监视能力,实现有用信息的隐秘传输;它可以有效缩短指挥周期,提高即时打击能力;它也可以提高后勤保障水平,实现保障过程全程可视,准确适度提供装备与补给。尤其是精密集成各种传感设备的智能机器人作战平台,被誉为人类士兵的"完美替代者",拥有广阔的应用前景。以美军为例,近年来,美军有数以千计的地面机器人在各战区服役,而且服役"士兵"数量连年递增。机器人与人类士兵统一编组,与各种陆地、空中、海上作战平台和传感器互联互通,联合遂行作战任务。

军事物联网让各作战实体能"看见"、可"交流"、会"思考"、听"指挥",原本"沉默"的武器也好像拥有了人类智慧。物联网技术真正实现了战场随"心"而动,战场上的情况发生即发现。军事物联网在现代战场应用广泛,既可用于战场感知,又能用于智能控制,还可用于精确保障等,真可谓是"可攻可守",整个战场过起了先进的"网络生活"。不只是单纯的"网络生活",物联网技术更是对网络安全与网络战产生重大影响。当今世界网络空间争夺日趋激烈,网络战正从虚拟步入现实,物联网的引入使得软对抗与硬杀伤交织出现。2010年5月,美国正式成立网络司令部,实现了对网络战的统一指挥,这种"网军"正逐渐主导着继"陆、海、空、天、电"之后的第六维战场。军事物联网的出现,将极大拓展网络空间的应用范围,各种相互连接的武器装备、传感设备等设施也将完全暴露在网络攻击中,基于军事物联网的"制网权"争夺也将更加激烈。军事物联网连接的战场"网上"生活,是军事物质世界和军事信息网。在信息化战场上,军事信息网与军事物联网融为一体,为信息获取与处理提供了崭新的手段,从而使战场物质能量精确释放成为可能。在后勤保障方面,军事物联网的应用可以将大量的人力资源从繁杂的事务性工作中解放出来,开启了军队的智能"网上"生活。据统计,将物联网技术应用于装备存储仓库智能管理,原来需要十几人忙活一整天的工作,现在只要2名士兵不一会儿就可以轻松"搞定"。当然物联网应用于军事攻击将发挥更大的作战效能,可以通过物联网入侵武器装备系统,实现对武器装备的直接操控。军事物联网技术的进一步发展,可能将直接对敌方指挥控制系统、通信枢纽、武器平台、基础设施甚至天基系统等关键节点的装备设施进行控制,实现拒绝执行指令、丧失功能或作战能力等攻击效果。

军事物联网在现代战场上的应用，已经初步显示了它巨大的军事潜能和作战功效，可以预见，随着物联网技术由信息汇聚向协同感知、由单一感知向全面动态自适应的发展，将迎来一个智慧"网上"战场的时代。战争的进程或许来自战场"网上"边界的入侵与冲突，战争的进程就是物联网环境的发展，战局最后由物联网的结局决定。散布在"网上"战场上的自动地面传感器可与设在卫星、飞机、舰艇上的所有传感器有机融合，通过情报、监视和侦察信息的分布式获取，形成全方位、全频谱、全时域的多维侦察监视预警体系，利用物联网实时采集、分析和研究监测数据，真正实现感知战场每个角落。可以想象，未来的战场将更透明，行动更智慧，保障更精确，管控更安全。

7.2.2 服 务 化

未来的陆军指挥信息系统将采用面向服务的技术体制，实现不同系统、不同平台之间的松散耦合，通过统一的服务总线，支持服务的按需订阅及发布；同时，通过服务化，能够远程调用各种功能服务，从而使客户端明显"瘦身"，系统的配置、维护、管理等工作转为在服务端进行，用户的操作使用更为便捷、简单。典型的战术级服务化系统体系架构如图 7-35 所示。

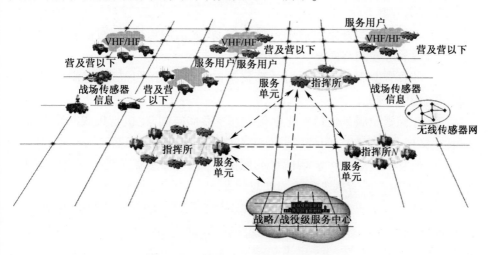

图 7-35 战术级服务化系统体系架构

面向服务技术是实现网络中心能力的基础。传统系统是根据特定任务、依据编制体制"定制"的系统，作战体系中计算、存储、通信以及软件等系统资源和传感器、指控系统和武器平台等作战资源只能独占使用，因此系统体系能力弱，适应任务和运行环境动态变化的能力差，抗毁能力弱，有限资源难以充分利用，体系对抗效能低。随着面向服务技术的出现，通过服务封装、注册发现以及组合调度等技术，将传统系统内的各类资源与系统解除绑定，形成各类资源服务。

系统的新变化一方面使系统内资源可通过网络共享,供其他系统使用,提高资源利用率;另一方面为系统构建带来了更大的灵活性,通过动态组织调度网上各类资源,实现和拓展系统能力,满足多样化任务需求。

然而,大量网上资源服务化后,进行组织运用是一个很大的挑战,需从顶层改变传统树状联网系统架构模式,并以全新服务架构和运行机制支撑。一个典型的服务化架构,总体上自下而上分为资源层、服务层和应用层3层。其中,资源层包括通信、计算和存储等系统资源,以及传感器、指控系统和武器平台等作战资源;服务层包括核心服务以及通过核心服务对资源封装后形成的各类资源服务;应用层包括在核心服务支撑下,将资源服务动态组织形成的各类服务化应用系统。

各类资源服务的实现与运用需要服务运行机制支撑,C^4ISR 系统服务运行机制,如资源服务化机制。

资源服务化系指屏蔽内部资源管理的复杂性,集成异构或异地的各种资源,使资源能力不仅局限于系统内,还可被其他应用系统共享和按需获取。资源服务化包括通信资源服务化、计算资源服务化、存储资源服务化、信息资源服务化、软件资源服务化。

(1) 通信资源服务化包括用户接入控制、通信传送控制、通信资源配置以及通信资源故障检测与恢复。

(2) 计算资源服务化包括对计算资源的分类、建模与描述、组织与发现以及监视与调度控制。

(3) 存储资源服务化包括建立集成共享存储空间、主机与集成共享存储空间通信、集成共享存储空间调度以及建立存储空间标准访问接口。

(4) 信息资源服务化包括信息的服务化封装、信息资源统一描述、注册发布、搜索与汇聚以及信息资源的调度与分发。

(5) 软件资源服务化包括多粒度软件服务化以及软件服务的描述、注册与发布、发现与聚合和调用。系统中的软件资源(如dll、ejb和exe等)通常以多种粒度以及多种形态存在。

未来陆军一体化指挥系统整体向网络化、服务化的系统转型,将会大大提升指挥系统的指挥效能。以网络化、服务化为特点,衍生出了"云"的概念。美军近年来在信息服务领域,先后发布了"网络中心服务策略(NCSS)""联合信息环境(JIE)"(图7-36)等顶层文件,形成了以云为核心技术体制的企业级应用能力。在此基础上,美军着力推进战术级能力的发展,美国陆军提出了"战术云"的概念。

美国陆军寻求在战术环境中利用云计算能力,希望借助可部署的云基础设

第7章 未来发展趋势

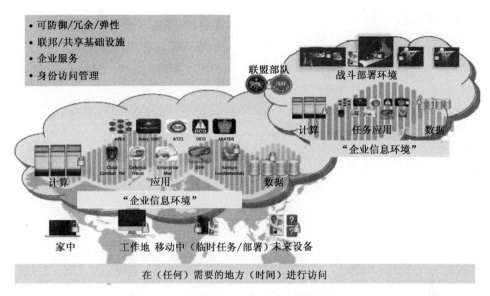

图7-36 "联合信息环境(JIE)"目标能力状态

施,支持分布式任务指挥能力。在美国陆军颁布的《陆军云计算战略1.0》中,提出向在无连接、时断时续、低带宽(DIL)环境下行动的边缘用户提供云服务交付能力,并给出了相应的实现方法。

（1）保证能够在无连接期间以本地方式生成并处理任务关键型数据。

（2）开发采用带有云赋能技术的可部署战术处理节点,以及可为任务关键型应用提供离线数据处理同步的解决方案。

（3）建立连贯一致性语义,以便在网络连接能力完全恢复时实现数据同步。

由此可见,战术云是一种在无连接、时断时续、低带宽的恶劣网络通信环境及节点的高动态、高移动性、高强度对抗、资源受限的战术前沿环境中向终端用户提供计算和信息服务能力的一种云计算环境,旨在解决移动环境约束下,云服务能力的快速、稳定、高效提供的问题。其本质是在战术前沿向终端用户提供态势感知、任务规划、辅助决策等计算和信息服务能力支持。其特点是轻量化、移动性、动态性。

2018年8月1日~2日,美国陆军网络跨职能团队与战术指挥、控制、通信(C^3T)项目办公室在北卡罗来纳州罗利召开了"战术云技术交流会",会议的目的是根据美国陆军战术网络现代化的优先事项确定未来工作目标,帮助行业合作伙伴和政府组织围绕这些优先事项开展工作。本次会议探讨了分布式计算(任务式指挥)的需求,包括向战术编队提供云服务的可能性,并确定了战术云

337

未来发展的 4 大需求领域。

1. 达成端到端互操作性,实现任务式指挥

陆军目前使用的网络具有多种身份等级,缺乏端到端的互操作性,网络高度复杂、脆弱,且不直观,并未完全实现任务式指挥。另外,网络使用不同的设备、数据存储和服务,且通过不同的功能层和传输层传输。因此,陆军提出了以下需求。

(1) 从多个位置和来源聚集数据,以便在无连接、时断时续和有限带宽等战术条件下为作战人员提供数据分析能力。

(2) 在用户使用徒步、车载、指挥所等各种类型设备的情况下,都能够增强作战人员态势感知的人工智能和数据分析解决方案。

2. 解决旧有技术和设施与现存环境的集成问题

陆军部队没有统一的单一基线,因此经常要求部队将过时的技术集成到先进的环境中。陆军目前面临的限制条件有临时基础设施,有限的连通性,尺寸、质量和功率限制,电力和制冷变化,以及非正常关闭和重启等。该领域的需求主要有以下 3 点。

(1) 研究利用云技术的数据和应用策略,使美国陆军在无连接、时断时续和有限带宽的环境中以最佳的方式使用动态可用的计算资源。

(2) 开发使部队能够快速更改配置管理文件,并且在不需要彻底重建部队软件基础设施的情况下与其他部队协同作战的自动化工具或其他软件。

(3) 充分利用现有技术,能够在几乎无须增加硬件或采用现有硬件的情况下,让陆军部队在非密 IP 路由网(NIPR)、保密 IP 路由网(SIPR)、敏感但非密(SBU)和任务合作方环境(MPE)等不同密级的多个网络中行动。

3. 达成多方无缝数据共享

陆军需要在战术和企业环境间有效共享共性服务,并实现陆军企业内部以及与任务合作方间的无缝数据共享。因此,陆军计划开展以下 3 项工作。

(1) 开发一种能够确保物理分散的节点在偶尔出现网络资源连接中断的情况下保持同步的体系结构和技术解决方案。

(2) 研究能够将标签与数据关联,并且在数据被使用、修改和融合的情况下保持数据系谱和起源信息的数据源数据标签方法。

(3) 开发一种包括指挥所、车载和移动/手持式计算环境的通用操作环境(COE)技术管理方法;形成一种包含配置控制委员会(CCB)并能处理规范和标准变更的组织结构;研究如何降低生产过程中形成的关键任务缺点或降级的影响。

4. 形成快速建立和加入任务合作方环境网络的常规能力

任务合作方环境是一种能够与拥有数字化能力的统一行动合作方进行跨作战职能数字信息交换的任务网络。要实现快速建立和加入这一环境，陆军需要：

（1）研究提升美国陆军和联合、部门间、政府间与多国（JIMM）合作方之间通信、企业服务（电子邮件、话音、对话、视频电话会议、全球地址列表）以及功能服务（通用作战图、情报、勤务/后勤、火力）互操作能力的解决方案。

（2）开发能够提升美国陆军和联合、部门间、政府间与多国（JIMM）合作方之间企业和功能服务可用性和抗毁性的解决方案；并制定信息共享解决方案，提升美国陆军跨多个加密安全域从企业和功能服务共享信息的能力。

7.2.3 扁 平 化

随着军事技术的发展，各种高科技武器逐渐运用于现代战争中。现代战争呈现出快节奏、高速度的特点，留给指挥员的反应时间越来越少，因此对作战指挥的时效性提出了很高的要求。在这种情况下，能提高指挥效率的扁平化指挥体制将成为指挥信息系统的一大发展趋势。

未来的陆军指挥信息系统的结构层次进一步压缩，基本一跳可达，指挥跨度增大，信息流径缩短，实时反应能力增强；能够对不同战斗单元进行临时组合，形成"虚拟编组"，形成适应战场情况的资源最佳配置。

1. 扁平化涵义

扁平化指挥是相对于烟囱化指挥而言的。烟囱化指挥是机械化战争时代的主要指挥样式。烟囱化指挥通常是按军兵种建制从上到下依序指挥，表现为垂直向下的"树状"结构，其信息传递方式为"纵向，逐级，递进"。这种结构较好地解决了上情下达、下情上送的沟通需要，与机械化战争时期的战争形态、作战样式、战场环境、指挥手段相适应。但在信息化条件下，这种指挥体制不利于信息的快速流动，在实战中极易造成"断其一点，影响一片"的不利局面。

为了适应信息化条件下联合作战的要求，未来陆军指挥系统必须遵循便于信息快速流动与应用的原则，精简指挥机构，压缩指挥层次，加强横向联网，建立网状一体化的指挥体制，使尽量多的作战单元同处于一个信息流动层次，从而实现信息流程最优化，信息流动实时化，信息采集传递、处理、存储、使用一体化，实现指挥平台的扁平化，以增强战场信息的传递进程，增强信息传递的准确性和时效性，确保信息在战场上的最佳流动状态。

2. 系统特点

扁平化指挥的主要特点是"纵短，横宽"，网状结构。具体含义如下：

（1）纵短，即纵向上具有较少的指挥层次。指挥层次是指挥机构的纵向结构形式，指在作战过程中指挥者控制的下属单位的级数，某种意义上即是信息单向流动所经历的虽大级数。扁平化指挥追求的是指挥效率,旨在提高反应速度,缩短反应时间。因此,扁平化指挥具有相对较少的指挥层次。

（2）横宽,即横向上具有较多的作战单元。横宽是纵短的直接结果,在作战单元固定的情况下,纵向上减少层次,必然在横向上增加作战单元个数。也即同一指挥层次上具有相对较多的作战单元。

（3）网状结构,即各个作战单元之间互相协作,信息传输结构呈现为网状。扁平化指挥体制下,不仅在纵向上,各级作战单元之间进行信息传递,而且在横向上,各个作战单元之间也通过信息交流进行沟通和协作。整个信息传输表现为纵横交错的网状结构。

3. 关键概念

与以往的烟囱化指挥体制不同,扁平化指挥的主要目的是通过缩减中间指挥层次提高指挥效率,并通过网状结构来共享战场信息。扁平化指挥系统设计的关键概念如下。

1）指挥层次的多少

一般来说,越级指挥往往会打乱正常的指挥关系。因此,为了保持各指挥层次间的稳定和协调,通常情况下,上级不随意干涉下级指挥职权范围内的事务。也就是说,一旦指挥层次划定,往往遂行的就是逐级指挥。在逐级指挥下,指挥层次的多少会对指挥效率产生重大影响。著名军事理论家克劳塞维茨说过:"增加任何传达命令的新层次,都会从两方面削弱命令的效力,一方面是多经过一个层次,命令的准确性会受到损失,另一方面是传达命令的时间拖长,会使命令的效力受到削弱。这一切都要求尽量增多平行的单位,尽量减少上下的层次。

指挥层次过多,意味着信息和指令上传下达的层次增多,从而使信息传输交换的受阻率、失真率增加,传递速度和实时性降低,因此,出于提高指挥效率,缩短反应时间的考虑,扁平化指挥倾向于较少的指挥层次。

但指挥层次过少,在作战单元数量一定的情况下,势必增加同一层次的信息量,使指挥者难以应付过多的协调事务,影响对重大问题的把握。按照管理学理论来说,人要想直接控制单位进行复杂活动的话,单位数量最好不超过7个,如果过多,就可能出现顾此失彼的情况。另外,减少指挥层次的一般做法就是取消部分中间指挥层次。取消中间指挥层次的结果是将军事行动决策进一步集中化,这将较大程度地限制下级指挥员主观能动性的发挥,也可能使战略级指挥员卷入其并不擅长的战役决策或者战术决策之中,因此极有可能影响战争效果。

简而言之,指挥层次不是越少越好。实施扁平化指挥不能一味地追求减少指挥层次,而是应该在不影响指挥员应对决策能力的前提下最大限度地减少。

2) 指挥模式的选择

指挥模式是指在实施指挥行为时,指挥职权在上下级之间分配的方式。在几千年的战争史上,不同时代、不同国家、不同军队的指挥员,由于思想观念不同,指挥对象不同,实施指挥的环境条件不同,因而对指挥职权掌握、控制和运用的程度和方法也不相同。常见的指挥模式分为3种:集权式指挥模式、自主式指挥模式、指导式指挥模式。

集权式指挥是指挥员集中掌握和运用指挥职权的指挥方式。指挥员通常是依据隶属关系,直接掌握和控制所属部队。采用这种方式,上级指挥员不仅给下级明确任务,而且规定完成任务的步骤和方法。

自主式指挥是一种将作战指挥职权大部分下放给被指挥者的指挥方式。采用这种方式,指挥员只给下级明确任务、时限,下达原则性指示,不规定完成任务的具体步骤和方法。下级指挥员以上级意图为依据,结合战场实际情况,自主指挥部队完成任务。

指导式指挥是一种介于集权式指挥与自主式指挥之间的指挥方式。采用这种方式,指挥员对部队完成任务的手段不作具体规定,但明确指示作战中应把握的重要关节和关键问题。下级在指挥活动中,只要战场情况没有发生质的变化,就可以灵活机动地选择完成任务的手段,决心不必层层报批,重大问题的处理不必事事请示,只要不违背上级总的意图即可。

扁平化指挥具有纵短横宽的特点,同一指挥层次上具有较多的作战单元。为了达到更好的指挥效果,一般情况下,不会采取集权式指挥,而会采取指导式指挥,甚至采取自主式指挥。

从海湾战争开始,美军将指挥层次由5级减少至3级,即由以往的总统—国防部长—参联会主席—中央总部—战区陆军、海军、空军(各司令),简化为国家当局—中央总部—战区各军种,如图7-37、图7-38所示。战区作战的各种具体问题,国家指挥当局一般都不干涉,全由中央总部司令负责。从战区指挥看,由于层次少,上级主要以任务形式向部属下达命令,只告知其要完成的任务和时限,不规定其完成任务的方式方法。这就使美军在战场广阔、情况复杂、变化迅速的条件下获得了主动,取得了预期效果。

3) 网状结构

结构呈现网状是扁平化指挥体制非常重要的特点。在这种网状结构中,节点与节点、战斗单元与战斗单元之间联系紧密,可以直接沟通,在作战过程中进行信息的交换和共享,根据战场具体情况进行主动协同。

网状结构充分体现了协同作战的思想。随着军事科学技术的发展,尤其是

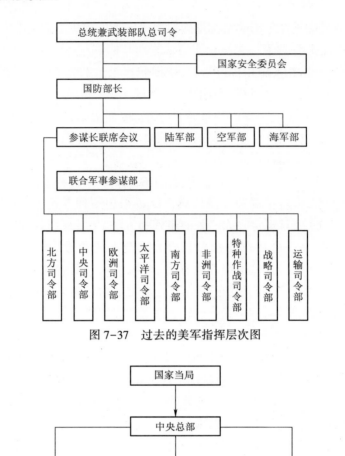

图 7-37 过去的美军指挥层次图

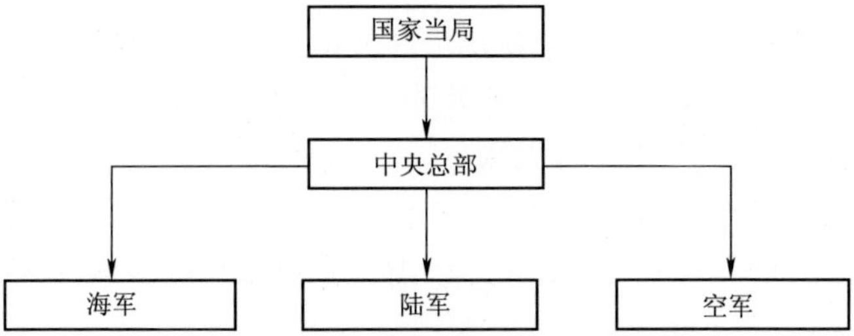

图 7-38 当前美军指挥层次图

各种高精尖武器的出现,现代战争已经明显表现出高速度、快节奏的特点。为了应对瞬息万变的战场形势,一方面,上级要对局势做出快速反应,将各种命令迅速下达至所属下级;另一方面,同层次作战单元之间应该进行有效协同以实现作战效果最大化。扁平化指挥体制的网状结构使得同一层次的作战单元之间进行网络联结,达到了资源共享、联合互动,实现了信息采集、传递、处理、存储和使用横向一体化,确保了战场指挥高效、灵敏、合成,有利于提高整体作战能力。

4) 作战单元的确定

作战单元的确定也是扁平化指挥中的一个重要问题。根据具体情况,军事行动中的作战单元可大可小。例如,在现代海战中,作战单元可以是类似驱逐舰、护卫舰、潜艇、战斗机、航空母舰等的单作战平台,也可以是一个舰艇编队或者飞机编队;在现代陆战中,作战单元可以是一个师甚至一个军,也可以是一个连甚至一个班。作战单元的划定直接影响到指挥层次的划定(主要影响到最低指挥层次的界定),同时也影响到指挥员决策时所考虑的范围(即指挥员所指定的行动需要精确到哪一层次)。因此,为了更好地行使作战指挥,达到较好的作战效果,必须根据战场具体情况,如战斗规模、战场环境等,划分适当的作战单元。

4. 实现要求

1) 革新指挥理念

革新指挥理念是实现扁平化指挥的前提。扁平化指挥体制"纵短横宽"呈"网状结构",而且采用的是指导式指挥甚至自主式指挥,下级具有更多的自主权。在这种体制下,就需要各个指挥层次的指挥员具备主动作为的意识。即在明确上级指挥员意图后,应该能够根据战场形势,自主指挥所属作战部队与其他作战部队进行有效配合,实施有利于己方部队的战斗行动。因此,一方面需要各个层次指挥员转变以往"一切行动听指挥"的观念,力求主动作为,具备在各种突变局势下的应变能力和反应能力;另一方面,需要各个层次指挥员转变"单打独斗"的思想,具备协同作战的意识和通观全局的能力。

2) 扩大信息交换能力

扩大信息交换能力是实现扁平化指挥的基础。扁平化指挥最重要的一个特点之一就是网状结构。网状结构必须由功能强大的通信系统来实现和完成。也就是说,实现扁平化指挥的基础就是高效的通信系统,能够保证各个指挥节点直接沟通和实时交换信息。该通信系统必须具有容量大、实时性高、传输距离远、抗毁能力强等一系列特点。

美军目前正在建设的"全球信息栅格",是一种全球互联、信息系统端对端联结、由有关程序和管理人员构成的网络体系。依靠这一体系,可以进行全球、全维、全天时、保密、稳定的信息获取和传递,进行快速高效的信息处理及指挥控制。

3) 提高信息处理能力

提高信息处理能力是实现扁平化指挥的核心。在当今的信息化战争条件下,指挥员进行作战决策所依据的是来自方方面面、类型多种多样的海量信息。例如,在海湾战争地面行动的头 30 个小时内,美军第一陆战队远征部队的指挥机构就收到了 130 万份电子文电。如果实施扁平化指挥体制,信息的"海量"特征将表现得更加明显。在横向上增加作战单元个数后,作为上一级指挥机构,必然需要收集来自相当数量下一级的信息,并对这些信息进行处理,形成作战决策和方案,同时,处于某一层次的作战单元需要与该层次上的其他作战单元进行协同,也需要收集众多信息作为自身行动的参考。因此指挥机构需要具备强大的信息处理能力。

图7-39通过一个实例展现了指挥车通过利用无人机对敌方地面目标进行侦察,指挥无人机对目标进行攻击,并同步协调远程火力打击敌方目标的过程。

图7-39　信息化战争实例图

而信息技术的发展现状是,各作战单元的信息搜集、获取、传递能力及该能力增长速度均大大超过信息处理能力及增长速度。海量信息中包含的各种各样不可靠、不相关、模棱两可和相互矛盾的信息更是大大增加了处理和判断的复杂性。美军的研究结果表明,信息越多则定下决心的难度越大。正因为如此,指挥员通常要花很多的时间才能消化他所获得的海量信息并做出正确决策,这样势必大大降低指挥效率和速度。为了真正意义上实现扁平化指挥体制,提高指挥效率,势必要提高信息处理能力。

7.2.4　一体化

一体化是表示事务内部各组元之间通过相互作用,而逐渐融合趋向于一个有机整体的变化过程和状态。指挥控制系统一体化是实现一体化联合作战的基础,其发展的一个重要的方向是实现从传感器到武器平台的一体化。其通过将情报侦察系统与作战指挥、电子对抗和火力武器等系统和平台联为一体,最大限度地满足指挥和作战的情报需求,使打击行动具备实时和近实时性,从而提高火力打击的效率。

指挥控制系统的一体化主要包括以下三方面内容。

(1) 战略、战役和战术信息系统一体化,以战役、战术为主。例如,美军的 M1A2 主战坦克,集成了 $FBCB^2$(21世纪旅及旅以下部队作战指挥系统)后,极大地提高了战地信息实时传递能力,使其坦克作战能力比 M1A2 提高了 1 倍。$FBCB^2$ 系统集成到主平台的方式用于主战坦克和步兵战车,可提供综合的、运动中的实时和近实时的作战指挥信息和态势感知能力,实现为指挥员提供态势感知、共享通用作战图、显示友军和敌军位置、目标识别、综合联勤支持等战术任务。

(2) 建立信息栅格服务,利用信息栅格技术、计算机网络技术和数据库技术的最新成果,建设按需进行信息分发、按需提供信息服务、强化信息安全和支持即插即用的网络信息栅格(信息栅格、指控栅格、武器栅格以及作战保障栅格),支持一体化指控系统的建设与应用,以提高系统整体作战能力。通过网络中心化将陆上、海上和空中力量整合成一支网络化部队,通过互联网协议、软件无线电技术、无线网络等技术,将地理上分散的传感器、指控系统和武器平台联在一起,并以网络为中心协调各军兵种的联合作战。陆军士兵可以看到空中飞行员和海军水手所见到的战场态势。在未来战争中,作战平台、通信系统、指挥控制系统、传感器等组成战场系统的各要素,都可有一个独立的 IP 地址,单个士兵都可以按需实时地看到战场态势,并相互补充,实现未来战场的透明性。

(3) 逐步把所有的武器装备系统、部队和指挥机关整合进入全球信息栅格,使所有的作战单元都集成为一个具有一体化互通能力的网络化的有机整体,从而建成一体化联合作战技术体系结构,实现不同军兵种之间的互联,使其了解和理解战场情况并使作战行动得以同步。将通信和网络嵌入到移动平台,使得指挥控制系统能够对作战平台实时有效的战斗指挥,提高部队的快节奏进攻能力,实现从传感器到射手的快速打击。

美国陆军对把陆军全球指挥控制系统(GCCS-A)、陆军战术指挥控制系统(ATCCS)和 21 世纪部队旅及旅以下作战指挥系统($FBCB^2$)等不同时期开发的 C^4I 系统整合成一个三级式的一体化陆军作战指挥系统(ABCS)。该系统已基本实现军种一体化和互操作,能够完成在军种联合、跨机构和盟军行动中,对陆军部队进行任务计划、部署、态势感知、指挥决策和保障等功能。

ABCS 将各个子系统有机地集成起来,使陆军各级指挥官与士兵能够自动获得有关我方战场活动和后勤补给活动等方面的视图,规划火力,接收态势和情报报告,查看空域信息以及自动接收气象分析信息等。除将前面的 11 个子系统一体化集成之外,ABCS 在其他方面还进一步发展与融合。

1. 联合作战指挥平台(JBC-P)

联合作战指挥平台(JBC-P)是 21 世纪部队旅及旅以下作战指挥系统(FB-CB^2)系统的后续发展,可称为下一代 FBCB^2 系统,它是 ABCS 系统的重要组成部分。JBC-P 为旅和旅以下部队直到单个平台和单兵提供运动中实时和近实时的指挥控制信息和态势感知信息,为指挥官、小分队和单兵显示敌我位置、收发作战命令和后勤数据、进行目标识别等。

2. 陆军分布式通用地面系统(DCGS-A)

DCGS-A 作为国防部分布式通用地面系统(DCGS)项目的陆军部分,是一个多元 ISR 信息综合应用系统,也是从战术级到盟军级的整个作战部队的情报赋能工具。它构建了一个与因特网类似的情报共享网络,对来自所有层级(包括战术、战区、国家层级)、所有来源的信息进行合成和综合,为陆军提供近实时、不同密级、基于 IP 地址的综合情报和接口,能够对战术、战场、国家级传感器收集的各种信息进行批量分析、处理。

指挥控制系统实现一体化后,能将情报侦察系统与作战指挥、电子对抗和火力武器等系统和平台联为一体,极大提升系统的效能。一般来说,一体化指挥控制系统有以下的作用。

(1)指控系统的一体化的深入发展,使得未来作战形态和指挥控制模式发生重大变化。

(2)极大地提高精确打击能力和杀伤能力,将以更少的武器装备,获取更大的作战效果。

(3)提高快速反应能力,特别是对时间敏感目标有重大意义,并促进作战进程。

(4)为作战装备的无人化和智能化的发展提供了坚实的基础。

伴随着信息技术的飞速发展,指挥控制系统和信息化武器装备一体化程度的不断提升,使得遂行军事行动的作战能力也不断加强,具体表现在陆、海、空、天一体化,军兵种一体化,从传感器到射手的一体化以及信息获取、处理、存储、分发和管理的一体化。这样在信息主导和融合下,指挥控制系统的整体作战效能更加强大,从而实现体系作战能力整体水平的提升。

7.2.5 智能化和无人化

随着数字存储技术和计算机互联网技术的高速发展,世界已经进入了大数据时代。来自侦察监视卫星、有人与无人侦察机、战场侦察雷达等各类战场传感器每天采集的海量的话音和影像情报数据,给军事系统的侦察情报系统提供了更好的数据支撑,但是同时这些数据的存储、管理、使用也给信息系统带来了新的挑战。如何存储、传输、获取、检索以及更重要的如何智能地将海量的数据去伪存真、去粗取精,通过分析得到数据中的模式、规律,将数据转换为战场需要的准确情报,都是未来指挥信息系统面临的挑战。能够更好地完成这些功能,也就是完成指挥系统向"智能化"的转变,已成为指控系统当前的发展趋势。

2007年美国国防部高级研究计划局启动"深绿"计划,如图7-40所示,其核心技术本质上就是通过实时态势的动态仿真,基于智能化技术量化地估计未来某一时刻的战场状态,也可以帮助人理解各种量变在不同时间、空间上交叉产生、综合作用之后可能带来的质变,尽可能地将每一个细节因素的影响都模拟出来,只要模型足够逼真,计算平台足以支撑。"深绿"的目标是通过预测战场态势,帮助指挥员提前进行思考,判断是否需要调整计划,并协助指挥员进行调整,做出正确的决策。美军的"深绿"计划为作战指挥的实时智能决策支持模式提出了一种思路。其理想效果是,只要能提供我方、友方和敌方的兵力数据和可预期的计划,"深绿"的推演就会很精确,可以辅助指挥员做出正确决定。

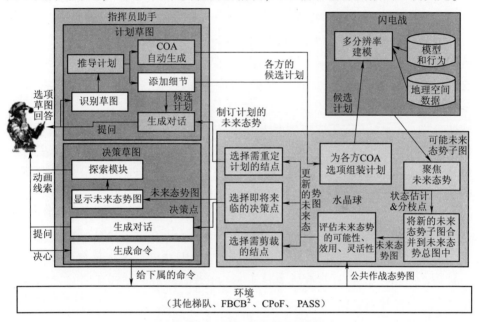

图7-40 "深绿"组成及其关系

"深绿"通过模型求解与态势预测,最大限度地实现智能决策优化。作为系统核心模块,"闪电战"能够对未来多种可能进行快速并行仿真;"水晶球"利用战场实时信息不断更新估计。

"闪电战"是"深绿"的分析引擎。通过定性与定量相结合的自动化分析工具,迅速对指挥官提出的各种决策计划进行模拟,从而生成一系列未来可能的结果。它可以识别各决策分支点,从而预测可能结果的范围和可能性。然后沿着各决策路径进行连续模拟,直至每条轨迹均达到终点。

"水晶球"是"深绿"的决策总控模块,负责收集各种计划方案、更新战场当前态势、控制快速模拟和向指挥员提供可能的选择,并提醒指挥员决策点的出现。它能辨识未来态势发展的潜在关键临界点,并能对未来作战方案选项进行排序,从而实现对未来可能态势的生成、评估和监视。还可根据战场实际情况,不断进行调整修正;通过不断修正推演,预测未来的变化。

此外,美国陆军 2016 年启动"指挥官虚拟参谋"(Commander's Virtual Staff,CVS),是继"深绿"后美军发展指挥控制智能化的又一重要举措。

CVS 借鉴 Siri、Watson 等产品理念,扮演类似参谋或助手的角色,旨在综合应用认知计算、人工智能和计算机自动化等智能化技术,来应对海量数据源及复杂的战场态势,提供主动建议、高级分析及针对个人需求和偏好量身剪裁的自然人机交互,从而为陆军指挥官及其参谋制定战术决策提供从规划、准备、执行到行动回顾全过程的决策支持。

围绕陆军需求,项目规划的能力较为全面。①指挥员专用工具:辅助指挥员理解、显示、描述、指挥的手持工具,可不受位置限制地使用。②协作工作流:支持指挥员和参谋随处开展任务编排、跟踪、产品及任务交付物的生产和共享。③数据汇聚:面向任务需求获取相关信息,提供给指挥员整合后的数据集。④敏捷规划:领域无关的集成规划能力,支持战争博弈、准备、排演,及实现任务执行过程中的人机协作。⑤评估:基于当前、未来及替代方案等,向指挥员持续提供计算机支持的在线评估。⑥预测:基于态势数据和当前计划,识别和推理态势的演变,生成告警,和具有一定置信度的未来态势图(很可能是"深绿"的延续)。⑦建议:基于特定领域知识自动生成建议,附上置信度评价及替代方案。⑧机器学习和用户配置持续改进:更好的支持特定个人及组织的过程和偏好。

武器装备的智能化和无人化更加促进了集群化的发展。集群化作战强调大量集中使用低成本无人交战力量平台,以类似蜂群的组织方式实施作战行动。现代战争中,随着作战双方技术水平差距逐步缩小,加之高质量武器平台成本不断攀升,寻求将昂贵的武器系统分解为数量众多、尺寸小巧、成本低廉、分布广泛的无人平台,采取集群饱和攻击的方式与对手打一场消耗战,以量增效已成为一种新可能,如图 7-41 所示。

2016 年,谷歌的 AlphaGo 将人工智能推向了一个新的高潮。随着互联网的加速发展,云计算、大数据技术日渐成熟,机器学习、深度学习这些创新技术逐步应用,基于神经网络的深度学习方法被一次次突破,使得人工智能技术解决人类一般性问题成为可能,基于人工智能的产业开始出现。美军运用人工智能技术已走在各国的前列。在情报分析方面,利用人工智能建立一套有效算法,运用深度学习技术训练出具有逻辑分析能力的机器,发挥机器的速度和理性优势,为人类决策提供咨询。在电子战方面,利用深度学习技术研发一套电子战

第7章 未来发展趋势

图7-41 无人机蜂群攻击海上目标

系统,用于连续感知、学习和适应敌方雷达,从而有效规避敌方雷达探测。在无人作战方面,使用F-35战机与无人F-16战机联合编组,高度自主的F-16无人战机可自动与F-35进行编队飞行,接收F-35的指令对目标实施打击。在兵棋推演方面,完全具备了对目标方军队各级指挥员、各军兵种、各作战单元的心理活动、行动特点、装备和训练程度、作战预案及其调整、开进路线、集结和展开方式、联勤保障、人员和装备与作战地域的气象地理环境、民风民情的结合状况等,进行宏观和微观模拟,使目标方军队"全透明化"。美军通过开展这些研究,产生了一系列诸如数字化士兵系统、新一代无人机、仿生机器人、主动防御系统等有益的成果,推动了人工智能技术在军事领域的运用。

从外军指控系统的发展经验来看,指控系统智能化、无人化主要表现在以下几个方面。

（1）态势感知透明化,增强对战场的态势感知能力。

战场态势感知的透明化是未来战争对指挥控制系统的情报获取和处理提出的一个基本要求,就是要准确、实时地了解和把握战场上不断变化的己方信息、敌方信息和作战环境信息。通过对空、天、地面和水下的等多种侦察监视情报信息的网络化收集和按需保障,实现一点发现、全网皆知,指挥控制系统装备中显示的战场态势图既是一个完整的作战信息和情报图,又是一种实时、直观、可读的全方位的战场信息,呈现为一个综合的、实时的、真实的三维战场空间,使部队变得"耳聪目明",保持信息优势。

2017年4月26日,时任国防部副部长的罗伯特·沃克签发了关于成立"算法战跨职能小组"的备忘录。备忘录指出,成立"算法战跨职能小组"的目的在于加快国防部融入人工智能与机器学习技术的速度,将国防部海量数据快速转换为切实可用的情报,为将来的人机编队创造基础,这一概念将变革军队的作战方式。"算法战跨职能小组"由负责情报的国防部副部长(USD(I))监管。

Maven项目第一阶段开展自动化情报处理以支持反伊黎伊斯兰国运动。该项目团队将计算机视觉和机器学习算法融入智能采集单元,自动识别针对目标的敌对活动,实现分析人员工作的自动化,让他们能够根据数据做出更有效和更及时的决策。目前这些分析人员花费数小时筛选视频以获取有用信息。该项目团队已将这些人工智能工具部署到10个站点,并计划在2018年年中之前将这些工具部署到30个站点。

Maven项目目前已经帮助美国特种作战司令部情报分析人员识别"扫描鹰"无人机所拍视频中的物体。项目团队将Maven算法与海军及海军陆战队的"米诺陶"(Minotaur)系统(一种关联与地理登记应用)结合起来,运用Maven算法识别物体并对其进行追踪,然后再利用"米诺陶"系统获得地理坐标,将位置显示在地图上。Maven算法与"米诺陶"系统的结合将过去需要分析人员手动完成的工作自动化,既提升了态势感知,又节省了分析人员的时间。图7-42展示了MAVEN项目的下游分析过程。

(2)指挥决策智能化,提高决策的正确性和指控的准确性、灵活性,提高作战效能。

在大数据时代,通过对海量数据信息进行分析挖掘,更加智能的计算机系统将可以辅助指挥员做出决策。基于大数据的计算机不仅能提供查询搜索功能,还将具备一定的"思考"能力,能够顺应形势变化搜集各种数据,筛选出有价值的信息,给出解决问题的建议。战时指挥员的工作,将变得越来越高效,只需从"大数据"给出的所有意见建议当中优选出最佳方案即可。

当前,美军的作战指挥信息系统已成为各级指挥官的必要决策工具,通过"大数据"研发,可以大幅提高从"海量数据"中提取高价值情报的能力,实现综合作战战场态势实时感知和同步认知;以创新方式使用大数据,通过感知、认知和决策支持的结合,建立真正的、能够独立完成操控并做出决策的自治式信息系统,进一步压缩指挥、决策、行动周期,提高快速反应能力,实现侦察攻击一体化,提升美军指挥信息系统的决策优势。

美军提出的"从数据到决策"的发展目标实际上也是世界各国陆军指控系统在大数据环境下的发展方向。"从数据到决策"的智能处理包含3个方面的内容:①对情报、监视和侦察的"海量数据"快速处理能力。这包括对平时采集

图 7-42　MAVEN 项目的下游分析过程

的基础数据的处理,并可以快速"响应"、高效处理战时或应急采集的海量数据。②从"大数据"中取得可以形成指令的信息,即从数据中高效地提炼出决策和执行人员需要的"知识"。未来通过使用数据自动化处理、数据分析、数据挖掘等技术,使用新型的计算机、专家系统和人工智能技术,将大量的数据进行分类、整编、去粗取精、去伪存真,并分析其中的模式、规律,从而形成战争中需要的准确情报,以辅助决策的制定,提高决策制定的正确性和高效性。③基于"大数据"进行实时信息融合,各类数据能与相关的背景和态势信息融合,以提供关于威胁、选择和后果的清晰图景,如可以将大量的数据在通用作战图上进行实时更新与完善。

目前可供指挥官使用的信息来自多个平台且格式多种多样,数据存在重复或各种差异。美军正试图利用人工智能在指挥控制领域的潜力解决这一问题。借助人工智能技术能够将这些信息整合到一起,提供直观的友军和敌军作战图,并自动解决输入数据的差异问题。随着人工智能系统的逐渐成熟,人工智能算法可以为指挥官提供基于对战场空间实时分析的可行的行动方案,使指挥官更快地适应战场态势的发展。

美军在指挥控制领域大力发展的人工智能项目主要包括陆军指挥官虚拟参谋(CVS)、自动计划框架(APF)和"深绿"以及ALPHA等。

(3) 作战协同网络化,实现作战活动自我同步,提高兵力协同和武器装备自主协同作战能力。

在大数据支持下,一些无人作战平台,如无人机、无人舰艇、作战机器人等,也将具有一定的"自我"决策能力。图7-43展示了俄军的"平台"-M履带式机器人与士兵协同作战。这些作战平台可以在指挥控制系统的操控下,实现自主攻防。当其与指挥网络失去联系而无法接收指令时,作战平台将可依托基于大数据的自身"智能",迅速启动应急机制,自动识别判断目标性质、威胁等级,自主决定进行攻击或者启动自我毁灭程序。

图7-43 "平台"-M履带式机器人与士兵协同作战

2015年底,俄军出动机器人集群入叙利亚参加地面反恐作战,成群的机器人对击溃"伊斯兰国"防线起到不可低估的作用,世界上首次战斗机器人集群作战震惊世界。俄军投入战斗的军事装备共有5类:6部"平台"-M履带式战斗机器人、4部"暗语"(音译"阿尔戈")轮式战斗机器人、1个"洋槐"自行火炮群、数架无人机以及一套"仙女座"-D指控系统。战斗机器人集群、无人机、自行火炮均与前线指控中心——"仙女座"-D系统连接,并通过该系统直接接受莫斯科国家防务指挥中心的指控。在俄罗斯国家防务指挥中心,无人机群和战斗机器人集群不间断地回传745.5高地的战场态势信息,并自动汇聚数据,融合显示在大屏幕上。每部机器人负责一个作战扇区,各作战扇区无缝合成一幅整体战场态势图,实时反映战场变化。俄罗斯指挥官统观整体战局,实时指挥战斗。战斗中,在操作员的"遥控"下,战斗机器人开始集群队形冲锋,冲至"伊斯兰国"阵地前 100~120m 时,进行抵近火力侦察,之后用 7.62mm 机枪点射伪装目标,用榴弹发射器吊射掩体后面的可疑目标。这些行动自如、不畏生死、射击精准的装甲怪物,让"伊斯兰国"武装分子吃惊不已。他们既藏不住也无法靠近,只能实施集火压制。一阵阵弹雨,在战斗机器人的装甲上激起点点火星,而"吸引"敌方猛烈射击正是这些战斗机器人的主要任务。指挥中心内,通过战斗机器人回传的信号,指挥官迅速锁定敌火力点的精确位置,并将坐标发送至火力打击单元——"洋槐"自行火炮群。于是,炮群精准齐射,最终将"伊斯兰国"一个个暴露的火力点摧毁。

俄军在叙利亚指挥机器人战斗的指挥中枢,就是俄罗斯最新型"仙女座"-D 自动化指挥系统,如图 7-44 所示。该系统由通信分系统、计算分系统等组成,以便携式电脑为工作单元,可分布式架设在各级指挥所内,也可集成安装在双轴"卡玛兹"汽车、BTR-D 装甲侦察车、BMD-2/4 步战车里,适用于整体空运、伞降投送,指控距离达 5000km。

图 7-44 "仙女座"-D 指挥系统显示终端

(4) 充分发挥蜂群的作战优势,构建人-机一体无人"蜂群"作战系统。

在高技术广泛用于军事领域的条件下,人依然是战争的决定因素。尽管无人技术正在趋于复杂并逐步完善,但是在分析、决策等诸多方面依然无法达到人类的智能水平,其本身也无法适用于一切作战任务,因此,在美国国家安全中心的报告中,构建人-机一体的无人"蜂群"作战系统已成为未来的主要发展方向。图 7-45 展示了一架 C-130 投放数千架微型无人机的示意场景。

一方面,实现人与无人系统之间的交互,是在分别发挥人与无人系统各自

图 7-45　一架 C-130 投放数千架"西卡达"(CICADA)一次性微型无人机

优势的基础上,通过整合选择最佳作用路径,针对不同任务采取灵活的决策-行动机制,有效扩展各武器装备系统的作战半径。2012 年,美国陆军在 AH-64D"阿帕奇"(Apache) Block Ⅲ 武装直升机上配备了与无人机系统兼容的无人机战术通用数据链组件(Unmanned Aerial Systems Tactical Common Data Link Assembly, UTA),协助直升机乘员操纵 MQ-1"灰隼"(Gray Eagle)无人机执行空中侦察任务。在一项任务中,直升机乘员利用双向高带宽数据链控制无人机的飞行路线及任务负载,并在飞行中实时接收无人机发回的高清战场图像,保障"地狱火"激光制导反坦克导弹在作战过程中的精确攻击。UTA 组件所构建起的人-机交互系统提高了直升机乘员、地面陆军分队指挥官和无人机对战场态势的感知水平,三者共同构成了"蜂群"作战网络。另一方面,还需加强各人-机系统之间的协调,将人-机系统统筹为一个可进行协同作战的大系统,在各子系统内部建立人-机交互组,在各系统之间形成符合联合作战要求的"蜂群"。

美军在利用蜂群对地、对海作战方面主要有 6 种运用设想。①情报侦察。蜂群可携带各类传感器同时执行任务,通过多源信息融合提高情报监侦能力。②压制防空。饱和攻击敌防空雷达跟踪和瞄准通道,瘫痪敌防空系统。③诱饵。形成与有人机相似的信号特征,消耗敌防空导弹。④对面攻击。安装战斗部或携带弹药,多角度同时发起对地、对海攻击。⑤对地电子干扰。携带电子对抗装置,干扰敌地面电子设备。⑥战毁评估。完成敌关键目标的损伤评估。对空作战主要有 2 种运用设想。①反无人机蜂群。目前外军普遍把无人机蜂群识别为反制敌无人机蜂群的有效手段。②对空电子压制。蜂群可在空中组成一面广阔的电子对抗阵列,对敌来袭军机或武器实施电子战。图 7-46 展示了无人机在"反介入/区域拒止"环境中实施蜂群作战场景。

图 7-46 无人机在"反介入/区域拒止"环境中实施蜂群作战场景

在城市战方面主要有 3 种运用设想。①发现敌人。蜂群可飞临每栋建筑，观察、发现狙击手等目标。②掩护地面部队。蜂群可携带烟雾发生器，通过烟雾掩护地面友军前进。③保护地面部队。蜂群可在友军地面部队周围形成"无人机墙"，抵御敌来袭火力。其他运用设想包括：执行弹药、医疗物品空投补给和战场气象监测等支援任务；以大批量同时突然飞临战场，对敌造成极大震撼，形成心理战效果。

参 考 文 献

[1] 宋新彬. 浅析美军一体化作战思想发展及演进过程[J]. 现代军事,2015(5):45-48.
[2] 刘伟. 一体化联合作战指挥能力的生成[J]. 国防大学学报,2007(2):71-74.
[3] 吴继宇.联合信息中心作战控制系统研究[J]. 战术导弹控制技术,2005(1):62-64.
[4] 李正军,于森. 一体化联合作战的力量构建[J]. 国防科技,2005(6):55-58.
[5] 杨斌,于森. 一体化联合作战指挥控制[J].国防科技,2005(7):71-74.
[6] 王保存. 外国军队信息化建设的理论与实践[M]. 北京:解放军出版社,2008.
[7] 总装备部电子信息基础部. 信息系统——构建体系作战能力的基石[M].北京:国防工业出版社,2011.
[8] 苏锦海,等.军事信息系统[M]. 北京:电子工业出版社,2010.
[9] 张新征,郑华利,赵玉玲. 世界陆军信息系统装备建设发展研究[M].北京:国防工业出版社,2012.